QUANTENUNIVERSUM

QUANTENUNIVERSUM

Die Welt der Wellen und Teilchen

Tony Hey und Patrick Walters

Aus dem Englischen übersetzt von
Jürgen Brau und Walter Hauser

Erschienen bei  in Heidelberg

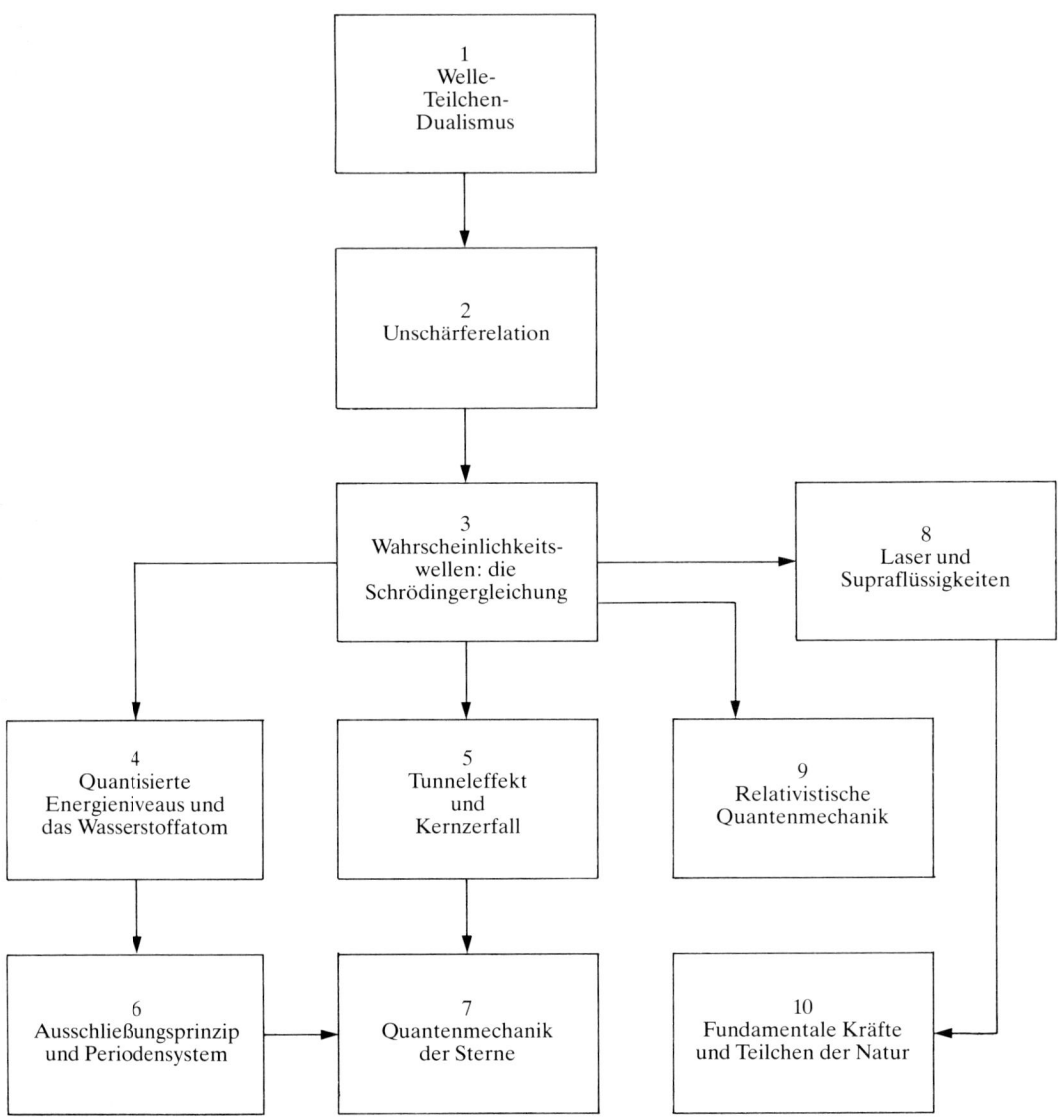

Das Flußdiagramm gibt den Inhalt der Kapitel 1 bis 10 im Hinblick auf den Argumentationsgang und sachliche Querverbindungen wieder.

Inhalt

Vorwort

Das Ziel dieses Buchs ist es, die Grundideen der Quantenphysik so einfach wie möglich vorzustellen und aufzuzeigen, wie die Quantenphysik in unsere Alltagswelt hineinspielt. Im Mittelpunkt unserer Darstellung stehen daher nicht die philosophischen Debatten um die Interpretation der Quantenmechanik; vielmehr beschreiben wir, wie die sonderbar und akademisch anmutende Betrachtungsweise der Quantenmechanik zu den vielfältigsten Anwendungen in ganz verschiedenen Bereichen geführt hat. Einen ersten Eindruck davon vermittelt das Inhaltsverzeichnis dieses Buchs.

Will man einen solchen „populären" Zugang zur Quantenmechanik in die Tat umsetzen, steht man vor einem überaus kniffligen Problem. Normalerweise drücken die Physiker ihre Ideen in der Sprache der Mathematik aus. Aus diesem Grund stellen die Physik und insbesondere die Quantenphysik diejenigen, die nicht über den erforderlichen mathematischen Hintergrund verfügen, vor schier unüberwindliche Hindernisse. Nichtsdestoweniger hat die Quantenmechanik außerordentlich weitreichende Auswirkungen auf unser alltägliches Leben, und so sind wir fest davon überzeugt, daß fast jeder Versuch, die Kluft zwischen dem Qualitativen und dem Quantitativen zu überbrücken, die Mühe lohnt. Mit G. K. Chesterton: »Wenn es eine Sache wert ist, getan zu werden, ist sie es auch dann, wenn sie schlecht getan wird!« Obgleich wir daher riskieren, uns dem beißenden Spott einiger unserer akademischen Kollegen auszusetzen, wagen wir in diesem Buch den Versuch, die Quantenphysik ohne Mathematik oder Gleichungen zu erklären.

Unsere Vorgehensweise gründet auf der Überzeugung, daß viele Aspekte der Quantenmechanik leicht nachvollziehbar werden, wenn man sich einmal mit der wesentlichsten Eigentümlichkeit der Quantenbewegung – grob gesagt, daß „Teilchen" sich wie „Wellen" verhalten können – vertraut gemacht hat. So führt uns das einfache Beispiel von Wellen auf einer Saite direkt zur „Energiequantisierung" und erschließt uns damit große Teile der Atom- und Kernphysik. In ähnlicher Weise findet man im Verhalten von Wasserwellen eine Entsprechung für das seltsame „Quantentunneln", auf das die Kernspaltung, das Wasserstoffbrennen in den Sternen und vieles andere zurückzuführen sind. Die Überraschungen der Quantenmechanik rühren letztlich alle von dem grundlegenden Welle-Teilchen-Dualismus her.

Um deutlich zu machen, daß wir mit diesem Buch – so gut es
eben ging – eine Art „Quantenmechanik für die Kaffeerunde"
schreiben wollten, haben wir im Laufe der Zeit eine ganze Reihe
möglicher Titel erwogen, unter anderem „Quantenmechanik für
Bankmanager" (wirtschaftliche Gesichtspunkte), „Quantenmechanik für Hausfrauen" (unverhohlen sexistisch), „Quantenmechanik für Häuslebauer" (eindeutig praktische Version) und so weiter.
Der Sache am dienlichsten wäre vielleicht ein Titel wie „Quantenmechanik für Politiker". Es spricht ja nicht gerade für unser
Ausbildungssystem, wenn selbst Manager in leitender Stellung
oft nur eine verschwommene oder gar keine Vorstellung davon besitzen, welchen Nutzen die Quantenmechanik und die physikalische
Grundlagenforschung bisher für Wirtschaft und Gesellschaft gebracht haben und weiterhin bringen werden. Ein Beispiel wird
genügen, um Ihnen klarzumachen, was gemeint ist. In einem Gespräch tat der Forschungsdirektor der High-Tech-Abteilung eines
führenden britischen Unternehmens die Quantenmechanik mit der
Bemerkung ab, sie spiele für die Physik bei gewöhnlichen Raumtemperaturen keine Rolle. Er meinte tatsächlich, daß sich in diesem Bereich immer eine zufriedenstellende klassische Erklärung
finden ließe. Dabei würde aus der Sicht der Klassischen Physik
nicht einmal der Boden, auf dem er stand, existieren – geschweige
denn seine Firma. Äußerungen dieser Art scheinen uns typisch zu
sein für die in Unternehmer- und Regierungskreisen heute vorherr-
schende Auffassung, daß Investitionen in Grundlagenforschung
sich weniger auszahlen als Investitionen in anwendungsorientierte
Forschung. Henrick Casimir, ein in diesem Buch erwähnter Physiker, hat – anders als die meisten seiner Kollegen – nicht nur
wichtige Beiträge zur Quantenmechanik geliefert, sondern als Di-
rektor der Philips-Forschungslaboratorien in den Niederlanden
auch Erfahrungen in der industriellen Forschung gesammelt. Wie
er diese Auffassung widerlegt, sollte man sich merken:

»Ich habe von Äußerungen gehört, daß die akademische Forschung
für den technischen Fortschritt nur eine geringe Rolle spiele. Dies
ist so ziemlich der größte Unsinn, der mir bisher zu Ohren gekommen ist.
    Sicherlich kann man darüber spekulieren, ob Transistoren auch
dann erfunden worden wären, wenn Menschen sich nicht mit Wel-
lenmechanik oder der Theorie der Elektronen in Festkörpern abgegeben und diese weiterentwickelt hätten. Tatsächlich waren die Erfinder von Transistoren in der Festkörpertheorie nicht nur bewan-
dert, sie leisteten auch Beiträge dazu.
    Man könnte die Frage stellen, ob diejenigen, die Computer bau-
en wollten, auch in der Lage gewesen wären, die elementaren
Schaltkreise dafür zu entwerfen. Aber es waren Physiker, die sich
für Kernphysik interessierten und in den dreißiger Jahren die Com-

puterschaltkreise entwickelten, um damit subatomare Teilchen zu zählen. Man könnte fragen, ob die Kernenergie das Ergebnis der Suche nach neuen Energiequellen ist, oder ob die Suche nach neuen Energien zur Entdeckung des Atomkerns geführt hätte — mag sein, nur spielte es sich so nicht ab, sondern da waren die beiden Curies und Ernest Rutherford und Enrico Fermi und noch ein paar andere.

Man könnte fragen, ob die Elektronikindustrie existieren würde, hätten nicht zuvor Menschen wie J. J. Thomson und H. A. Lorentz das Elektron entdeckt. Wiederum war der Ablauf jedoch ein anderer.

Man könnte genausogut fragen, ob Unternehmen, die Kraftfahrzeuge herstellen wollten, dabei vielleicht über Induktionsspulen für Lichtmaschinen und die Gesetze der Induktion gestolpert wären. Allein, die Induktionsgesetze waren bereits viele Jahrzehnte zuvor von Michael Faraday entdeckt worden.

Schließlich könnte man fragen, ob man auf die elektromagnetischen Wellen gestoßen wäre, hätte man lediglich das Bedürfnis nach besseren Kommunikationsmitteln befriedigen wollen. So war es aber nicht. Gefunden wurden sie von Heinrich Hertz, der sich von der Schönheit physikalischer Gesetze leiten ließ und an die theoretischen Betrachtungen James Clerk Maxwells anknüpfte. Ich denke, es gibt kaum ein Beispiel für einen technischen Fortschritt im 20. Jahrhundert, der sein Zustandekommen nicht in dieser Weise der Grundlagenforschung verdankt.«

Diese Ansicht teilten auch Wissenschaftler wie Faraday und Thomson. Als Faraday einmal von dem hochgeachteten Premierminister Gladstone gefragt wurde, welchen praktischen Nutzen die Entdeckung der Elektrizität habe, antwortete er: »Eines Tages werden Sie sie vielleicht besteuern, Sir.« Und Thomson bemerkte zu diesem Thema, daß angewandte Forschung zur Verbesserung und Weiterentwicklung älterer Methoden führe, Grundlagenforschung dagegen ganz neue und effektivere Methoden hervorbringen könne. Er schloß mit den Worten: »Forschung in angewandter Wissenschaft führt zu Reformen, Forschung in reiner Wissenschaft führt zu Revolutionen, und Revolutionen — ob politische oder industrielle — sind ausgesprochen profitable Angelegenheiten, wenn man auf der Seite des Gewinners steht.«

Unser Buch kann daher als ein Plädoyer für die Grundlagenforschung aufgefaßt werden — doch war dies nicht der eigentliche Grund, es zu schreiben. Wir haben es geschrieben, weil das Quantenuniversum für uns selbst eine unerschöpfliche Quelle der Faszination ist, und diesen Funken der Begeisterung würden wir gerne auf ein möglichst breites Publikum überspringen lassen. Wir hoffen, daß unser Buch jüngere Leser dazu anspornt, mehr über

Quantenmechanik herauszufinden und deren wahre Stärke zu entdecken, die sie erst durch die hinter den qualitativen Beschreibungen stehende Mathematik erlangt. Wir hoffen ebenso, ältere Leser anzusprechen, die etwas darüber wissen wollen, auf welche Weise die Quantenwelt in Erscheinung tritt und wie sie funktioniert. Wir halten es für wünschenswert, daß mehr Menschen verstehen, was Physik leisten kann und was nicht, und daß sie besser einschätzen können, wie die Physik die gegenwärtige technologische Revolution möglich gemacht hat.

Dieses Buch ist aus einer Reihe von Vorlesungen entstanden, die an den Universitäten von Southampton und Swansea gehalten wurden; die vielen wertvollen Verbesserungsvorschläge unserer Studenten möchten wir hier nicht unerwähnt lassen. Darüber hinaus danken wir unseren Freunden und Kollegen für ihr Interesse und ihre Hilfe. Tony Hey möchte insbesondere Ian Aitchison und Malcolm Coe für ihre konstruktiven Kommentare danken, Tessa Coe und Charlie Askew für ihre Hilfe bei den Computergraphiken und vor allem Garry McEwen für seine unermüdliche Unterstützung während des gesamten Projekts, ohne die dieses Buch sehr viel unverständlicher wäre. Patrick Walters dankt außerdem Colin Grey Morgan, Steve Hibbs, Ann Jenkins und Howard Miles, die mitgeholfen haben, das Buch zu dem zu machen, was es ist. Unnötig zu sagen, daß alle verbliebenen Fehler natürlich uns zuzuschreiben sind. Zu guter Letzt möchten wir Jessie und Marie für ihre Toleranz und Nachsicht danken, zumal das Projekt viel länger dauerte als ursprünglich geplant.

Ferner möchten wir allen Mitarbeitern von Cambridge University Press unseren Dank aussprechen, die zur Herstellung eines Buchs beigetragen haben, das sich so eng an unsere ursprüngliche Konzeption anlehnt. Zu besonderem Dank verpflichtet sind wir Simon Capelin und Robin Rees, die nicht nur an das Projekt glaubten, sondern uns während schwieriger Phasen zudem mit Humor und Geduld zur Seite standen. Irene Pizzie und Jeanette Hurworth leisteten unschätzbare Dienste bei der abschließenden Bearbeitung unseres Textes und der Photographien. Ihnen allen vielen Dank.

Bleibt uns noch ein letztes Dankeschön auszusprechen. Der Leser mag sich wundern, warum wir uns entschlossen haben, jedes Kapitel mit einem Zitat von Richard Feynman* einzuleiten. Der lockere Stil dieser Zitate gibt recht gut Feynmans schlichte, ungekünstelte Ausdrucksweise wieder. Darüber hinaus war Feynman ein

---

* Richard Feynman ist 1988 im Alter von 70 Jahren gestorben. (Anmerkung der Übersetzer)

herausragender theoretischer Physiker, sowohl als Forscher wie auch als akademischer Lehrer. Mit Leidenschaft vertrat er die Überzeugung, daß es weitaus wichtiger ist, Formeln und Definitionen zu verstehen, als sie bloß auswendig zu lernen. Für jemanden, der nicht mit seinem Werdegang und seiner Persönlichkeit vertraut ist, sei hier die 1985 erschienene und gut lesbare Sammlung von Anekdoten *Surely You're Joking, Mr. Feynman!* empfohlen. (Eine deutsche Übersetzung ist 1987 unter dem Titel *Sie belieben wohl zu scherzen, Mr. Feynman!* erschienen.) Feynmans Lehrstil war wirklich unnachahmlich; in ihm verbanden sich tiefes Verständnis für die Physik mit lebendiger Originalität in der Darstellung. In diesem Buch versuchen wir, Feynmans Spuren zu folgen, und hoffen, daß dabei etwas von der Frische seiner Darstellungsweise herüberkommt. Es ist daher im doppelten Sinne Richard Feynman gewidmet — als Dank für alles, was er der Physik gegeben hat. Wir sind uns überhaupt nicht sicher, ob ihm die Ergebnisse unserer Bemühungen gefallen würden — eines aber ist uns völlig klar: Er hätte es bestimmt anders gemacht!

Prolog

Die Dichter sagen, daß uns die Wissenschaft die Schönheit der Sterne raube — übrig blieben bloß Haufen von Gasatomen. Nichts ist „bloß". Auch ich kann in einer klaren Wüstennacht die Sterne sehen und auf mich wirken lassen, aber sehe ich etwa weniger oder mehr? Die Weite des Sternhimmels beflügelt meine Phantasie — an dieses Himmelskarussell geheftet, kann mein kleines Auge Millionen Jahre altes Licht auffangen ... Oder sie [die Sterne] mit dem großen „Auge" von Palomar betrachten, wie sie alle auseinanderstreben von einem gemeinsamen Startpunkt, an dem sie vielleicht einst alle versammelt waren. Welches Gesetz steckt dahinter, was bedeutet das alles, oder warum ist das so? Es schadet dem Geheimnis nicht, darüber ein bißchen Bescheid zu wissen. Denn wieviel wunderbarer, als Künstler sich je vorstellten, ist doch die Wahrheit! Warum sprechen die Dichter der Gegenwart nicht davon?

Richard Feynman

1. Welle oder Teilchen?

... ich denke, ich kann davon ausgehen, daß niemand die Quanten-mechanik versteht.

Richard Feynman

Naturwissenschaft und Experiment

Die Naturwissenschaften erklären die Dinge, die wir um uns herum wahrnehmen, auf eine ganz spezielle Art und Weise. Am Anfang steht immer ein konkretes Problem – und wissenschaftliche Neugier. Ein ungewöhnliches Phänomen, das sich allen gängigen Erklärungen entzieht, erregt die Aufmerksamkeit des Wissenschaftlers. Genauere Beobachtungen könnten das Problem unter Umständen lösen; vielleicht muß es auch einfach nochmals gründlicher durchdacht werden. Bleibt die Sache jedoch weiterhin rätselhaft, dann sind Vorstellungskraft und Kreativität des Wissenschaftlers gefragt. Womöglich muß man das Phänomen unter einem ganz anderen Blickwinkel betrachten und es völlig neu interpretieren. Wissenschaftler versuchen beharrlich, bessere Erklärungen zu finden – besser in dem Sinne, daß jede neue Erklärung nicht nur das aktuelle Rätsel löst, sondern gleichzeitig auch mit allen weiterhin gültigen Erklärungen im Einklang steht. Was ein wissenschaftliches Erklärungsmodell oder eine „Theorie" insbesondere ausmacht, ist, daß sie in der Lage sein muß, nachprüfbare Prognosen zu stellen. Eine annehmbare Theorie muß also Aussagen darüber ermöglichen, was in einer bestimmten Situation unter genau festgelegten Bedingungen passieren wird. So wird jede neue Theorie erst dann die Anerkennung der Wissenschaftler finden, wenn sie nicht nur deren bisherige Beobachtungen zu erklären vermag, sondern auch die Resultate noch nicht durchgeführter Experimente vorhersagen kann. Dieser strenge experimentelle Test neuer wissenschaftlicher Auffassungen unterscheidet die Naturwissenschaften von anderen Disziplinen, etwa den Geschichts- oder selbst den Wirtschaftswissenschaften, aber auch von „Pseudowissenschaften" wie der Astrologie.

Im 17. Jahrhundert entwickelten allen voran Isaac Newton und einige andere bedeutende Wissenschaftler eine außerordentlich erfolgreiche Theorie der Bewegung. Sie beschreibt Bewegungsvorgänge beliebiger materieller Körper, ob es sich nun um Planeten

1.1 Isaac Newton (1643 – 1727) veröffentlichte 1704 seine *Optik*, in der er unter anderem eine physikalische Erklärung des Regenbogens gab und eine „korpuskulare" Theorie des Lichts vorschlug. In seinem 1687 erschienenen Buch *Die mathematischen Prinzipien der Naturlehre* („Philosophiae naturalis principia mathematica") hatte er seine Grundprinzipien der Mechanik und Gravitationslehre dargelegt, die die Naturwissenschaften bis in die Mitte des 19. Jahrhunderts beherrschten.

oder um Billardkugeln handelt. Dieses umfassende theoretische Gebäude nennen wir heute „Klassische Mechanik"; ihre Grundbegriffe sind Kraft, Masse und Beschleunigung, mit denen Newton seine drei fundamentalen „Bewegungsgesetze" formulierte. Diese Prinzipien liegen so vielen unserer modernen technischen Geräte und Spielzeuge zugrunde, daß uns die Klassische Mechanik aus tagtäglichen Erfahrungen vertraut ist. Wir haben alle vor Augen, wie der Zusammenstoß zweier Billardkugeln vonstatten geht. Am eindrucksvollsten aber erleben wir die Anwendung der Klassischen Mechanik wohl in der Raumfahrt. Heutzutage überrascht es niemanden mehr, wenn Astronaut und Raumschiff Seite an Seite durch den Raum schweben und beide keinerlei Anstalten machen, auf die Erde herabzustürzen. Noch vor 100 Jahren war dies keinesfalls selbstverständlich, und so staunten die Passagiere des Raumschiffs in Jules Vernes *Reise um den Mond* nicht schlecht, als der Körper ihres Hundes, der beim Start gestorben war und den sie über Bord geworfen hatten, sie den ganzen Weg über bis zum Mond begleitete. Die Newtonsche Theorie mag Ihnen im Detail unbekannt sein, Sie erleben jedoch immer wieder, daß sie richtig ist. Sie ist zu einem Teil unserer Alltagserfahrung geworden.

Dies führt uns zu genau dem Problem, das viele Menschen haben, wenn sie versuchen, die Quantenmechanik zu verstehen. In den winzigen Raumbereichen, in die wir beim Studium der Atome und Moleküle eindringen, verhalten sich die Dinge eben *nicht* in der uns vertrauten Weise. Die Klassische Mechanik liefert dort keine angemessene Beschreibung mehr, und ein völlig neues Erklärungsmodell ist nötig – die Quantenmechanik. Sie wurde so geschickt ersonnen, daß sie nicht nur das Geschehen über sehr kleine Entfernungen hinweg richtig beschreibt; ihre quantitativen Voraussagen gehen überdies für räumlich ausgedehntere Vorgänge in diejenigen der Newtonschen Theorie über. Ein Atom ist ein typisches Quantenobjekt: Vom Standpunkt der Klassischen Physik aus *kann* man es nicht verstehen. Die anschauliche Vorstellung von den Elektronen, die den Atomkern umkreisen – ähnlich wie in unserem Sonnensystem die Planeten um die Sonne laufen –, ist zwar ein beliebtes Bild; doch für negativ geladene Elektronen, die einen positiv geladenen Atomkern umkreisen, ist dieses einfache System instabil. Aus der Klassischen Physik folgt nämlich, daß die Elektronen auf einer Spiralbahn ins Zentrum stürzen würden und somit das Atom in sich zusammenfiele. Diese gefällige Vorstellung vom Atom ist also nicht einmal in der Lage, der bloßen Existenz von Atomen Rechnung zu tragen, geschweige denn das zu erwartende Verhalten der Atome vorauszusagen. Es ist entscheidend, sich schon zu Beginn darüber im klaren zu sein, daß es kein einfaches anschauliches Bild gibt, das das Verhalten der Elektronen in Atomen präzise beschreiben kann. Dies ist die erste Hürde, die sich

1.2 Dieser Zusammenstoß zweier Billardkugeln wurde in einer Aufnahme festgehalten, die durch eine Vielzahl schnell aufeinanderfolgender Lichtblitze erzeugt wurde. Der genaue Bahnverlauf kann mit Hilfe der Newtonschen Gesetze berechnet werden, doch haben wir — ob wir nun selbst schon Billard gespielt oder auch nur zugeschaut haben — im allgemeinen ein recht gutes Gefühl dafür, was sich bei einer solchen Kollision abspielt.

dem Neuling in der Welt der Quanten entgegenstellt: die unangenehme, aber unausweichliche Tatsache, daß sich Quantenobjekte völlig anders verhalten als alles, was uns je zuvor begegnet ist.

Wir möchten Sie davon überzeugen, daß es gleichermaßen notwendig wie lohnend ist, Quantenmechanik zu betreiben. Physiker verfahren wie gute Detektive, sichten sorgfältig das vorliegende Material und halten sich an eine alte Maxime von Sherlock Holmes: »Wenn man alles, was nicht möglich ist, ausgeschlossen hat, dann muß das, was übrig bleibt, die Wahrheit sein, und sei sie noch so unwahrscheinlich.« Dessenungeachtet waren manche Physiker des 20. Jahrhunderts aber nur sehr widerwillig bereit zu akzeptieren, daß das ganze grandiose Gebäude der Klassischen Physik im atomaren Bereich eben nicht „annähernd korrekt" war, sondern im Gegenteil völlig auf den Kopf gestellt werden mußte. Nirgendwo war die Verwirrung, die diese schmerzhafte Einsicht mit sich brachte, offenkundiger als bei den wiederholten Anläufen der Physiker, die Beschaffenheit des Lichts zu verstehen.

Licht und Quantenmechanik

Bereits im 17. Jahrhundert hatte Isaac Newton vorgeschlagen, Licht als einen Strom von Teilchen anzusehen – vergleichbar dem Kugelhagel eines Maschinengewehrs. Zwar gab es vereinzelt auch andere Ansichten, doch war Newtons Autorität derart groß, daß seine Theorie bis ins 19. Jahrhundert hinein der Kritik standhielt. Damals konnten Thomas Young und andere schließlich überzeugend darlegen, daß das Teilchenbild des Lichts falsch sein mußte. Sie favorisierten stattdessen die Idee, Licht als eine Art Wellenbewegung aufzufassen. Eine typische, uns allen vertraute Eigenschaft von Wellen ist das Auftreten von „Interferenz", wie die Physiker die Erscheinungen bei der Überlagerung zweier Wellen bezeichnen. Abbildung 1.4 beispielsweise zeigt das Interferenzmuster, das zwei benachbarte Quellen von Wasserwellen auf der Wasseroberfläche erzeugen. Entsprechend verschaffte sich Young mit seiner berühmten „Doppelspalt"-Vorrichtung zwei Lichtquellen und konnte damit ähnliche Interferenzmuster bei Licht beobachten.

Lange sollten sich die Physiker über dieses Ergebnis nicht freuen. Gegen Ende des 19. Jahrhunderts zeigten sich in einigen Experimenten Phänomene, die mit der Wellentheorie des Lichts nicht erklärt werden konnten. Das berühmteste dieser Experimente betraf den sogenannten „photoelektrischen Effekt". Ultraviolettes Licht, das man auf eine negativ geladene Metallplatte richtete, entlud die Platte – sichtbares Licht jedoch zeigte keinerlei Wirkung. Es war Albert Einstein, der dieses Rätsel als erster auflöste, im selben Jahr übrigens, in dem er seine Relativitätstheorie veröffentlichte, durch die er später berühmt wurde. Seine Erklärung des photoelektrischen Effekts ließ das Teilchenbild des Lichts wieder aufleben. Die Metallplatte entlud sich demnach, weil deren Elektronen durch einzelne kleine Energiepakete herausgeschlagen wurden, in denen die Lichtenergie konzentriert ist – sie werden heute „Photonen" genannt. Einstein zufolge sind die Photonen des sichtbaren Lichts energieärmer als die des ultravioletten Lichts, so daß man soviel sichtbares Licht auf das Metall richten kann wie man will – keines der sichtbaren Photonen besitzt genügend Energie, um ein Elektron herauszuschlagen.

Die Verwirrung unter den Physikern war groß, und es dauerte einige Jahrzehnte, bis mit dem Aufkommen der Quantenmechanik in den zwanziger Jahren dieses Jahrhunderts durch die bahnbrechenden Arbeiten von Werner Heisenberg, Ernst Schrödinger, Paul A. M. Dirac und anderen ein Weg aus dieser Sackgasse gefunden wurde. Diese Theorie konnte die so widersprüchlich anmutenden Eigenschaften des Lichts, den Aufbau der Atome, aber auch vieles andere mehr, erfolgreich erklären. Der Preis für diesen Erfolg ist

1.3 Thomas Young (1773–1829) war ein ausgesprochenes Wunderkind, das bereits im Alter von zwei Jahren lesen konnte. Während seiner Jugend lernte er ein Dutzend verschiedener Sprachen. Bekannt ist er heute noch vor allem durch seine optischen Untersuchungen über das menschliche Sehvermögen und seine Wellentheorie des Lichts; ihm gelang aber zum Beispiel auch der erste entscheidende Fortschritt bei der Entzifferung der altägyptischen Hieroglyphenschrift.

1.4 Eine Aufnahme eines Interferenzmusters von Wasserwellen, die durch zwei auf der Wasseroberfläche sitzende Schwingungserreger erzeugt wurden.

jedoch hoch. Wir müssen jegliche Hoffnung aufgeben, die Vorgänge auf atomarer Ebene mit unseren gängigen Begriffen und Vorstellungen wie Teilchen und Wellen anschaulich beschreiben zu können. Ein Photon verhält sich anders als alles, was uns bisher je begegnet ist. Das heißt aber nicht, daß die Quantenmechanik nicht mit klaren, genau definierten Begriffen arbeiten würde oder keine aussagekräftigen Prognosen stellen könnte – im Gegenteil: Die Quantenmechanik ist die einzige Theorie, die wir kennen, die eindeutige und erfolgreiche Voraussagen für Systeme atomarer und subatomarer Größenordnung machen kann, ganz ähnlich wie dies die Klassische Mechanik für das Verhalten von Billardkugeln, Raketen oder Planeten tut. Die Schwierigkeit mit Quantenobjekten wie Photonen liegt darin, daß wir uns kein präzises anschauliches Bild von ihrer Bewegung machen können. Wir müssen uns sozusagen mit der Feststellung begnügen, daß das Verhalten der Photonen die typisch quantenmechanischen Züge trägt, die wir noch genauer kennenlernen werden.

In einer Hinsicht allerdings hat es die Natur gut mit uns gemeint. Vom klassischen Standpunkt aus gesehen sind Photon und Elektron grundlegend verschiedene Objekte; in der Quantenwelt verhalten

1.5 J. J. Thomson (1856 – 1940) ermittelte das Verhältnis von Ladung und Masse für das Elektron und führte es als neues „elementares" Materieteilchen ein. Er bekam 1906 den Nobelpreis.

sich Elektron und Photon jedoch in bemerkenswerter Weise ähnlich: Das seltsame, typisch quantenmechanische Verhalten ist ihnen, wie allen anderen Quantenobjekten, gemeinsam — wenigstens ein kleiner Trost dafür, daß wir die Quantenwelt nicht bildhaft darstellen können. Die Geschichte der verschiedenen Versuche, die Beschaffenheit des Elektrons zu verstehen, entbehrt nicht einer gewissen Komik. 1897 hatte J. J. Thomson das Verhältnis von elektrischer Ladung zur Masse des Elektrons experimentell bestimmen können und dadurch das Elektron als fundamentales Teilchen der Natur in die Physik eingeführt; 30 Jahre später gelang es seinem Sohn G. P. Thomson etwa gleichzeitig mit Davisson und Germer in den USA, den Wellencharakter des Elektrons in einer Reihe sehr schöner Experimente schlüssig nachzuweisen. Den Wissenschaftshistoriker Max Jammer veranlaßte dies zu der Bemerkung, man sei geneigt zu sagen, daß Thomson senior den Nobelpreis bekam, weil er gezeigt hatte, daß das Elektron ein Teilchen ist, und Thomson junior dafür, daß es eine Welle ist.

Mit diesem Buch möchten wir selbst dem skeptischsten Leser einen überzeugenden Eindruck von der enormen Bandbreite und Fülle erfolgreicher Vorhersagen oder Erklärungen geben, die die Quantenmechanik gestattet. Die scheinbar so absurden Ideen Louis Victor de Broglies, Erwin Schrödingers und Werner Heisenbergs führten schließlich zu einer ganzen Reihe neuer Technologien, die vornehmlich auf den Entdeckungen dieser Pioniere der Quantenmechanik beruhen. Die moderne Elektronikindustrie mit ihrer Siliciumchip-Technologie basiert vollständig auf der Quantenmechanik von Materialien, die wir Halbleiter nennen. Ebenso ist der Laser mit all seinen vielfältigen Anwendungen erst dadurch möglich geworden, daß wir einen fundamentalen Prozeß, der der Lichtabstrahlung von Atomen zugrundeliegt und der erstmals von Einstein im Jahre 1916 beschrieben wurde, quantenmechanisch verstehen lernten. Wenn man einmal erkannt hat, wie sich eine große Zahl dichtgepackter Quantenobjekte prinzipiell verhält, hat man auch den Schlüssel zum Verständnis verschiedener besonderer Formen der Materie wie Supraleiter und Neutronensterne in der Hand. Zudem zeigte sich, daß man die Quantenmechanik ebenso erfolgreich auf den winzigen Atomkern anwenden konnte, obwohl sie ursprünglich auf der Suche nach einem Ausweg aus den Schwierigkeiten der Atomphysik konzipiert worden war; man konnte nun auch Phänomene wie Radioaktivität und Kernreaktionen quantenmechanisch erklären. Dieses Wissen hat sich jedoch — wie uns rückblickend bewußt ist — als recht zwiespältig erwiesen. So wissen wir heute nicht nur, was die Sterne zum Leuchten bringt, sondern wir wissen auch, wie wir mit der furchtbaren Zerstörungskraft der Atomwaffen unsere ganze Zivilisation auslöschen können.

Bevor wir erklären, wie die Quantenmechanik all dies ermöglichte, müssen wir zuerst das seltsame quantenmechanische Verhalten von Objekten auf der atomaren Ebene zu beschreiben versuchen – zweifellos ein schwieriges Unterfangen in Anbetracht der Tatsache, daß es zur formal-mathematischen Beschreibung der Quantenprozesse keine anschauliche Entsprechung gibt. Wir können jedoch in unserem Verständnis einen Schritt weiterkommen, wenn wir gleichermaßen mit Analogie und Gegenüberstellung arbeiten. Hierzu dient uns das Doppelspaltexperiment von Young, der sich durch zwei Spalte in einem Blendenschirm zwei Lichtquellen verschaffte, mit denen er seine berühmten „Interferenzsäume" – abwechselnd helle und dunkle Streifen – erzeugte. Wir werden den Ausgang ganz ähnlicher Doppelspaltexperimente diskutieren, die wir nacheinander mit Gewehrkugeln, Wasserwellen und schließlich Elektronen durchführen wollen; indem wir die Unterschiede und Ähnlichkeiten in den Ergebnissen der einzelnen Versuche herausarbeiten, werden wir Ihnen eine gewisse Vorstellung von den Grundzügen quantenmechanischen Verhaltens geben können. In Lehrbüchern zur Quantenmechanik werden eine ganze Reihe verschiedener Experimente im Detail besprochen, doch beinhaltet das Doppelspaltexperiment bereits alles, was die Quantenmechanik so „geheimnisvoll" macht. Alle prinzipiellen Schwierigkeiten und Paradoxa, auf die wir in der Quantenphysik stoßen, können tatsächlich an diesem einem Experiment aufgezeigt werden.

Eine Warnung vorweg: Begnügen Sie sich damit, die beobachteten experimentellen Tatsachen zu akzeptieren, so wie sie sind. Fragen Sie nicht, *warum* sie so sind – Sie würden sich dabei nur in einer Sackgasse verrennen und frustriert sein. Richard Feynman behauptete einmal, »daß niemand die Quantenmechanik versteht«, und so bleibt uns nur zu beschreiben, *wie* das Geschehen in der Natur vor sich zu gehen scheint. Mehr können wir nicht erreichen.

Das Doppelspaltexperiment mit Gewehrkugeln und Wasserwellen

Wenn Ihnen dieser Abschnitt beim ersten Durchgang Schwierigkeiten bereiten sollte, werfen sie einfach einen Blick auf die Bildillustrationen und gehen Sie dann gleich zum nächsten Kapitel über.

In unserem ersten Experiment benutzen wir als „Quelle" ein hin- und herschwingendes Maschinengewehr, das die Kugeln mit gleicher Geschwindigkeit, aber zufällig verteilt in einen Raumkegel feuert. Eine Panzerplatte mit zwei parallelen Spalten dient als „Doppelspaltblende", und eine Reihe kleiner Sandbüchsen als „Detektor", um die Kugeln aufzufangen.

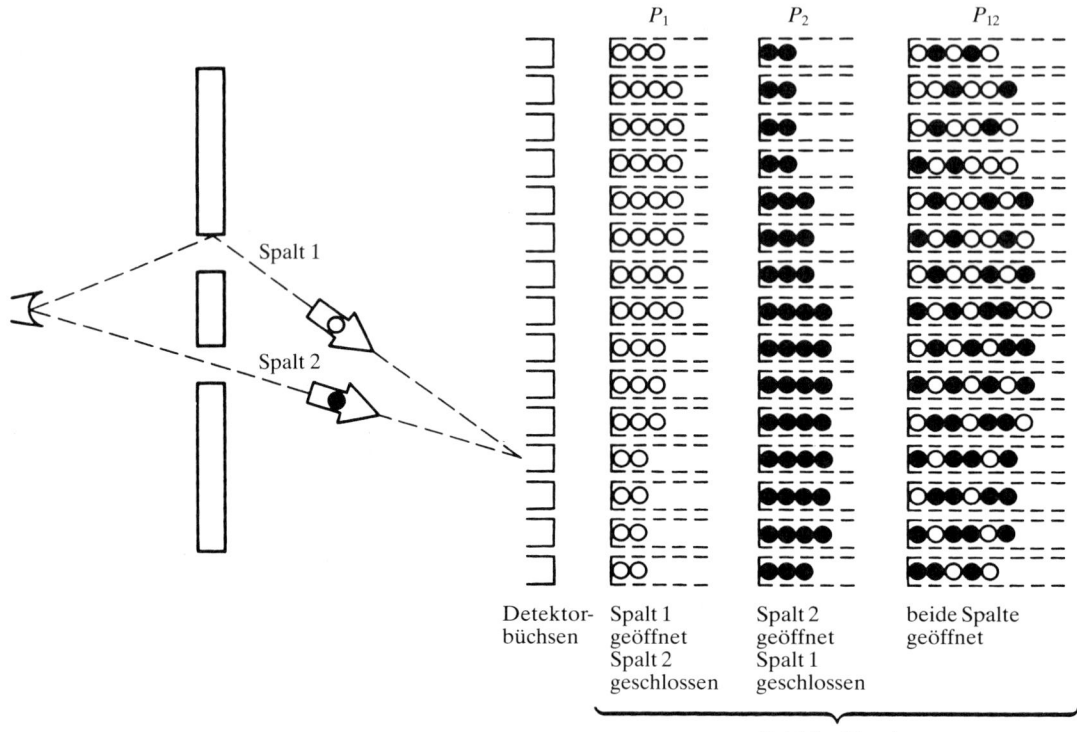

P_1 P_2 P_{12}

Detektor-   Spalt 1   Spalt 2   beide Spalte
büchsen   geöffnet   geöffnet   geöffnet
            Spalt 2   Spalt 1
            geschlossen   geschlossen

Zahl der Kugeln
in jeder Auffangbüchse
nach einer bestimmten Zeit

1.6 Eine schematische Darstellung eines Doppelspaltexperiments mit Gewehr-kugeln. Links ist der experimentelle Aufbau skizziert, rechts sind die Ergebnisse für die drei verschiedenen Experimente nebeneinander aufgetragen. Kugeln, die Spalt 1 passiert haben, sind als weiße Kreise gezeichnet, während die durch Spalt 2 hindurchgegangenen Kugeln durch schwarze Kreise dargestellt sind. Die erste — mit P_1 überschriebene — Kolonne zeigt die Verteilung der im Detektor ankom-menden Kugeln für den Fall, daß Spalt 1 geöffnet und Spalt 2 geschlossen ist. Die zweite Kolonne, mit P_2 bezeichnet, zeigt die ganz ähnliche Verteilung bei ge-schlossenem Spalt 1 und geöffnetem Spalt 2. Die maximale Anzahl an Kugeln er-hält man beide Male in den Auffangbüchsen, die um die direkte Verlängerung der Flugbahn durch den jeweils offenen Spalt liegen. Die letzte Verteilung (P_{12}) zeigt das Ergebnis mit zwei geöffneten Spalten. Ob eine Kugel durch den ersten oder zweiten Spalt hindurchgegangen war, ist eine Sache des Zufalls, und dement-sprechend sind die weißen und schwarzen Kugeln in den Auffangbüchsen völlig durcheinandergeworfen. Wichtig ist hier die Beobachtung, daß — wenn beide Spalte geöffnet sind — in jeder der Büchsen die Zahl der Kugeln gleich ist der Summe der beiden entsprechenden Anzahlen, wenn jeweils nur der eine oder der andere Spalt geöffnet ist. Das muß so sein, denn es ist klar, daß die Kugeln nur die Wahl haben, durch einen der beiden Spalte zu fliegen, um zum Detektor zu gelangen.

Das Gewehr feuert seine Kugeln mit einer gleichbleibenden Aus-
stoßrate ab, und wir können die Kugeln zählen, die während eines
vorgegebenen Zeitraums in einer beliebig ausgewählten Detektor-
büchse ankommen. Die Kugeln können entweder geradewegs
durch die Spalte hindurchfliegen oder auch an ihrer Kante abprallen, auf alle Fälle aber werden wir sie in einer der Büchsen wie-
derfinden. Die Kugeln sollen so hart sein, daß sie beim Versuch
nicht auseinanderbrechen und wir keine halben Kugeln in den
Büchsen vorfinden. Zudem werden nie zwei Kugeln gleichzeitig
ankommen – wir benutzen ja nur ein Gewehr, und jede Kugel ist
ein einzelnes, für sich identifizierbares Massestückchen.

Lassen wir nun das Experiment eine Stunde lang laufen und zählen
anschließend die Kugeln in den verschiedenen Büchsen, so sehen
wir, wie sich für eine Kugel die Wahrscheinlichkeit, in einer bestimmten Auffangbüchse anzukommen, mit der jeweiligen Position
der Büchse ändert. Die Summe aller Kugeln, die an einer bestimmten Stelle ankommen, ist natürlich gerade die Summe der
durch Spalt 1 und der durch Spalt 2 hindurchgegangenen Kugeln.
Die Abhängigkeit dieser „Ankunftswahrscheinlichkeit" von der
Lage der Sandbüchse haben wir in Abbildung 1.6 graphisch dargestellt. Dieses Ergebnis, die Ankunftswahrscheinlichkeit der Kugeln
für den Fall, daß beide Spalte geöffnet sind, bezeichnen wir im
folgenden mit dem Symbol P_{12}. Ebenfalls in der Abbildung dargestellt ist das Ergebnis, das wir bei verschlossenem Spalt 2 erhalten
– wir bezeichnen es mit P_1 – und schließlich das Ergebnis des
Experiments mit verschlossenem ersten Spalt, bezeichnet mit P_2.
Ein Blick auf die Darstellung zeigt, daß sich die Kurve P_{12} offensichtlich aus der Addition der Kurven P_1 und P_2 ergibt. Mathematisch können wir dies durch die Gleichung

$$P_{12} = P_1 + P_2$$

ausdrücken. Aus Gründen, die sogleich ersichtlich werden, nennen
wir diesen Sachverhalt den Fall „ohne Interferenz".

Ein Stein, den wir in ein großes Wasserbecken werfen, dient uns
als „Quelle" für die Wasserwellen; als „Doppelspaltblende" legen
wir einen Damm, der an zwei Stellen durchbrochen ist, quer über
die Wasseroberfläche, und eine Reihe kleiner, auf dem Wasser
treibender Bojen, deren Auf- und Abbewegung uns ein Maß für
den Energiegehalt der Welle an der betreffenden Stelle gibt, bildet
unseren „Wellendetektor".

Die Wasserwellen breiten sich von ihrem Ausgangspunkt aus, bis
sie den Damm erreichen. Auf der anderen Seite des Damms bilden
sich an den beiden Dammlücken zwei neue, kreisförmige Wellen-

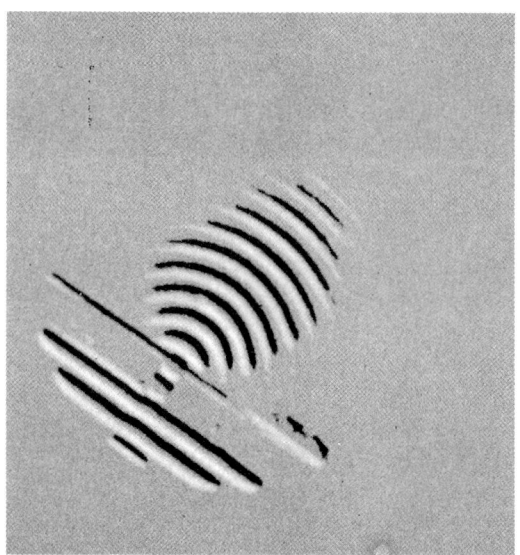 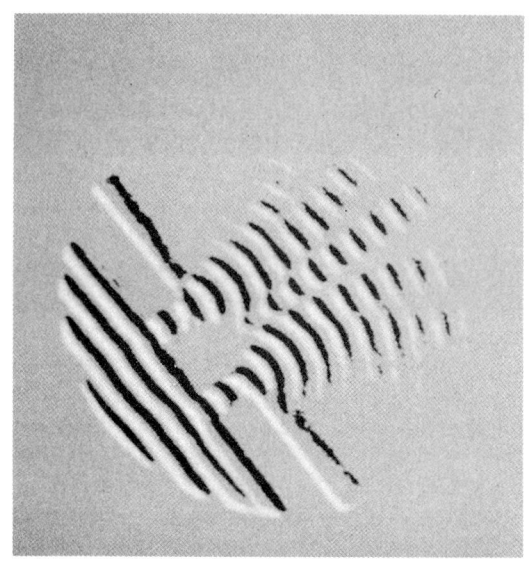

1.7 Typische Ausbreitungsmuster von Wasserwellen: links eine Welle, die sich von einem Einzelspalt in einer Barriere ausbreitet, rechts das Interferenzmuster zweier Wasserwellen, die von zwei benachbarten Spalten ausgehen und sich überlagern.

züge, die sich von dort weiter ausbreiten; die Bewegung der Wasseroberfläche am Detektor resultiert also aus der Überlagerung dieser beiden Wellenbewegungen. Schauen wir uns die Reihe der Bojen genauer an, so sehen wir, daß an manchen Stellen ein Wellenkamm, der vom Dammspalt 1 ausging, auf einen Wellenkamm von Spalt 2 trifft, wodurch sich eine sehr heftige Auf- und Abbewegung der entsprechenden Boje ergibt. An anderen Stellen wiederum wird ein Wellenkamm von einem der beiden Spalte mit einem Wellental des anderen zusammentreffen, so daß sich die Bojen dort überhaupt nicht bewegen; irgendwo zwischen diesen beiden Extremen liegen die Verhältnisse für die Bojen an den anderen Positionen. Die Auf- und Abbewegung der Bojen als Ganzes entspricht dem Bild einer „stehenden Welle": Zwischen den periodisch auftretenden festen „Knoten" dieser Welle, an denen die Bojen in Ruhe sind, bilden sich die „Wellenbäuche", in denen die Bojen zwischen ihren jeweiligen maximalen Auslenkungen hin- und herschwingen.

Nun dürfte es ziemlich einleuchtend sein, daß der Energiegehalt einer Wasserwelle an einer bestimmten Stelle mit der dortigen maximalen Auslenkung der Wasseroberfläche aus ihrer Ruhelage zusammenhängt; man kann in der Wellentheorie zeigen, daß die Energie einer Welle tatsächlich vom Quadrat ihrer maximalen Auslenkung – der Wellenhöhe – abhängt. Wenn wir die pro Zeiteinheit, also pro Sekunde an einem Ort ankommende Energiemenge als *Intensität* der Welle definieren, diese mit dem Symbol I und die Wellenhöhe mit h bezeichnen, dann können wir den Zusammenhang zwischen *I* und *h* in der folgenden Gleichung ausdrücken (bis auf sogenannte Proportionalitätskonstanten):

$$I = h^2$$

Intensität = Wellenhöhe im Quadrat.

Im Gegensatz zu unserem vorangegangenen Experiment beobachten wir bei Wasserwellen *nicht*, daß ihre Energie portionsweise, in Einheiten genau definierter Größe, ankommt, wie dies bei den Gewehrkugeln der Fall war, die jeweils an einem bestimmten Ort und zu einer bestimmten Zeit ankamen. Statt dessen hat sich die Energie des ursprünglichen Wellenzugs über den ganzen Detektor hinweg verteilt; die örtliche Wellenhöhe und damit Intensität der resultierenden Welle, die wir mit unserem Bojendetektor „messen", schwankt kontinuierlich zwischen Null und ihrem Maximalwert.

Den genauen Verlauf der Intensitätskurve in Abhängigkeit von der Lage im Detektor zeigt Abbildung 1.8; da bei unserem Experiment beide Spalte geöffnet waren, nennen wir diese Kurve I_{12}. Sie läßt sich mathematisch leicht erklären. Die *momentane* Hebung und Senkung der Wasseroberfläche an einer beliebigen Stelle des Detektors − ihre Auslenkung − setzt sich einfach aus der Summe der jeweiligen momentanen Auslenkungen der beiden von Spalt 1 und Spalt 2 ankommenden Wellen zusammen. Bezeichnen wir diese Wellenauslenkungen zu einem Zeitpunkt t mit $a_1(t)$ und $a_2(t)$ und die Gesamtauslenkung, die sich am Detektor ergibt, wenn beide Spalte geöffnet sind, mit $a_{12}(t)$, so können wir diesen Sachverhalt durch die Gleichung

$$a_{12}(t) = a_1(t) + a_2(t)$$

ausdrücken. Jede der beiden momentanen Wellenauslenkungen kann positiv oder negativ sein, je nachdem ob die Wasseroberfläche an der betreffenden Stelle durch die Wellenstörung gerade angehoben oder abgesenkt wird.

Die Intensität der resultierenden Gesamtwelle am Detektor erhalten wir aus dem Quadrat ihrer Höhe oder maximalen Auslenkung:

$$I_{12} = h_{12}{}^2,$$

wobei

$$h_{12} = \text{MAX}[a_{12}(t)] = \text{MAX}[a_1(t) + a_2(t)].$$

Wenn wir nun eine Momentaufnahme der Welle am Detektor zu einem Zeitpunkt machen, an dem alle Bojen ihre maximale

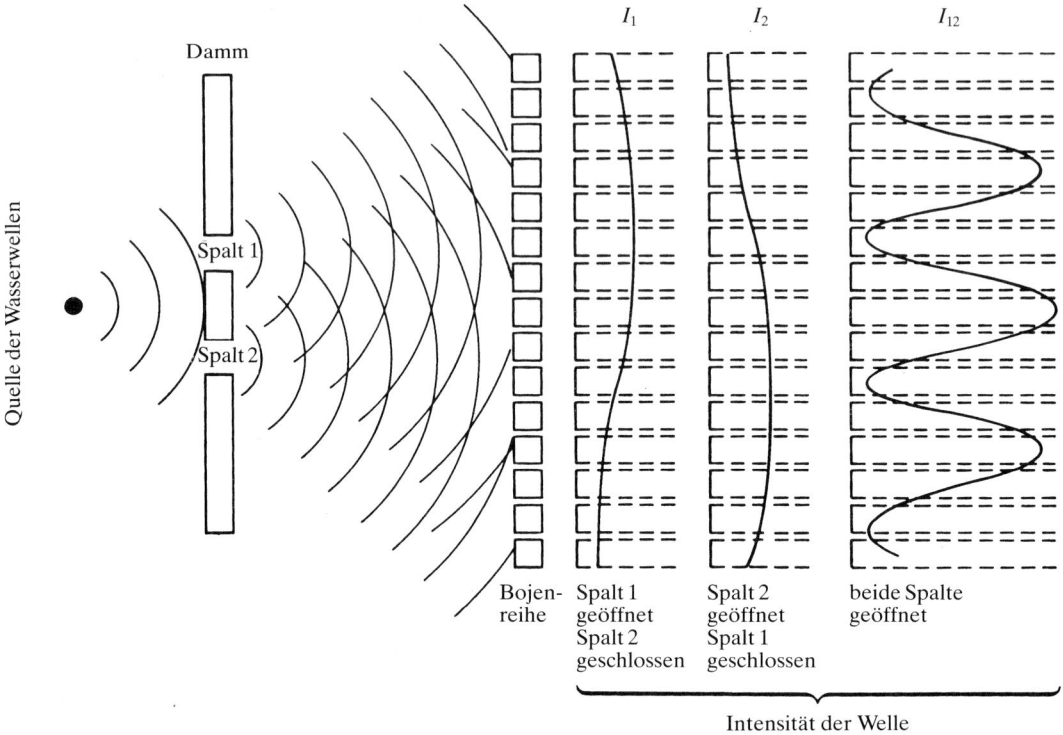

1.8 Das Doppelspaltexperiment mit Wasserwellen. Eine Reihe kleiner, auf der Wasseroberfläche treibender Bojen, deren Auf- und Abbewegung ein Maß für die Energie der Wellen darstellt, ist unsere Detektorvorrichtung. Die von den beiden Dammspalten ausgehenden Wellenkämme sind schematisch in die Abbildung eingezeichnet (vergleiche Abbildung 1.7). Wenn lediglich Spalt 1 geöffnet ist, erhält man die nur wenig schwankende Intensitätsverteilung der ersten Kolonne (I_1); sie ist der Verteilung P_1 ganz ähnlich, die wir für die Gewehrkugeln in Abbildung 1.6 erhielten. Das Maximum liegt wieder in der Verlängerung der Linie, die Quelle und Spalt 1 miteinander verbindet. Die Verteilung I_2 in der zweiten Kolonne, bei der Spalt 1 geschlossen und Spalt 2 geöffnet war, erscheint gegenüber der ersten lediglich etwas verschoben. Die letzte Kolonne I_{12} jedoch zeigt die völlig anders geartete Intensitätsverteilung für den Fall, daß beide Spalte geöffnet sind: Im Gegensatz zur entsprechenden Verteilung P_{12} für Gewehrkugeln ergibt sie sich gerade *nicht* aus der Summe der beiden Verteilungen I_1 und I_2, die man mit jeweils nur einem geöffneten Spalt erhielt. Diese stark schwankende Intensitätskurve ist eine typische Interferenzerscheinung.

Auslenkung erreicht haben und damit an ihrem Umkehrpunkt angelangt sind, so können wir für einen solchen Zeitpunkt t_m die Intensität der Welle einfach durch

$$I_{12} = [a_1(t_m) + a_2(t_m)]^2$$

ausdrücken. Wiederholen wir nun das Experiment, wobei wir jeweils einen der beiden Spalte verschließen, so erhalten wir die entsprechenden, in Abbildung 1.8 dargestellten Intensitätskurven I_1 (nur Spalt 1 geöffnet) und I_2 (Spalt 2 geöffnet). Die Intensitäten ergeben sich wiederum aus dem Quadrat der Wellenhöhe der Störung, die vom jeweils geöffneten Spalt ausgeht, also

$$I_1 = h_1{}^2 \text{ und } I_2 = h_2{}^2,$$

mit

$$h_1 = \mathrm{MAX}[a_1(t)] \text{ und } h_2 = \mathrm{MAX}[a_2(t)].$$

Man sieht unmittelbar aus der Abbildung, daß diese beiden Kurven wesentlich geringeren Schwankungen unterliegen als die Kurve I_{12}. Ihr Verlauf ergibt sich nun *nicht* einfach dadurch, daß man die Intensitäten I_1 und I_2 der beiden Experimente mit je einem geöffneten Spalt aufaddiert. Mathematisch ersehen wir dies sofort aus unseren Gleichungen

$$I_{12} = (a_1 + a_2)^2$$

$$= (a_1 + a_2) \times (a_1 + a_2)$$

$$= a_1{}^2 + 2a_1 a_2 + a_2{}^2$$

(a_1 und a_2 zum Zeitpunkt t_m unserer Momentaufnahme genommen), was offensichtlich nicht mit der Summe der beiden Intensitäten I_1 und I_2

$$I_1 + I_2 = h_1{}^2 + h_2{}^2$$

$$= \mathrm{MAX}[a_1]^2 + \mathrm{MAX}[a_2]^2$$

identisch ist. Dieses typische Wellenphänomen bezeichnet man allgemein als „Interferenz". Anders als bei den Kugeln ergibt sich der Intensitätsverlauf im „Doppelspalt"-Versuch nicht durch einfache Addition der Kurven der beiden „Einzelspalt"-Versuche. Genau solche Interferenzmuster waren es, die Thomas Young bei seinen Experimenten mit Licht beobachtete und die ihn zu der Überzeugung brachten, daß Licht als eine Form von Wellenbewegung

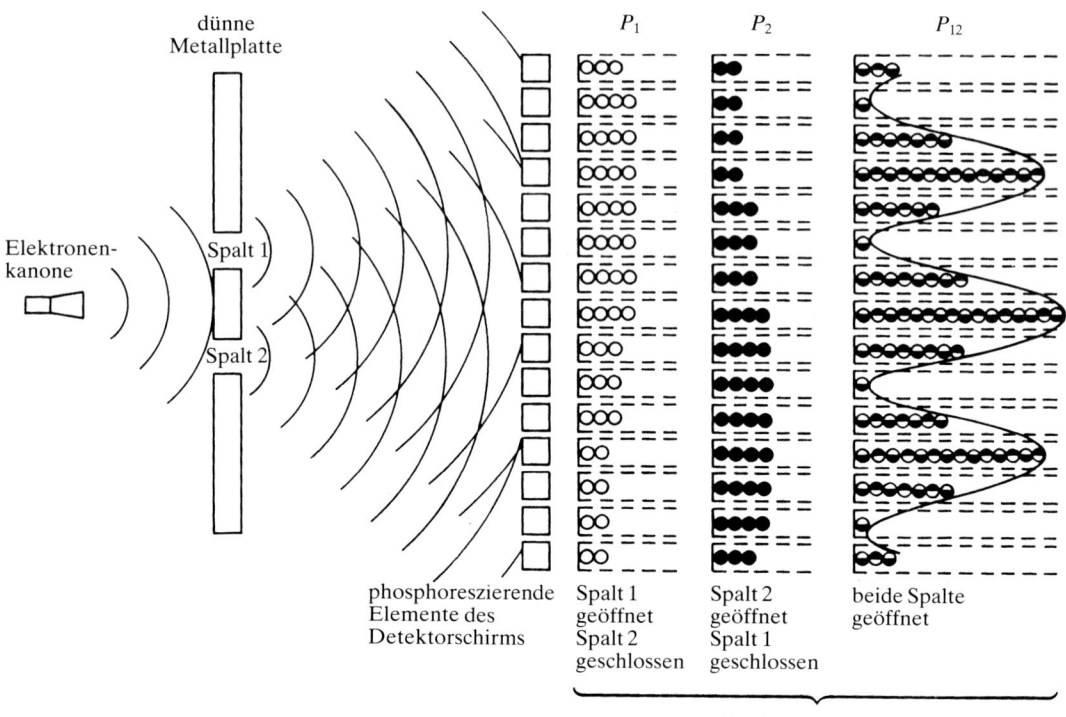

1.9 Das Doppelspaltexperiment mit Elektronen. Elektronen verraten sich — anders etwa als Wellen, deren Energie sich kontinuierlich über den ganzen Detektor verteilt — immer durch einen genau lokalisierten Lichtblitz auf dem phosphoreszierenden Detektorschirm, in ähnlicher Weise wie die Gewehrkugeln, die immer in genau einer der Auffangbüchsen gelandet waren. Falls nur Spalt 1 geöffnet ist, erhalten wir die Verteilung P_1; Elektronen, die Spalt 1 passiert haben, sind wie die Kugeln in Abbildung 1.6 durch je einen offenen Kreis symbolisiert. Die zweite Kolonne zeigt im wesentlichen dasselbe Ergebnis, nämlich die Verteilung der Elektronen, wenn nur Spalt 2 geöffnet ist; diese Elektronen sind durch schwarze Kreise dargestellt. Beide Verteilungen sind praktisch völlig identisch mit den entsprechenden für die Gewehrkugeln. Den entscheidenden Unterschied enthüllt die Verteilung P_{12}, die wir erhalten, wenn wir beide Spalte für die Elektronen öffnen. Sie entspricht genau der Interferenzkurve, die sich mit den Wasserwellen ergab, was bedeutet, daß eine Art Wellenbewegung von den beiden Spalten ausgehen muß, wie in der Skizze angedeutet. P_{12} ist nicht die Summe von P_1 und P_2; deshalb können wir nichts darüber aussagen, durch welchen Spalt ein bestimmtes Elektron gekommen ist. Um diese Unkenntnis anzudeuten, haben wir die Elektronen, die ja immer noch wie einzelne Kügelchen ankommen, halb weiß, halb schwarz gezeichnet. Diese paradoxe Tatsache, daß Quantenobjekte wie beispielsweise Elektronen wellenähnliche und teilchenähnliche Aspekte in ihrem Verhalten aufweisen, dabei aber weder als Teilchen noch als Welle identifiziert werden können, ist charakteristisch für die gesamte Quantenmechanik.

angesehen werden müsse. Ganz so einfach ist die Sache allerdings nicht. Um dies zu sehen, wenden wir uns jetzt dem Doppelspaltexperiment mit Elektronen zu, das ganz ähnlich ausfallen würde, wenn wir es mit Licht durchführten.

Das Doppelspaltexperiment mit Elektronen

Wir benutzen als „Quelle" eine sogenannte Elektronen-„Kanone", einen glühenden Metalldraht, aus dem Elektronen „verdampfen" und an den eine elektrische Spannung angelegt wird, um die Elektronen zu beschleunigen. Eine dünne Metallplatte mit zwei schmalen Spalten dient uns als „Blende". Die auf der anderen Seite ankommenden Elektronen registrieren wir mit einem „Detektorschirm", der mit einer phosphoreszierenden Substanz beschichtet ist; diese gibt bei jedem Aufprall eines Elektrons einen Lichtblitz ab.

Wie beim Experiment mit Gewehrkugeln finden wir auch hier, daß die Elektronen als einzelne Materieklümpchen gleicher Größe ankommen, die − jeweils durch einen Lichtblitz im Detektor angezeigt − zu einem bestimmten Zeitpunkt an einer bestimmten Stelle lokalisiert werden. Fahren wir die Intensität der Elektronenkanone herunter, verdampfen also weniger Elektronen pro Minute, sehen wir immer noch Lichtblitze derselben Helligkeit, nur daß weniger Elektronen während einer Minute ankommen. Ganz analog zum Gewehrkugelexperiment können wir die Lichtblitze, die wir an einer bestimmten Stelle im Detektor in einem festen Zeitintervall beobachten, zählen und somit ein Maß für die Ankunftswahrscheinlichkeit der Elektronen in Abhängigkeit vom Auftreffort gewinnen. Die ganze Eigentümlichkeit der Quantenmechanik offenbart sich uns in dieser einen Verteilung! Die Kurve, die in Abbildung 1.9 aufgezeichnet ist, ist nichts anderes als das charakteristische Interferenzmuster von Wellen, obgleich doch − wie wir gesehen haben − die Elektronen wie einzelne Kugeln ankommen. Das ist seltsam genug; schauen wir uns das Ergebnis jedoch genauer an, dann wird die Sache noch mysteriöser.

Betrachten wir dazu eine Stelle auf dem Detektorschirm, an der das Interferenzmuster ein Minimum aufweist, wenn beide Spalte geöffnet sind. An dieser Stelle finden wir tatsächlich weniger Elektronen vor, als wir erhielten, wenn wir das Experiment mit nur einem geöffneten Spalt wiederholten! Wir würden dann nämlich die ebenfalls in Abbildung 1.9 eingezeichneten „Einzelspalt"-Verteilungen bekommen, die mit denen der Wasserwellen identisch sind. Wie verträgt sich das aber mit der Tatsache, daß sich die Elektronen bei ihrer Ankunft wie feste Materiekügelchen verhielten? Sollte sich das Elektron etwa in zwei Hälften aufgespalten haben, die

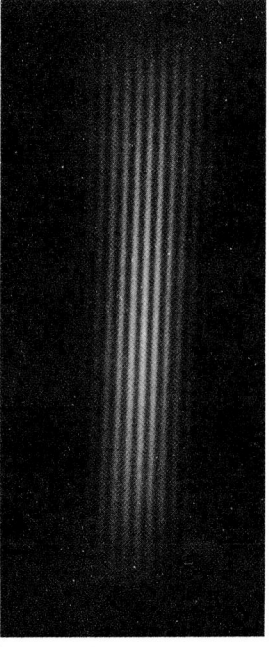

1.10 Ein Interferenzmuster, das bei einem Doppelspaltexperiment mit Elektronen aufgenommen wurde.

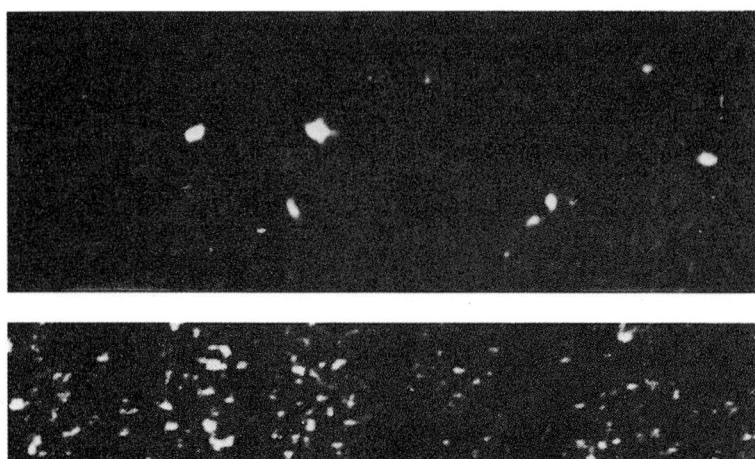

1.11 So sieht das Interferenzmuster eines Doppelspaltexperiments mit Elektronen aus, wenn wir es genauer unter die Lupe nehmen, so daß die einzelnen „Treffer" der Elektronen auf der Photoplatte zum Vorschein kommen. Ursprünglich galt eine Interferenzerscheinung als untrügliches Kennzeichen einer Wellenbewegung, doch sehen wir hier, daß es sich bei den Elektronen eigentlich um einzeln

jeweils durch einen der beiden Spalte hindurchgegangen waren? Nein – Elektronen werden immer als Ganzes beobachtet, wie die Gewehrkugeln: Sie sind an einer bestimmten Stelle entweder ganz da oder nicht da. Seit es die Quantenmechanik gibt, haben sich immer wieder Menschen den Kopf darüber zerbrochen, ob man nicht einen Ausweg aus diesem Dilemma finden könne. Soweit wir wissen, gibt es ihn nicht. Es scheint so, als würden die Elektronen als Teilchen in der Elektronenkanone starten und als Teilchen im Detektor ankommen, doch ist ihre Verteilung dort so, als würden sie sich unterwegs als Wellen fortpflanzen.

Wie wir gesehen haben, können wir Interferenz mathematisch sehr einfach beschreiben; im Falle der Wasserwellen ergab sich die Interferenzkurve einfach aus der Addition der jeweiligen Auslenkungen der beiden Wellen, die von Spalt 1 beziehungsweise Spalt 2 ausgingen und zum Detektor gelangten. Die gemessene Intensität oder Energie der Welle war dabei mit dem Quadrat der maximalen Wellenauslenkung („Amplitude") verknüpft. Ganz analog können wir nun die Interferenz von Elektronen mathematisch beschreiben. In diesem Fall messen wir allerdings nicht die Intensität einer realen Wellenbewegung, sondern die Ankunftswahrscheinlichkeit für

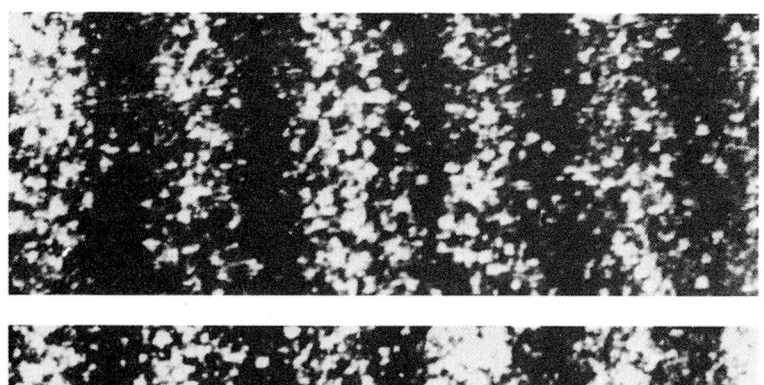

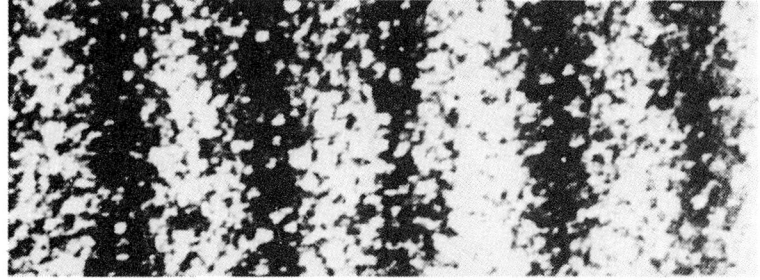

ankommende Materieteilchen handelt. Die erste Aufnahme links oben wurde so kurz belichtet, daß nur wenige Elektronen auftrafen, die scheinbar völlig willkürlich verteilt sind. In den folgenden Bildern wird die Belichtungszeit zunehmend länger — immer mehr Elektronen tragen nun zur Aufnahme bei —, bis schließlich das uns vertraute Interferenzmuster zum Vorschein kommt.

ein Elektron; übertragen wir unsere einfache mathematische Überlegung auf die Elektroneninterferenz, so müssen wir entsprechend nach einer Art Wellenamplitude für Elektronen suchen. Was aber bedeutet die Amplitude einer solchen „Elektronenwelle"? Das Quadrat dieser Wellenamplitude entspricht der Aufenthaltswahrscheinlichkeit des Elektrons an der betreffenden Stelle, und man nennt diese Größe daher „quantenmechanische Wahrscheinlichkeitsamplitude"; wir bezeichnen sie im folgenden mit dem Symbol a. Die Gleichungen für die Ankunftswahrscheinlichkeit der Elektronen sehen dann genauso aus wie die Gleichungen für die Intensitäten der Wasserwellen, mit Wahrscheinlichkeiten P (von englisch *probability*) und Quantenamplituden a anstatt Intensitäten I und Wellenauslenkungen a. Wir erhalten dann jeweils für den Fall zweier geöffneter Spalte beziehungsweise eines geöffneten Spalts die Gleichungen

$$P_{12} = (a_1 + a_2)^2,$$

$$P_1 = a_1{}^2,$$

$$P_2 = a_2{}^2.$$

1.12 Max Born (1882–1970) wurde erst sehr spät — im Jahre 1954 — für seine Beiträge zur Wahrscheinlichkeitsinterpretation der Quantenmechanik ausgezeichnet. Born verließ Deutschland, als Hitler an die Macht kam, und war von 1936 an bis zu seiner Emeritierung im Jahre 1953 „Professor für Naturphilosophie" in Edinburgh.

31

Wie zuvor addieren sich auch hier nur die zugrundeliegenden Wellenauslenkungen, nicht jedoch die gemessenen Wahrscheinlichkeiten. Deshalb ist

$$P_{12} \neq P_1 + P_2.$$

So bleibt uns also nur die Schlußfolgerung, daß Elektronen im Hinblick auf ihre räumliche Verteilung im Detektor wie Wellen miteinander interferieren, andererseits aber dort wie Gewehrkugeln als diskrete Materieteilchen einzeln registriert werden. Das ist eigentlich gemeint, wenn man davon spricht, daß sich Quantenobjekte manchmal wie eine Welle und manchmal wie ein Teilchen verhalten. Sie mögen das geheimnisvoll finden — es *ist* geheimnisvoll. Wir können das Rätsel der Quantenmechanik nicht weiter auflösen; alles was wir tun können, ist zu beschreiben, wie sich uns das Verhalten der Quantenobjekte darstellt. Genau das leistet die Quantenmechanik.

2. Heisenberg und die quanten-mechanische Unbestimmtheit

Ein Philosoph hat einmal behauptet: »Naturwissenschaft setzt notwendig voraus, daß gleiche Umstände immer auch gleiche Auswirkungen haben.« Nun, dem ist nicht so!

Richard Feynman

Elektronen auf der Spur

Wir haben gesehen, daß uns die Quantenmechanik nicht die Annehmlichkeit bietet, die Bewegung eines Quantenteilchens in einem anschaulichen Bild beschreiben zu können. In einem „normalen" Billardspiel können wir die Bahn jeder einzelnen Kugel verfolgen – in einem „Quanten"-Billard würde jedoch schon die Vorstellung von einer Bahn der Kugeln gar keinen Sinn mehr machen! Die genaue Position der Quantenkugeln wäre uns *aus Prinzip* unbekannt, und darin liegt einer der wesentlichen Unterschiede zwischen der Quantenwelt und der Welt der Klassischen Mechanik. Unbestimmtheit ist zu einem charakteristischen Element moderner Physik geworden und hat den erkenntnistheoretisch anmaßenden Determinismus der Newtonschen Mechanik abgelöst.

Die Physiker des 19. Jahrhunderts waren in der Lage, eine Fülle von experimentellen Beobachtungen, die so verschiedene Objekte wie Planeten oder Billardkugeln betrafen, befriedigend zu erklären. Wenn eine Beobachtung mit den Vorhersagen der Klassischen Mechanik nicht übereinstimmte, suchten sie nach einer ihnen verborgen gebliebenen Ursache, die die Abweichung erklären könnte. Im Jahr 1846 schien sich das Vertrauen der Physiker in das Gebäude der Klassischen Physik besonders eindrucksvoll zu bestätigen. Damals hatten der französische Astronom Jean Joseph Leverrier und – unabhängig von ihm – der Engländer John Couch Adams gewisse Unstimmigkeiten in der Umlaufbahn des Uranus durch die Existenz eines bis dahin unentdeckten Planeten zu erklären versucht; als kurz darauf tatsächlich der Planet Neptun entdeckt wurde, war das ein triumphaler Erfolg für die Newtonsche Physik. Leverrier versuchte anschließend, eine Anomalie der Merkurbewegung mit Hilfe eines weiteren Planeten („Vulcanus") zu erklären, der die Sonne in noch geringerer Entfernung umkreisen sollte. Hier war er allerdings auf der falschen Fährte; heute wissen wir, daß die Anomalie des Merkur eine Konsequenz der Allgemeinen Relativitätstheorie von Einstein ist und nicht im Rahmen der klassischen Theorie erklärt werden kann.

Ungeachtet solcher Mißerfolge und mancher Ungereimtheiten war man gegen Ende des 19. Jahrhunderts dennoch davon überzeugt, letztlich die ganze Physik aus den Newtonschen Gesetzen ableiten zu können. Wenn man eine Anzahl von Teilchen in einem Kasten vor sich hat, so scheint es im Prinzip möglich, ihre Bewegung für jeden beliebigen zukünftigen (oder vergangenen) Zeitpunkt vorhersagen zu können, indem man zu einem bestimmten Zeitpunkt Ort und Geschwindigkeit jedes Teilchens mißt; für diese Vorhersage sollte jede gewünschte Genauigkeit erreichbar sein, vorausgesetzt, Ort und Geschwindigkeit der Teilchen werden sorgfältig genug gemessen. Das war das Paradigma der deterministischen Naturbeschreibung, das durch den Erfolg der Klassischen Physik gestützt wurde. „Sorgfältig genug" messen zu müssen, bedeutete dabei keine wirkliche Einschränkung: Alles in allem war es doch selbstverständlich, daß jede Größe ohne prinzipielle Begrenzung der Meßgenauigkeit gemessen werden könne − man benötigte dazu lediglich ein ausreichend empfindliches Meßgerät.

Die Quantenmechanik hat mit dieser deterministischen Sicht der Zukunft endgültig aufgeräumt; seitdem sind die Vorhersagen der Mikrophysik mit dem Wesensmerkmal prinzipieller Unbestimmtheit behaftet. Die scheinbar so unproblematische Überzeugung der Physiker, Ort und gleichzeitig Geschwindigkeit eines Teilchens beliebig genau messen zu können, hat sich als falsch erwiesen. Die Quantenmechanik setzt der Genauigkeit unserer Messungen eine grundsätzliche Schranke, die wir auch mit der ausgeklügeltsten und empfindlichsten Meßanordnung nicht überschreiten können.

Dies läßt sich einmal mehr am Doppelspaltexperiment verdeutlichen. Erinnern wir uns, daß wir dort von der *Wahrscheinlichkeit* gesprochen haben, daß ein Elektron an einer bestimmten Stelle des Schirms ankommt, da wir nicht mit Gewißheit vorhersagen konnten, wo das Elektron landen würde. Wir konnten lediglich sagen, welche Chancen es hat, hier oder dort anzukommen.

Ähnliches galt für das Experiment mit den Gewehrkugeln. Auch die Resultate dieses Experiments haben wir in Form von Wahrscheinlichkeiten ausgedrückt; dennoch gibt es einen entscheidenden Unterschied zwischen Gewehrkugeln und Elektronen. Im Fall der Kugeln haben wir deshalb auf Wahrscheinlichkeiten zurückgegriffen, weil wir aufgrund der unregelmäßigen Hin- und Herbewegung des Gewehrs die genaue Abschußrichtung der Kugeln nicht kannten. Im Prinzip könnten wir aber das ganze Experiment auf Video aufnehmen und die Bahn einer jeden Kugel zum Detektorschirm in der Zeitlupe verfolgen. Selbst wenn wir uns nur einen Teil der Bahn anschauten, würde das genügen, um — nach Newton — den Rest der Bahn zu berechnen. Offensichtlich muß die Kugel einen der Spalte passieren, und mit unserem Video können wir bestimmen, welchen Spalt sie genommen hat.

Könnten wir nicht dasselbe mit Elektronen machen? Überlegen wir uns, wie wir vorgehen müßten, um festzustellen, durch welchen Spalt das Elektron hindurchgeht. Um das Elektron gleich nach seinem Durchgang durch einen der beiden Spalte zu bemerken, müssen wir Licht einstrahlen und das vom Elektron reflektierte Licht beobachten. Demgemäß verändern wir den experimentellen Aufbau und stellen eine Lichtquelle direkt hinter den Spaltöffnungen auf. Das Ganze richten wir so ein, daß ein Elektron, das den Spalt 1 passiert hat, hinter diesem Spalt einen Lichtblitz auslöst, und Entsprechendes gilt für Spalt 2. Was beobachten wir nun, wenn wir das Experiment durchführen? Als erstes stellen wir fest, daß wir nie zwei „halbe" Blitze gleichzeitig hinter den Spalten sehen, sondern immer genau einen vollen Blitz entweder hinter dem einen oder hinter dem anderen Spalt. Wir können die am Detektor eintreffenden Elektronen also in zwei Gruppen einteilen, je nach ihrer Herkunft von Spalt 1 oder Spalt 2. Was soll also der ganze Quantenunsinn, wenn doch jedes Elektron völlig eindeutig durch einen der beiden Spalte geht? Keine Frage — wenn wir den Elektronen derart nachspionieren, dann tun sie dies auch; schauen wir uns jetzt aber die Ankunftsverteilung der Elektronen auf dem Detektorschirm an, so ist ihr Interferenzmuster verschwunden. Die Verteilung sieht nun genauso aus wie bei den Gewehrkugeln.

Das ist verblüffend: Das Ergebnis eines Experiments soll davon abhängen, ob wir die Elektronen auf ihrem Weg beobachten, das heißt, das Licht eingeschaltet lassen, oder ob wir dies nicht tun! Die Auflösung dieses scheinbaren Paradoxons liegt in der Quantennatur des Lichts selbst. Erinnern wir uns an den im ersten Kapitel besprochenen photoelektrischen Effekt. Wenn Licht mit Materie in Wechselwirkung tritt, so zeigt es seinen Teilchencharakter: Licht macht sich dann — ähnlich wie Elektronen — in Form bestimmter Energiepakete, der Photonen, bemerkbar. Um ein Objekt sehen zu können, müssen wir also mindestens *ein* Lichtquant an ihm abprallen lassen, das heißt „reflektieren". Eine Gewehrkugel wird in ihrer Bahn dadurch kaum merklich gestört, da ihr Energiebetrag riesig ist im Vergleich zu dem eines einzelnen Photons. Ein Elektron aber ist selbst ein höchst labiles Quantenobjekt. Das Lichtquant versetzt dem Elektron beim Aufprall einen Stoß, der heftig genug ist, dessen Bewegung erheblich zu beeinflussen. Eine genauere Analyse des Vorgangs würde zeigen, daß diese Störung immer groß genug ist, um das Interferenzmuster zu verwischen.

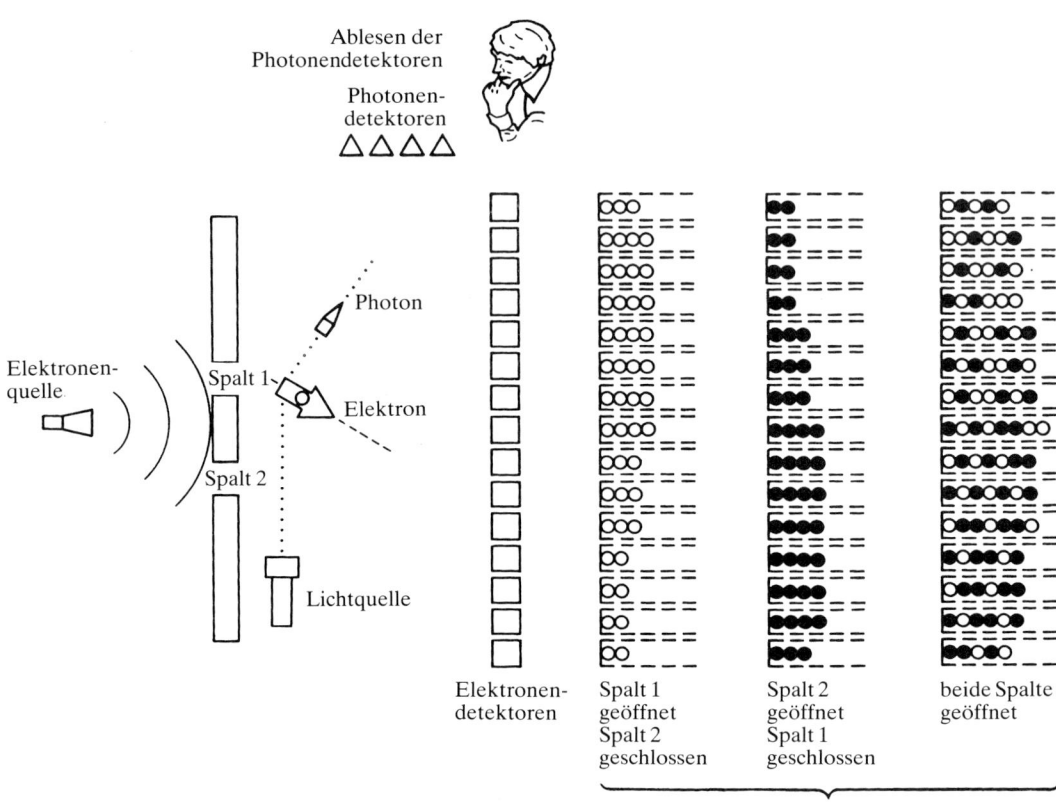

2.1 Beim Doppelspaltexperiment ließe sich mit Hilfe einer Lichtquelle verfolgen, durch welchen Spalt ein einzelnes Elektron tritt. Dazu wird Licht — also Photonen — auf die beiden Spalte gerichtet. In unserer Zeichnung trifft ein Photon (dargestellt als wandernder schwarzer Punkt) auf ein Elektron hinter Spalt 1; das Elektron wird dabei ein wenig aus seiner ursprünglichen Bahn geworfen, während das Photon an ihm abprallt und mit den Photonendetektoren registriert wird. Für den Fall, daß nur einer der beiden Spalte geöffnet ist, sind die Elektronenverteilungen praktisch dieselben, wie wenn wir die Elektronen nicht beobachten. Eine Überraschung erwartet uns allerdings, wenn wir beide Spalte öffnen: Das Interferenzmuster der Elektronen ist jetzt verschwunden! Die kleinen Stöße, die die Elektronen bei ihren Kollisionen mit den Photonen erhalten, sind — wie auch immer wir es anstellen — stark genug, um das Interferenzmuster vollständig zu verwischen. Wir sind jetzt zwar in der Lage, mit Sicherheit zu sagen, durch welchen Spalt das Elektron gegangen war, doch verhalten sich die Elektronen nun genauso wie Gewehrkugeln: Die beobachtete Verteilung ist einfach die Summe aus den beiden Einzelspalt-Verteilungen von Spalt 1 und Spalt 2.

Sie mögen sich jetzt vielleicht überlegen, daß man die Intensität des Lichts und damit die Störung der Elektronen so schwach machen könnte, daß das Interferenzmuster noch erhalten bliebe. Dieser Gedanke verkennt aber die Natur des Lichts. Die Intensität des Lichts zu verringern, bedeutet nämlich lediglich, die Zahl der pro Sekunde emittierten Photonen zu reduzieren. Da jetzt nur noch wenige Photonen vorhanden sind, hat ein Elektron eine gute Chance, sich ungesehen vorbeizuschleichen. Wir müssen also eine dritte Gruppe von Elektronen am Detektor einführen, die Gruppe derjenigen nämlich, die uns entwischt sind, und von denen wir nicht sagen können, durch welchen Spalt sie gekommen sind. Werfen wir einen Blick auf *ihre* Ankunftsverteilung, so sehen wir wieder das charakteristische Interferenzmuster . . .

Feynman hat diese Zwickmühle einmal den „logischen Drahtseilakt" quantenmechanischen Denkens genannt. Wenn wir ein Experiment vor uns haben, mit dem wir feststellen können, durch welchen Spalt das Elektron hindurchgeht, dann können wir tatsächlich mit Bestimmtheit sagen, daß das Elektron durch diesen oder den anderen Spalt gegangen ist. Wenn wir jedoch keine Möglichkeit haben herauszufinden, durch welchen Spalt das Elektron hindurchgeht, dann dürfen wir nicht einmal behaupten, daß es durch den einen oder durch den anderen Spalt hindurchgegangen ist!

Die Heisenbergsche Unschärferelation

Es dürfte klar geworden sein, daß die Quantenmechanik eine ausgesprochen verzwickte Angelegenheit ist. Am Doppelspaltexperiment hatten wir gesehen, daß das Interferenzmuster zerstört wird, sobald wir nachprüfen, welchen Spalt das Elektron passiert. Diese Beobachtung führt uns zu einem ganz allgemeinen Prinzip der Quantenmechanik, das nach seinem Entdecker Werner Heisenberg benannt wurde. Heisenberg hatte als erster erkannt, daß die neuen quantenmechanischen Gesetze eine grundlegende Begrenzung der Meßgenauigkeit von Experimenten zur Folge haben. Für die makroskopische Welt unseres Alltagsgeschehens können wir uns zweifellos hinreichend behutsame Meßmethoden ausdenken, bei denen der Meßvorgang keine merklich störende Beeinflussung des Meßobjekts mit sich bringt. Anders in der Welt der Quanten. Bei einer Messung mit Licht beispielsweise, das ja in Form diskreter Energiepakete auftritt, erhält das Objekt, an dem die Messung durchgeführt wird, unvermeidbar einen deutlichen, unkontrollierbaren Stoß. Dies gilt unabhängig von allen praktischen oder technischen Problemen ganz prinzipiell: Wir haben keine Möglichkeit, diesen Stoß in irgendeiner Weise meßtechnisch in den Griff zu bekommen beziehungsweise ihn auf Null zu reduzieren. Und für

2.2 Werner Heisenberg (1901 – 1976) war gerade Mitte Zwanzig, als er seine grundlegenden Arbeiten zur Quantentheorie verfaßte. Für die Entdeckung der Unschärferelation bekam er 1932 den Nobelpreis.

mikroskopische Objekte ist dieser Stoß – also die Wechselwirkung
zwischen Meß*apparatur* und Meß*objekt* – nicht mehr vernachläs-
sigbar. Dies ist, in einfachen Worten ausgedrückt, der Inhalt der
Heisenbergschen Unbestimmtheits- oder Unschärferelation.

Die Unbestimmtheitsrelation kann präzise mathematisch gefaßt
werden. Bei unserer Diskussion des deterministischen Charakters
der Klassischen Physik hatten wir das Modell der „Teilchen in einem Kasten" eingeführt, wobei jeweils Ort und Geschwindigkeit
der Teilchen gemessen wurden. Wir werden immer wieder auf
diese Modellvorstellung zurückgreifen; Teilchen samt Kasten bezeichnen wir dabei im folgenden kurz als „System" und sprechen
dann von „Messungen an einem System". Die Physiker bezeichnen
üblicherweise die Meßwerte für die Positionen der Teilchen mit x,
verwenden allerdings statt der Geschwindigkeit eine andere physikalische Größe, den Impuls der Teilchen. Dieser Impuls eines
Teilchens ist nichts anderes als das Produkt aus seiner Masse und
seiner Geschwindigkeit; seine Bedeutung wird aus alltäglichen Beobachtungen ersichtlich: Ein Auto, das sich mit einer Geschwindigkeit von zehn Kilometern pro Stunde fortbewegt, hat einen größeren Impuls als ein mit derselben Geschwindigkeit fliegender
Fußball, und dementsprechend verschieden ist auch ihre Wirkung
beim Aufprall auf einen anderen Gegenstand. Als Symbol verwenden die Physiker für den Impuls normalerweise den Buchstaben p.
Führen wir nun eine Messung an einem Quantensystem durch, so
ist es nicht möglich, die beiden Größen x und p gleichzeitig beliebig genau zu bestimmen. Ihre Messung ist immer jeweils mit einem minimalen Fehler, das heißt einer minimalen Unbestimmtheit
(„Unschärfe") Δx beziehungsweise Δp behaftet, wobei – wie Heisenberg gezeigt hat – die Unschärfe Δx der Ortsmessung und die
Unschärfe Δp der Impulsmessung unauflöslich miteinander verknüpft sind. Es ist genau diese Wechselbeziehung zwischen Δx
und Δp, die die innere Widerspruchsfreiheit der Quantenmechanik
gewährleistet. Möchte man beispielsweise den Ort eines Teilchens
sehr genau messen, so kommt man nicht umhin, das System be-
trächtlich stören zu müssen, und man erhält in der Konsequenz eine große Unschärfe im Impuls des Teilchens.

Wie läßt sich dieser Zusammenhang verstehen? Um den Ort des
Teilchens sehr genau zu bestimmen, benötigt man Licht äußerst
kurzer Wellenlänge, da die minimale Entfernung, innerhalb der
wir das Teilchen lokalisieren können, in etwa durch die Wellenlänge des Lichts gegeben ist. Hier beginnt nun ein wahrer Teufels-
kreis. Kurzwelliges Licht ist Licht hoher Frequenz, und diese Frequenz wiederum bestimmt die Energie der Photonen – nach einer
erstmals von Max Planck aufgestellten Formel. Die Beziehung ist
sehr einfach und besagt, daß Photonenenergie und Lichtfrequenz

einander proportional sind; bezeichnen wir die Energie eines Photons mit E und die Frequenz des Lichts mit f, so schreiben wir

$$E = h \times f$$

Photonenenergie E = Plancksche Konstante h mal Frequenz f,

wobei die Proportionalitätskonstante h – eine Naturkonstante – als Plancksches Wirkungsquantum bezeichnet wird. Für unser Problem der hochpräzisen Ortsmessung, die den Einsatz von hochfrequentem Licht (mit großem f) erfordert, bedeutet dies, daß die auftreffenden Photonen eine sehr hohe Energie besitzen und dem Quantensystem einen entsprechend kräftigen Stoß – das heißt Impuls – erteilen. Wenn wir umgekehrt auf einen sehr genauen Wert des Impulses aus sind, dürfen wir dem System nur einen kleinen Stoß übertragen und müssen daher, wegen der Planckschen Beziehung, mit niedrigfrequentem Licht arbeiten. Da niedrigere Frequenz große Wellenlänge bedeutet, müssen wir jetzt aber eine große Unsicherheit bei der Ortsmessung in Kauf nehmen!

Die Heisenbergsche Unbestimmtheitsrelation drückt die Beziehung zwischen den jeweiligen Unschärfen der Orts- und Impulsmessung in folgender Weise aus:

$$\Delta x \times \Delta p \approx h$$

Ortsunschärfe mal Impulsunschärfe ungefähr gleich
Plancksches Wirkungsquantum.

Die Gleichung ist der mathematische Ausdruck für die oben diskutierte Wechselbeziehung. Will man die Ortsunschärfe sehr klein halten, dann kann die Impulsunschärfe nicht gleichzeitig auch klein sein. Wären beide zugleich klein, würden sie die Unschärferelation nicht mehr erfüllen, derzufolge ihr Produkt immer in etwa das Plancksche Wirkungsquantum – oder mehr – ergeben muß.

Wir haben hier bereits die zweite quantenmechanische Gleichung vor uns, in der diese mysteriöse Naturkonstante auftaucht. Man kann die Plancksche Konstante beispielsweise über den photoelektrischen Effekt experimentell bestimmen; ihr Wert ist ausgesprochen klein – so klein, daß die Schranke, die sie nach Heisenberg der Meßgenauigkeit setzt, für unsere alltäglichen Beobachtungen etwa von Billardkugeln oder Fahrzeugen vernachlässigbare Auswirkungen hat. Der außerordentlich geringe Wert von h ist natürlich auch der Grund dafür, daß die Physiker so lange brauchten, bis sie einen der seltsamen Quanteneffekte entdeckten, die wir in den folgenden Kapiteln beschreiben werden.

2.3 Max Planck (1858–1947) um das Jahr 1900. Mit seinem radikal neuen Lösungsansatz für das Problem der Wärmestrahlung sogenannter „Schwarzer Körper" hatte er erstmals die Idee quantenhafter Prozesse ins Spiel gebracht. Im Jahre 1918 wurde diese bedeutende Leistung durch die Verleihung des Nobelpreises gewürdigt. Er selbst konnte sich mit der Revolution durch die Quantenphysik, der er mit seinen Arbeiten den Weg bereitet hatte, zeitlebens nie recht anfreunden.

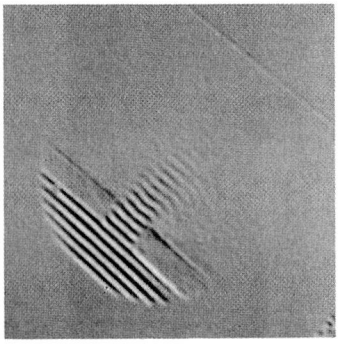 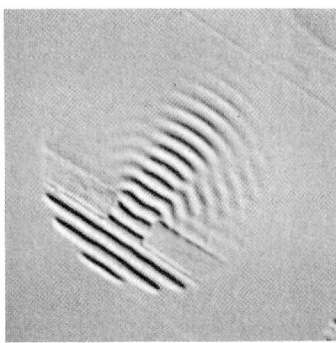 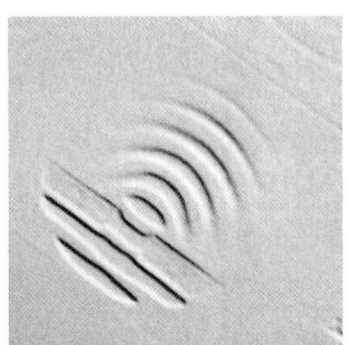

2.4 Diese Bildfolge zeigt die Ausbreitung verschiedener Wasserwellen, nachdem sie einen Spalt passiert haben. Der Wellenzug fächert sich hinter dem Spalt — je nach Wellenlänge — mehr oder weniger stark auf, ein Effekt, den die Physiker „Beugung" nennen und der bei großen Wellenlängen am stärksten ist. Die Beugung sorgt dafür, daß der „Abdruck" des Spalts in der Wellenfront unscharf wird; dies ist letztlich der Grund für das begrenzte Auflösungsvermögen optischer Instrumente.

Bleibt uns noch eine amüsante Anekdote zu Heisenberg und seiner Entdeckung der Unschärferelation nachzutragen. Einige Jahre vor seiner Arbeit über das Unbestimmtheitsprinzip — er hatte gerade seine unter der Obhut des berühmten Theoretikers Arnold Sommerfeld angefertigte Doktorarbeit abgeschlossen — zog sich Heisenberg bei der mündlichen Prüfung den Unmut eines seiner Prüfer zu, des ebenfalls bedeutenden Experimentalphysikers Wilhelm Wien. Heisenberg konnte einige recht elementare Fragen über das Auflösungsvermögen optischer Instrumente nicht beantworten, und es bedurfte der besonderen Intervention Sommerfelds, um seinen Kollegen zu überreden, Heisenberg wenigstens mit der schlechtestmöglichen Note bestehen zu lassen. Wenige Jahre später sollte ihn diese Wissenslücke in einem so grundlegenden Teil der klassischen Optik wieder einholen. Heisenberg beabsichtigte, seine Unschärferelation durch ein Gedankenexperiment mit einem Gammastrahlen-Mikroskop zu illustrieren, das die Elektronen mit Hilfe sehr kurzwelliger Gammastrahlen (siehe Anhang 1) aufspüren sollte. Unglücklicherweise hatte Heisenberg die unangenehme Lektion seiner mündlichen Prüfung vergessen und das Auflösungsvermögen des Mikroskops in seiner Betrachtung nicht richtig berücksichtigt; Niels Bohr, auch er einer der Großen der Physik, hat Heisenberg später darauf aufmerksam gemacht und die Lücke in seinem Argument geschlossen.

Quantenunschärfe und Photographie

Den Wahrscheinlichkeitscharakter der Quantenprozesse können wir nicht nur mit Elektronen, sondern auch mit Licht demonstrieren. Einen Stern bei Nacht sehen wir, weil das von ihm ausgesandte Licht in unserem Auge — genauer gesagt, in den Sehzellen der Netzhaut — chemische Veränderungen hervorruft. Um diese chemischen Reaktionen in Gang zu setzen, bedarf es Lichtenergie, die in Form einzelner, lokalisierter Portionen — der Photonen —

einfällt. Das Auge ist ein recht guter Lichtdetektor: Bereits ein einzelnes Photon kann eine Sehzelle anregen. Sehr viele Photonen gelangen jedoch in das Auge, ohne auf eine der lichtempfindlichen Sehzellen zu treffen; von hundert Photonen, die in das Auge eindringen, werden deshalb nur einige wenige registriert. Es ist klar, daß die chemischen Veränderungen, die sich beim Sehvorgang abspielen, umkehrbar sein müssen; tatsächlich kehren die angeregten Sehzellen auch nach etwa einer zehntel Sekunde wieder in ihren Normalzustand zurück. Eben diese kurze Zeitspanne, während der das Photonensignal gespeichert wird, setzt nun der Empfindlichkeit des Auges für lichtschwache Objekte eine natürliche Grenze. Photographische Aufnahmeverfahren können diese Grenze überwinden, indem sie die chemischen Umwandlungen in einer lichtempfindlichen Photoschicht dauerhaft speichern und so die auftreffenden Photonen gewissermaßen „sammeln".

Ähnlich wie in der Netzhaut des Auges rufen Photonen in der speziell präparierten lichtempfindlichen Schicht eines Films chemische Veränderungen hervor. Was aber ist der eigentlich aktive Bestandteil dieser lichtempfindlichen Schicht? Die lichtempfindliche „Photoemulsion" eines Films enthält sehr viele einzelne Körner einer Silberverbindung, in der die Silberatome in ionisierter Form vorliegen. Ein derartiges Silber-„Ion" ist ein Silberatom, das eines seiner negativ geladenen Elektronen verloren hat. In einem *Atom*, das normalerweise elektrisch neutral ist, gleichen sich die negative Gesamtladung aller Elektronen und die positive Ladung des Atomkerns genau aus — ein Silber*ion* besitzt also eine positive Nettoladung. Wenn nun ein Kristallkorn der Photoemulsion ein Photon absorbiert, wird dabei manchmal ein Elektron abgegeben — ähnlich wie beim photoelektrischen Effekt, bei dem die Elektronen aus einem Metall herausgeschlagen werden. Das Elektron wird dann von den umgebenden Silberionen angezogen und kann seinerseits eingefangen werden, wodurch ein neutrales Silberatom entsteht. Sich selbst überlassen, ist ein solches neutrales Silberatom — umgeben von lauter ionisierten Atomen — instabil, und es wird über kurz oder lang sein Elektron abstoßen und sich wieder in ein Ion zurückverwandeln. Falls sich jedoch durch andere Photonen in der näheren Umgebung rechtzeitig einige weitere neutrale Silberatome gebildet haben, kann sich aus einer kleinen Zahl solcher Atome ein stabiler „Entwicklungskeim" bilden. Jedes einzelne Kristallkorn der Emulsion enthält im Vergleich dazu Milliarden von Silberionen. Wird der Film aber entwickelt, so bewirkt dieser kleine Keim von Silberatomen die Umwandlung aller verbliebenen Silberionen des Kristallkorns in metallisches Silber, das sich dann als dunkles Metallkorn ablagert. Was haben wir mit diesem Verfahren nun gewonnen, wenn wir sehr lichtschwache Sterne sichtbar machen wollen? Die Chance, daß sich bei einem derartigen Objekt Entwicklungskeime bilden, ist ja recht gering, da nur sehr wenige Photonen des Sterns die Erde erreichen. Haben wir jedoch etwas mehr Geduld und verlängern die Belichtungszeit der Photoplatte, so wird die Wahrscheinlichkeit für ein solches Ereignis entsprechend größer. Abbildung 2.5 zeigt Aufnahmen des Andromedanebels, die verschieden lang belichtet wurden; die äußeren Spiralarme der Galaxie sind für das bloße Auge unsichtbar, kommen jedoch in der Langzeitbelichtung deutlich zum Vorschein.

2.5 Vier Aufnahmen des Andromedanebels, die zeigen, wie mit zunehmender Belichtungszeit immer mehr Einzelheiten der Galaxie sichtbar werden.

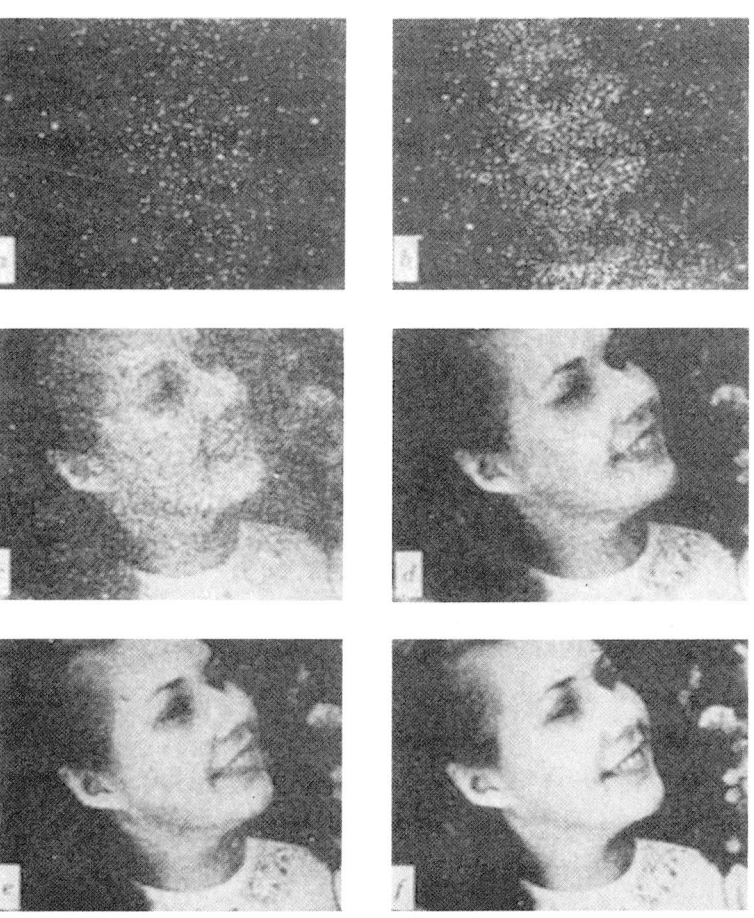

2.6 An dieser Folge von Aufnahmen eines Frauenge-sichts wird deutlich, daß die Photographie ein Quanten-prozeß ist. Aus den ersten Aufnahmen, bei denen die Zahl der Photonen gering war, ist der statistische Cha-rakter der Quanteneffekte er-sichtlich. Mit zunehmender Zahl an Photonen schält sich das Bild immer deutlicher heraus, bis schließlich die optimale Belichtungszeit er-reicht ist. Die Zahl der betei-ligten Photonen stieg dabei von anfänglich 3000 auf über 30 Millionen im letzten Bild.

Schauen wir uns nun genauer an, wie eine mit einer gewöhnlichen Kamera aufgenommene, ganz normale Photographie zustande-kommt. In Abbildung 2.6 haben wir eine Reihe von Aufnahmen derselben Person nebeneinandergestellt, die dieselbe Einstellung bei verschiedenen Belichtungszeiten zeigen. Beim Bild links oben waren etwa 3000 Photonen in die Kamera eingedrungen − die mei-sten von ihnen haben allerdings keine dauerhafte Veränderung in der Photoemulsion hinterlassen. 3000 Photonen sind natürlich nicht genug, um ein erkennbares Bild zu erzeugen, und die Aufnahme erscheint uns dementsprechend als eine mehr oder weniger zufälli-ge Verteilung heller Punkte. Verlängern wir jedoch die Belich-tungszeit, so erhöhen wir dadurch die Zahl der von der Kamera aufgenommenen Photonen; zum Bild Mitte links haben bereits über 10 000 Photonen beigetragen, und obwohl man noch immer nicht von einem klaren Bild sprechen kann, beginnt sich doch ein verschwommenes Motiv abzuzeichnen. Mit zunehmender Zahl an Photonen wird das Bild immer besser; an der längsten Aufnahme waren schließlich mehr als 30 Millionen Photonen beteiligt. In diesem letzten Bild scheint sich die Helligkeit kontinuierlich von einer Stelle zur anderen zu ändern; wir wissen aber, daß es in Wirklichkeit aus lauter diskreten Entwicklungskeimen entstanden ist, die beim Auftreffen mehrerer einzelner Photonen erzeugt wurden. Zudem wird durch die Bildfolge deutlich, daß in der kürzesten Aufnahme die hellen Punkte, die den ursprünglichen Entwicklungskeimen in den Körnern der Emulsion entsprechen, nicht völlig willkürlich verteilt sind, obwohl dies für sich betrachtet den Anschein hat. An den hellen Stellen des Bilds war die Wahrscheinlichkeit größer, daß sich ein Entwicklungskeim herausbildete, als an den dunkleren Stellen. Das in der Quantenmechanik begründete statistische Verhalten des Lichts, das lediglich Wahrscheinlichkeitsgesetzen gehorcht, zeigt sich also selbst bei einem so alltäglichen Vorgang wie der Photographie. Wir können eben nicht mit Sicherheit voraussagen, wo ein bestimmtes Photon ankommen und in welchem Korn sich ein Entwicklungskeim bilden wird, sondern lediglich Wahrscheinlichkeiten dafür angeben.

Wir haben gesehen, daß photographische Emulsionen nicht auf einzelne Photonen ansprechen – es braucht immer mehrere neutrale Silberatome, damit sich ein Entwicklungskeim bilden kann. In jüngster Zeit nun tritt in der Astronomie ein neuer Typ von Detektor mehr und mehr an die Stelle der Photoplatte, das sogenannte „CCD" (*charge coupled device*, zu deutsch etwa „ladungsgekoppeltes Meßgerät"), das in der Lage ist, sogar die Ankunft eines einzelnen Photons nachzuweisen. Damit ist dieses Gerät der Photo-

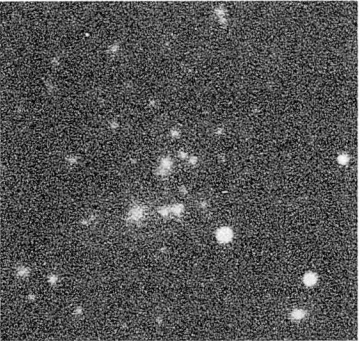 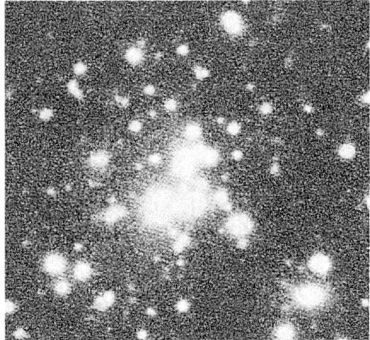

2.7 Eine Photographie und eine CCD-Aufnahme von einem Galaxienhaufen im Vergleich. Das linke Bild wurde mit dem 2,5-Meter-Teleskop auf dem Mount Wilson in Kalifornien bei einer Belichtungsdauer von 90 Minuten aufgenommen. Das Bild des CCDs (rechts) zeigt dasselbe Objekt, dieses Mal mit einer Belichtungsdauer von 25 Minuten und einem 1,5-Meter-Teleskop aufgenommen, das auf dem Mount Palomar, ebenfalls in Kalifornien, steht. Die dramatische Verbesserung der Empfindlichkeit, die durch die Verwendung von CCDs erzielt werden kann, ist offensichtlich.

platte bei weitem überlegen, wenn es um die Aufnahme äußerst lichtschwacher Sterne geht; ein Blick auf die Abbildung 2.7 wird Sie davon überzeugen.

Ein CCD besteht aus einer Vielzahl kleiner „Photonendetektoren", die in einer regelmäßigen Anordnung auf einem Siliciumchip realisiert sind. Silicium gehört zu einer Klasse von Materialien, die „Halbleiter" genannt werden (wir werden in einem späteren Kapitel noch genauer darauf zurückkommen). Diese lassen sich — vereinfacht gesagt — durch ihre elektrischen Eigenschaften charakterisieren: Sie sind angesiedelt zwischen den Metallen, die den elektrischen Strom gut leiten, und den Isolatoren, in denen überhaupt kein Strom fließen kann. Zudem lassen sich aus Siliciumatomen bereits durch sehr kleine Energiestöße Elektronen herausschlagen. Wenn man die Betriebstemperatur des CCD-Chips sorgfältig einstellt, spricht das Silicium bereits auf den Durchgang eines einzelnen Photons an und gibt ein Elektron ab. Jeder einzelne Photonendetektor ist nun nichts anderes als ein kleiner Siliciumblock auf dem Chip; in ihm sammeln sich die Elektronen, die durch eindringende Photonen aus dem Atomverband befreit wurden. Die an den einzelnen Positionen der Anordnung gespeicherten elektrischen Ladungen können gemessen werden und geben die Ortsverteilung der auf das CCD aufgetroffenen Photonen wieder.

Anhand eines so simplen Beispiels wie der Photographie konnten wir studieren, wie sich die Unbestimmtheit der Quantenprozesse auswirkt. Richard Feynman hat vorgeschlagen, diese quantenmechanische Unbestimmtheit noch unter einem ganz anderen Gesichtspunkt zu sehen; sein Zugang basiert auf der Vorstellung von potentiellen „Quantenpfaden" eines Teilchens — einer Idee, die sich für die moderne Quantentheorie als sehr fruchtbar erweisen sollte.

Die Feynmanschen Quantenpfade

Es gibt noch eine andere interessante Möglichkeit, sich die Unterschiede und Gemeinsamkeiten von Klassischer Physik und Quantenphysik vor Augen zu führen. Schauen wir uns dazu noch einmal das Doppelspaltexperiment an. Angenommen, wir wollten für ein von der Quelle Q ausgehendes Elektron die Wahrscheinlichkeit berechnen, daß es an einer bestimmten Stelle im Detektor D ankommt. Wie wir gesehen haben, müssen wir, um die beobachtete Ankunftsverteilung zu erhalten, einfach die Wahrscheinlichkeitsamplituden der beiden durch Spalt 1 und Spalt 2 verlaufenden „Pfade" zur quantenmechanischen Gesamtamplitude aufaddieren:

$$a = a_1 + a_2.$$

2.8 Richard Feynman (1918 – 1988) stammte aus einem Vorort von New York. Er hat unzählige Beiträge zu vielen verschiedenen Gebieten der Theoretischen Physik geleistet. Seine Idee, Quantenamplituden als „Summe über Vergangenheiten" (*sum over histories*) aufzufassen, spielt heute eine wesentliche Rolle in der modernen Quantenfeldtheorie. Während des Zweiten Weltkriegs arbeitete Feynman im Manhattan-Projekt in Los Alamos, in dem die erste Atombombe entwickelt wurde. Niels Bohr, einer der angesehensten Physiker, ließ seine neuen Ideen immer von Feynman überprüfen — mit der Begründung, Feynman sei der einzige Mensch in Los Alamos, der keine Scheu habe, ihm zu sagen, wenn sie nichts taugten.

Die Ankunftswahrscheinlichkeit für eine beliebige Stelle im Detektor erhalten wir aus dem Quadrat dieser Amplitude:

$$P = (a_1 + a_2)^2.$$

Das ist das ganze quantenmechanische Rezept, das wir benötigen, um die experimentell beobachteten Interferenzphänomene korrekt zu beschreiben; wie die einzelnen Amplituden für die verschiedenen Pfade genau ausgerechnet werden, erläutern wir im nächsten Kapitel bei der Diskussion der Schrödingergleichung. Für den Augenblick genügt es, diese Grundregel zu akzeptieren.

Überlegen wir uns nun, was passiert, wenn wir in unser Experiment – wie in Abbildung 2.9b skizziert – zusätzlich einen zweiten Schirm mit drei weiteren Spalten einbringen. Die Elektronen können dann auf sechs verschiedenen „Pfaden" von der Quelle Q zum Detektor D gelangen, und gemäß unserer quantenmechanischen Regel müssen wir die Wahrscheinlichkeitsamplituden aller sechs Pfade aufaddieren, um die resultierende Gesamtamplitude zu erhalten:

$$a = a_1 + a_2 + a_3 + a_4 + a_5 + a_6.$$

Gesamtamplitude = Summe der Amplituden
für alle möglichen Pfade.

Die Ankunftswahrscheinlichkeit ergibt sich wiederum aus dem Quadrat dieser Amplitude. In Gedanken stellen wir nun mehr und mehr Schirme mit immer mehr Spalten zwischen Quelle und Detektor auf. Um die jeweilige Wahrscheinlichkeitsamplitude am Detektor zu erhalten, müssen wir weiterhin die Amplituden aller möglichen Pfade berücksichtigen. Wenn wir dies immer weiter treiben, so wird schließlich der ganze Raum zwischen Q und D mit lauter unendlich dicht aufeinanderfolgenden Schirmen gefüllt sein; und wenn wir die hinzukommenden einzelnen Schirme dabei mit immer mehr Spalten versehen, dann haben wir am Ende überhaupt keine Schirme mehr! Dieser Gedankengang führte Feynman zu einem mathematischen Ausdruck für die Wahrscheinlichkeitsamplitude der Elektronenbewegung von Q nach D *ohne* Schirme – eine Art unendliche Summe über die Amplituden aller nur möglichen Pfade zwischen Q und D. In Abbildung 2.9c haben wir zwei solcher möglichen Quantenpfade angedeutet und zusätzlich die „klassische" geradlinige Bahn eingezeichnet, die eine Gewehrkugel nehmen würde, wenn sich zwischen Q und D keine Schirme befänden. Die Klassische Physik kennt nur einen möglichen Pfad; in der Quantenphysik tragen jedoch alle prinzipiell möglichen Pfade zwischen Q und D zur Ankunftswahrscheinlichkeit bei.

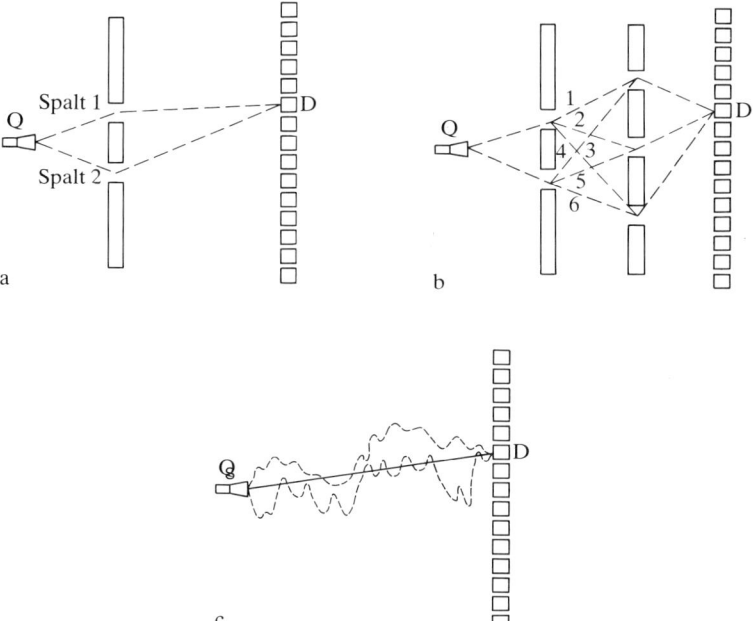

2.9 Man kann die Quantenamplitude aus der Summe der Amplituden für alle möglichen Pfade zwischen der Quelle Q und dem Detektor D gewinnen. Beim ursprünglichen Doppelspaltexperiment (a) sind zwei Pfade für das Elektron erlaubt. Bei der Anordnung mit zwei Schirmen und insgesamt fünf Spalten zwischen Quelle und Detektor (b) ergeben sich sechs mögliche Pfade für die Elektronen. Fügt man immer mehr Schirme mit immer mehr Spalten hinzu, dann sind schließlich überhaupt keine Schirme mehr vorhanden (c)! Anhand dieses Gedankenexperiments können wir uns die Quantenamplitude eines Elektrons, das sich von Q nach D bewegt, aus den Amplituden aller nur möglichen Pfade zusammengesetzt denken. Aus der unendlichen Zahl möglicher Quantenpfade haben wir zwei herausgegriffen und als gestrichelte Linien eingezeichnet. Die durchgezogene Linie ist die Bahn, die ein klassisches Teilchen nehmen würde.

Das Prinzip der Summation über alle denkbaren Quantenpfade steht in engem Zusammenhang mit der quantenmechanischen Unbestimmtheitsrelation, was wir leicht einsehen können. Wir betrachten dazu zuerst ein klassisches System, und zwar eine Berg-und-Tal-Bahn wie die in Abbildung 2.10 gezeichnete Achterbahn. Wird der Wagen an der tiefsten Stelle eines Tals aufgesetzt, so bleibt er nach den Gesetzen der Klassischen Physik für immer dort ruhen — solange wir nicht von außen eingreifen. Diesen Sachverhalt können wir in einem Diagramm graphisch darstellen, indem wir die jeweilige Position des Wagens (das heißt dessen Auslenkung aus der Ruhelage) auf der horizontalen Achse gegen die Zeit — die vertikale Achse — auftragen. Das Bewegungsdiagramm des Wagens ist dann eine gerade, vertikale Linie und besagt nichts anderes, als daß der Wagen immer an der gleichen Stelle bleibt.

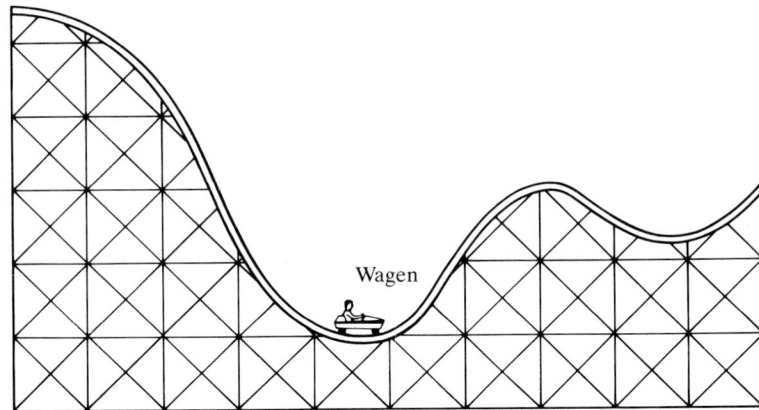

2.10 Auf einer „klassischen" Achterbahn kann ein Wagen in einer der Talsohlen zum Stillstand kommen. Einem Quantenwägelchen wäre dies nicht möglich: Es würde in einer Zitterbewegung unaufhörlich um den tiefsten Punkt hin- und herschwingen.

Wie würden sich Elektronen oder andere Quantenobjekte in einer analogen Situation verhalten? Wir werden im nächsten Kapitel im einzelnen zeigen, daß man mit einer geeigneten Anordnung elektrischer Felder in entsprechender Weise auf die Bewegung eines Elektrons einwirken kann wie über die Fahrtrasse einer Achterbahn auf die Bewegung eines Wagens. Nun folgt allerdings aus der Quantenmechanik, daß sich ein Elektron nicht einfach in einer Talsohle zur Ruhe setzen kann — könnte es dies, so wären uns Impuls *und* Ort des Elektrons gleichzeitig bekannt und wir kämen mit der Heisenbergschen Unbestimmtheitsrelation in Konflikt! Was also passiert mit dem Elektron? Die quantenmechanischen Gesetze besagen tatsächlich, daß das Elektron eine ständige Zitterbewegung in der Talsohle vollführen muß und nie zur Ruhe kommen kann. In einem Diagramm, in dem die Position des Elektrons gegen die Zeit aufgetragen ist, wird diese hin- und hergehende Quantenbewegung offensichtlich nicht einfach eine gerade, vertikale Linie ergeben, sondern eine unregelmäßige, vielfach gezackte Kurve. Derartige Quantenpfade eines Elektrons kann man mit Hilfe von Computersimulationen erzeugen, die sich auf die Feynmansche Formulierung der Quantenmechanik als „Summe über Quantenpfade" stützen; Farbtafel 1 auf Seite 225 zeigt einige solche mit dem Computer erzeugte Quantenpfade.

Merkwürdige Mathematik

An dieser Stelle möchten wir unser eigentliches Thema für einen
Moment beiseite legen und eine kurze Diskussion bestimmter,
recht eigenartiger mathematischer Kurven einflechten.

Die in Farbtafel 1 gezeigten Quantenpfade stellen Momentaufnahmen
aufeinanderfolgender Positionen des Elektrons über einen bestimmten Zeitraum hinweg dar, wobei wir diesen Zeitabschnitt von
a) über b) zu c) in zunehmend feinere Intervalle unterteilt haben –
gerade so, als ob wir uns die Bewegungskurve des Elektrons unter
einer immer stärkeren Vergrößerung anschauen würden. Es zeigt
sich dabei, daß diese Quantenpfade stets gleichermaßen wild gezackt sind, egal welche Vergrößerung wir wählen. Diese *Gleich-
förmigkeit unabhängig vom angelegten Längenmaßstab* ist eine typische Eigenschaft einer interessanten Klasse mathematischer Kurven. Normalerweise gehen wir davon aus, daß wir einer Linie eine
bestimmte Länge zuordnen können; nur so ist es möglich, beispielsweise die Länge einer Rennbahn eindeutig in Metern anzuge-
ben. Ganz analog ordnen wir einer Fläche eine „Länge im Quadrat" zu – die Fläche eines Fußballfelds etwa messen wir in Qua-
dratmetern. Wir können also sagen, daß jeder Linie oder Fläche
eine Größe der Form „Länge hoch D" zukommt, wobei D für die
Dimension steht und für eine Linie den Wert 1, für eine Fläche
den Wert 2 annimmt.

Die Kurven, mit denen wir es hier zu tun haben, erweisen sich
nun aber als dermaßen unregelmäßig und gezackt, daß sie sozusagen „mehr Raum ausfüllen" als eine gewöhnliche Linie. Solche
Kurven nennt man „Fraktale"; man kann ihnen ebenfalls eine –
gebrochene – Dimension zuordnen, die allerdings irgendwo zwischen Eins und Zwei liegen kann!

Lewis Richardsons Messung der Küstenlänge Großbritanniens, ein
vielzitiertes Beispiel, vermag uns eine gewisse Vorstellung von der
eigentümlichen Beschaffenheit der Fraktale zu geben. Wenn wir
eine gerade Linie ausmessen, indem wir sie mit einem geöffneten
Stechzirkel schrittweise abstecken, dann ist völlig einleuchtend,
daß der Wert, den wir für die Länge der Linie erhalten, nicht von
der gewählten Schrittbreite des Stechzirkels abhängt. Anders sieht
die Sache aus, wenn wir uns daran machen, die Länge der britischen Küste auszumessen. Stecken wir die Küstenlinie auf einer
Karte kleinen Maßstabs so sorgfältig wie möglich mit einer relativ
großen Schrittbreite ab, dann könnten wir letztlich genausogut mit
einer Karte größeren Maßstabs arbeiten – unsere Schritte sind zu
groß, um all die kleinen Buchten und Landzungen mitzunehmen.
Um diese Einzelheiten nachfahren zu können, müssen wir die

Schrittbreite verkleinern. Natürlich ist die Länge der Küstenlinie zwischen zwei Punkten größer als die Länge ihrer geradlinigen Verbindung, und genauso klar ist, daß die gemessene Entfernung mit zunehmend feinerem Maßstab immer größer wird. Welchen Längenmaßstab wir auch benutzen, die Küstenlinie erscheint immer gleich unregelmäßig gezackt, und die gemessene Länge wird also immer größere Werte annehmen, je mehr wir in die Einzelheiten gehen. Fraktale sind gerade dadurch ausgezeichnet, daß dieser Prozeß im Prinzip beliebig fortgesetzt werden kann, ohne daß man sich je einem definitiven Wert für ihre Länge annähern würde. Dieser Effekt mag mit ein Grund dafür sein, daß verschiedene Enzyklopädien recht unterschiedliche Werte für die Länge von Staatsgrenzen angeben. Spanische und portugiesische Enzyklopädien beispielsweise unterscheiden sich in ihren Angaben über die Länge ihrer gemeinsamen Grenze um mehr als 20 Prozent!

Natürlich ist es ziemlich unbefriedigend, wenn die Länge einer Kurve so definiert ist, daß sie vom Längenmaßstab abhängt, mit dem sie ausgemessen wird. Durch geeignete Definition einer „fraktalen Dimension" kann man aber eine „fraktale Länge" einführen, die unabhängig vom jeweiligen Maßstab der Messung ist. Die fraktale Dimension ist nicht unbedingt identisch mit dem, was wir normalerweise unter einer Dimension verstehen: So hat etwa die britische Westküste eine fraktale Dimension von 1,2! Benoît Mandelbrot, der die Theorie der Fraktale als eine eigenständige mathematische Disziplin begründete, konnte diesen Wert aus Richardsons Messungen ableiten. Und unsere Quantenpfade aus der Farbtafel 1 sind Fraktale der Dimension 1,5! Mandelbrot hat ein ganzes Buch über Fraktale geschrieben, mit einer Fülle von Computerillustrationen, die sehr eindrücklich die Ähnlichkeit natürlicher Strukturen – beispielsweise von Schneeflocken oder Wolken – mit verschiedenen Typen von Fraktalen zeigen. Im Computer erzeugte fraktale Landschaften gehören heute zum Standardrepertoire vieler „Fantasy"-Filme; Farbtafel 2 ist ein Beispiel für eine solche fraktale „Mondlandschaft".

3. Schrödinger und die Materiewellen

Woher haben wir diese Gleichung? Nirgendwoher. Es ist unmöglich, sie aus irgend etwas Bekanntem herzuleiten. Sie ist Schrödingers Kopf entsprungen.

Richard Feynman

Die de Broglieschen Materiewellen

Die ersten Anläufe der Physiker zu einer Quantentheorie waren meist Versuche, die Natur des Lichts zu verstehen. Max Planck und Albert Einstein hatten die traditionelle Auffassung von Licht als Wellenbewegung in Frage gestellt. Sie hatten gezeigt, daß sich gewisse experimentelle Erscheinungen, die im Rahmen eines Wellenbilds unverständlich waren, leicht erklären ließen, wenn man Licht als einen Strom von Teilchen auffaßte, die man heute Photonen nennt. William Bragg, der zusammen mit seinem Sohn im Jahre 1915 für Kristallstrukturuntersuchungen mit Röntgenstrahlen den Nobelpreis bekam, brachte das Dilemma der Physiker auf den Punkt, als er verzweifelt ausrief, daß er montags, mittwochs und freitags die Korpuskulartheorie des Lichts lehre, dienstags, donnerstags und samstags jedoch die Wellentheorie. Während die Physiker noch mit den scheinbar widersprüchlichen Eigenschaften des Lichts rangen, äußerte im Jahre 1924 Louis Victor de Broglie die Vermutung, daß jegliche Materie – also wohlgemerkt selbst diejenigen Objekte, die wir uns für gewöhnlich als Teilchen denken wie etwa Elektronen – auch wellenartiges Verhalten zeige. Dieser revolutionäre Gedanke kam völlig unerwartet, und de Broglie präsentierte ihn zu alledem auch noch in seiner Doktorarbeit. Physiker sind, wie die meisten Menschen, im allgemeinen nur wenig geneigt, irgendwelche neuen, wilden Spekulationen zu akzeptieren, erst recht nicht, wenn nicht einmal der Hauch eines experimentellen Anhaltspunktes vorliegt. Wie vorauszusehen, war sich der Prüfungsausschuß in Paris, der de Broglies Doktorarbeit zu begutachten hatte, daher völlig im unklaren darüber, was er mit ihr anfangen sollte. Über ein Mitglied des Ausschusses, Paul Langevin, der selbst ein herausragender Physiker der damaligen Zeit war, schrieb de Broglie, dieser sei »probablement un peu étonné par la nouveauté de mes idées« („vermutlich ein wenig erstaunt über die Neuheit meiner Ideen")! Langevin bat de Broglie um ein weiteres Exemplar seiner Arbeit und schickte es Einstein mit der Bitte um eine

3.1 Louis Victor de Broglie (1892 – 1987) stammte aus einer alten französischen Adelsfamilie; der Vater seines Urgroßvaters starb während der Französischen Revolution durch die Guillotine. Ursprünglich hatte de Broglie Geschichte studiert, begann sich aber während seines Dienstes in der französischen Armee im Ersten Weltkrieg für Naturwissenschaften zu interessieren – er war auf dem Eiffelturm als Funker stationiert. 1929 bekam er für seine einfache mathematische Formel, die Teilchen- und Welleneigenschaften der Materie zueinander in Beziehung setzte, den Nobelpreis.

Stellungnahme. Einstein war beeindruckt und äußerte sich später über die de Brogliesche Doktorarbeit, er glaube, daß sie den ersten schwachen Lichtstrahl auf dieses leidigste unter den physikalischen Rätseln werfe. Der Ausschuß blamierte sich nicht und traf die richtige Entscheidung: De Broglie bekam seinen Doktorhut. Nur wenige Jahre später, 1927, wurde der Wellencharakter von Elektronen im Experiment überzeugend nachgewiesen – und zwar durch C. J. Davisson und seinen Mitarbeiter Germer in den USA und G. P. Thomson in Schottland. De Broglie (1929) wie auch Davisson und Thomson (1937) erhielten für ihre Arbeiten über „Materiewellen" den Nobelpreis.

Wenn alle „Teilchen" Welleneigenschaften zeigen, warum dauerte es dann so lange, bis die Physiker diese Materiewellen beobachteten? Warum beobachten wir keine Gewehrkugeln, Billardbälle oder Autos, die sich wie Wellen verhalten? Wiederum liegt die Antwort auf diese Fragen in dem winzigen Wert der Planckschen Konstante. De Broglie zufolge ist jedem Teilchen, das sich mit einem Impuls p fortbewegt, eine Materiewelle der Wellenlänge λ zugeordnet, und zwar gemäß der Formel

$$\lambda = h/p \text{ (de-Broglie-Beziehung)}$$

Wellenlänge = Plancksche Konstante dividiert durch Impuls.

Für die makroskopischen Objekte unserer Alltagswelt ergibt sich daraus aufgrund ihres relativ großen Impulses und des sehr kleinen Werts von h eine ungeheuer kleine Wellenlänge. Warum sollte man aber eine derart kurze Wellenlänge nicht beobachten können? Als wir die für Wellen typischen Interferenzeffekte am Doppelspaltexperiment erklärten, haben wir eine Grundvoraussetzung außer acht gelassen: Der Abstand der beiden Spalte muß nämlich in etwa dieselbe Größenordnung haben wie die Wellenlänge der inter-

3.2 Das Interferenzmuster zweier miteinander interferierender Wellen verändert sich, wenn wir den Abstand ihrer beiden Quellen vergrößern. Je größer dieser Abstand ist, desto näher rücken die Interferenzstreifen zusammen – unter Umständen so dicht, daß wir sie schließlich nicht mehr voneinander trennen können.

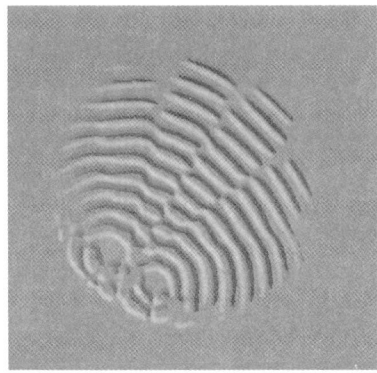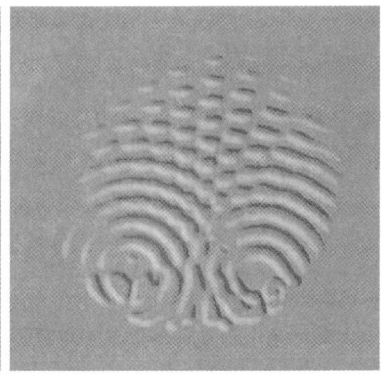

ferierenden Objekte, beispielsweise der Elektronen oder Photonen, damit das Interferenzmuster überhaupt sichtbar ist. Da aber die de-Broglie-Wellenlänge einer Gewehrkugel sogar noch weit unterhalb atomarer Größenordnungen liegt, ist es völlig unmöglich, sich ein Experiment auszudenken, in dem die Interferenz von Gewehrkugeln oder irgendwelcher anderer makroskopischer Objekte zum Vorschein käme. Wie sich bereits bei unserer Diskussion der Heisenbergschen Unschärferelation gezeigt hatte, ist es letztlich die Plancksche Konstante, die das Ausmaß aller Quanteneffekte bestimmt und damit unsere Alltagswelt von der Welt der Quanten trennt.

Schrödingers Wellengleichung

Zu der Zeit, als er seine nunmehr berühmte Gleichung entdeckte, war Erwin Schrödinger ein mäßig erfolgreicher österreichischer Physiker in mittleren Jahren. Er arbeitete damals am Institut von Peter Debye in Zürich, der von den eigenartigen de Broglieschen Wellen gehört hatte und ihn bat, in einem Vortrag einen Überblick über diese neuen Ideen zu geben. Schrödinger, der an einer Wellentheorie für Quantenphänomene arbeitete, tat dies, und am Ende seines Vortrags bemerkte Debye, daß ihm das alles ziemlich albern vorkäme — wenn man mit Wellen arbeite, dann solle man auch eine richtige Wellengleichung haben, die beschreibt, wie sich die Wellen im Raum fortpflanzen. Durch diese Bemerkung angeregt, machte sich Schrödinger an die Arbeit — und entdeckte die Gleichung, die heute seinen Namen trägt. Dies bedeutete einen entscheidenden Durchbruch für die Quantentheorie; denn nun war es den Physikern möglich auszurechnen, wie sich die wellenartigen Quantenamplituden ausbreiten, und somit präzise Vorhersagen zu machen, die mit dem Experiment verglichen werden konnten. Ähnlich wie Newton seine einfachen Bewegungsgesetze, die alle Vorgänge der Klassischen Physik beschreiben, postulierte, so hat auch Schrödinger sein Gesetz für die Bewegung von Quantenobjekten als neuen Ansatz eingeführt. Wir möchten versuchen, diese Gleichung ein wenig plausibel zu machen. Zu diesem Zweck ist es hilfreich, das Prinzip von der „Erhaltung der Energie" einzuführen. Dies können wir anhand vertrauter Objekte unserer makroskopischen Alltagswelt tun.

Eine Fahrt auf unserer Achterbahn kann uns den Energieerhaltungssatz illustrieren (Abbildung 3.3). Stellen wir uns vor, wir starten aus dem Stand von der linken Bergkuppe und rollen dann auf den Schienen immer schneller den Hang hinunter, bis wir die Talsohle erreichen. Nun beginnen wir auf der anderen Seite wieder aufzusteigen, wobei der Wagen allmählich langsamer wird und

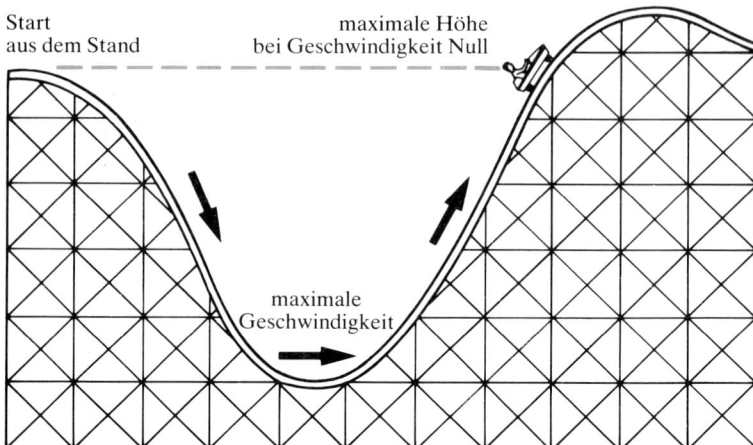

3.3 Energieerhaltung bei einer idealisierten Achterbahn. Links oben startet der Wagen aus der Ruhe; in dieser Position besitzt er keinerlei kinetische Energie, das heißt Bewegungsenergie, dafür aber maximale potentielle Energie aufgrund seiner Fallhöhe im Schwerefeld der Erde. Während der Wagen die Schienen immer schneller herunterrollt, wandelt sich die potentielle Energie in kinetische Energie um, bis in der Talsohle schließlich die gesamte potentielle Energie verbraucht ist und kinetische Energie wie Geschwindigkeit maximal sind. Wenn der Wagen auf der anderen Seite wieder an Höhe gewinnt, wird er erneut langsamer und wandelt seine kinetische Energie wieder in potentielle Gravitationsenergie um. Im Idealfall würde der Wagen — wenn er keinerlei Energie in Form von Wärme oder Schall an die Schienen und die Umgebung verlöre — wieder genau dieselbe Höhe erreichen, aus der er gestartet wurde.

schließlich erneut zum Stillstand kommt. Hoch oben über dem Tal beim Start sind wir in Ruhe: Wir besitzen keinerlei „kinetische Energie" — Bewegungsenergie, die aus einer Geschwindigkeit resultierte. In der Talsohle, wo wir am schnellsten sind, ist demgegenüber die kinetische Energie am größten. Steigen wir auf der anderen Seite auf, verlieren wir ständig an Bewegungsenergie, bis wir wieder zur Ruhe kommen. Wo ist die ganze Bewegungsenergie dabei verblieben? Während wir den Hang hinaufrollen, müssen wir diese Energie aufwenden, um das Gewicht des Wagens und seiner Insassen auf den Hügel hochzuheben und Arbeit gegen die Schwerkraft zu verrichten. In dem Maße, in dem wir an Höhe gewinnen, nimmt die „potentielle Energie" im Gravitationsfeld der Erde zu. Beim Start hatten wir zwar keinerlei kinetische Energie, aber aufgrund unserer Höhe besaßen wir potentielle Energie, die wir in kinetische umwandeln konnten, indem wir den Hang herunterrollten. Der *Gesamtbetrag* an Energie ist immer derselbe, lediglich ihre *Form* kann sich ändern. Im Prinzip müßte der Wagen also ins Tal herunterrollen und anschließend bis zu exakt der gleichen Höhe wieder aufsteigen, von der wir gestartet sind. In Wirklichkeit wird unser Wagen auf der Achterbahn natürlich nicht mehr genau dieselbe Höhe erreichen, die er zu Beginn hatte, da ein Teil seiner ursprünglichen potentiellen Energie durch Reibungsverluste an die Umgebung verloren geht — sei es in Form von Wärme, die die Trasse aufheizt, oder in Form von Lärm, das heißt Schallenergie. Um die Sache zu vereinfachen, werden wir von solchen Verlusten absehen: Wir nehmen also an, unser Wagen sei perfekt geschmiert und laufe völlig reibungsfrei. Energieerhaltung heißt in unserem Beispiel dann, daß die Gesamtenergie des Wagens, die wir mit dem Symbol E bezeichnen, konstant bleibt, sich jedoch aus veränderlichen Anteilen an kinetischer Energie K und potentieller Energie — gewöhnlich mit V bezeichnet — zusammensetzt. Die Energiebilanz lautet somit

$$E = K + V$$

Gesamtenergie = kinetische Energie + potentielle Energie,

und sie gilt für jede beliebige Position des Wagens auf der Spur und zu allen Zeiten.

Für spätere Zwecke ist es nützlich, diese Energiegleichung umzuschreiben. Im letzten Kapitel hatten wir den Impuls p eines Objekts als Produkt aus seiner Masse und seiner Geschwindigkeit eingeführt:

$$p = m \times v$$

Impuls = Masse mal Geschwindigkeit.

Aus den Newtonschen Gesetzen folgt zudem eine Beziehung zwischen dem Impuls und der kinetischen Energie, nämlich

$$K = p^2/(2m).$$

Damit läßt sich die Energiebilanzgleichung in die Form

$$E = p^2/(2m) + V$$

bringen, die Gesamtenergie, Impuls und potentielle Energie zueinander in Beziehung setzt.

Zurück zu den Elektronen und der Schrödingergleichung. Im vorangegangenen Kapitel war bereits von einer quantenmechanischen „Achterbahn" für Elektronen die Rede gewesen. Quantenobjekte wie Elektronen gehorchen ebenfalls dem Gesetz von der Erhaltung der Energie: Wir können nicht einfach Energie aus dem Nichts erzeugen oder ins Nichts verschwinden lassen — nicht einmal in

Quantenprozessen. Dennoch kann sich — wie in unserem Achterbahnbeispiel — Energie von einer Form in eine andere umwandeln. Dabei haben wir es jetzt nicht mit dem Gravitations-„Potential" der Erde zu tun, sondern mit einem elektrischen Potential. Die elektrischen Kräfte, die positive Raumladungen auf die negativ geladenen Elektronen ausüben, führen genau wie die Schwerkraft zu einer potentiellen Energie, und mit einer Batterie und einer geeigneten Anordnung von Metallzylindern (Abbildung 3.4) kann man diesem elektrischen Potential für die Elektronen annähernd die Form der Achterbahntrasse geben, die den Verlauf des Gravitationspotentials für unseren Wagen bestimmte. Elektronen, die diese Anordnung von Metallelektroden durchlaufen, werden zum mittleren positiven Zylinder hin gezogen, infolgedessen beschleunigt und erlangen dabei mehr und mehr kinetische Energie. Der Gewinn an kinetischer Energie wird wie bei der Achterbahn durch einen entsprechenden Verlust an potentieller Energie kompensiert, die dieses Mal allerdings eine elektrische potentielle Energie ist. Wir erhalten somit genau dieselbe Gleichung für die Energiebilanz

$$E = p^2/(2m) + V,$$

wobei das Potential V nun den Ausdruck für die elektrische potentielle Energie des Elektrons darstellt.

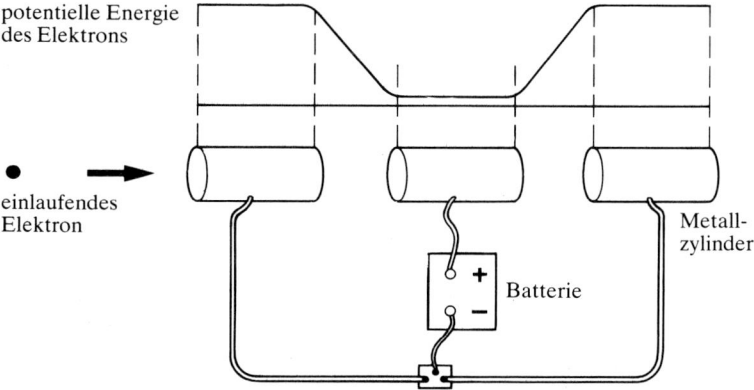

3.4 Schematische Darstellung einer Anordnung von Metallelektroden, mit der man Elektronen auf eine Art Berg-und-Tal-Fahrt wie bei einer Achterbahn schicken kann. Legt man an die Zylinderelektroden eine Batteriespannung, so erhält man den im Bild darüber eingezeichneten elektrischen Potentialverlauf. Ein von links einlaufendes Elektron wird von der mittleren, positiven Zylinderelektrode angezogen und schießt dann — wie der Wagen auf unserer Achterbahn — über das Ziel hinaus; auf seinem Weg zur rechten Elektrode wird es durch die elektrische Abstoßung wieder abgebremst.

Diese einfache Energiegleichung war Schrödingers Ausgangspunkt. Unter Verwendung der de Broglieschen Beziehung zwischen Impuls und Wellenlänge gelang es ihm, eine Wellengleichung für ein Quantenobjekt aufzustellen, das sich in einem Potential bewegt. Die Gleichung ist im untenstehenden Kasten wiedergegeben; für den Rest des Buchs ist es aber keinesfalls erforderlich, die mathematischen Hintergründe dieser Gleichung zu verstehen. Wir möchten Sie mit dieser Formel nicht abschrecken − eher schon davon überzeugen, daß die notwendigerweise etwas vage bleibenden qualitativen Erklärungen der Quantenphänomene, die Sie in den restlichen Kapiteln dieses Buchs finden werden, eine präzise mathematische Grundlage besitzen.

Die Schrödingergleichung

Die Schrödingergleichung für ein Teilchen mit Gesamtenergie E, das sich in einer Dimension (der x-Richtung) bewegt und einem Potential V ausgesetzt ist, lautet:

$$E\psi = -\frac{\hbar^2}{2m}\frac{d^2\psi}{dx^2} + V\psi,$$

Es ist allgemein üblich, Wahrscheinlichkeitsamplituden mit dem griechischen Buchstaben ψ zu bezeichnen; m steht für die Masse des Teilchens und $\hbar$ für die Plancksche Konstante, dividiert durch 2π.

Leserinnen und Leser, die mit der Differentialrechnung ein wenig vertraut sind, können in Anhang 2 die Lösung der Schrödingergleichung für den Fall eines Elektrons in einem einfachen Kastenpotential nachvollziehen.

3.5 Erwin Schrödinger (1887 – 1961) wuchs in Wien auf und besuchte dort die Universität. Nach dem Ersten Weltkrieg, in dem er als Artillerieoffizier diente, wollte er sich hauptsächlich der Philosophie widmen; die Stadt, wo er gehofft hatte, eine ihm entsprechende Stelle an der Universität zu bekommen, gehörte jedoch nach dem Zusammenbruch der österreichisch-ungarischen Monarchie nicht mehr zu Österreich. Zum Glück blieb Schrödinger bei der Physik und entdeckte 1926 die grundlegende Gleichung der Quantenmechanik. 1928 übernahm er als Nachfolger von Max Planck einen Lehrstuhl in Berlin. Schrödinger verließ Deutschland nach der Machtübernahme Hitlers und wurde später Professor für Theoretische Physik am Institute for Advanced Studies in Dublin (Irland).

Elektronen- und Neutronenoptik

Als Schrödinger 1926 seine berühmte Arbeit veröffentlichte, war die Existenz von Materiewellen nicht experimentell nachgewiesen. Heutzutage ist es für die Physiker etwas Alltägliches, Welleneigenschaften von „Teilchen" zu beobachten; moderne Methoden, mit denen sie die Quantenwelt erforschen, beruhen gerade auf dem Wellencharakter der Materie. Das wohl am weitesten verbreitete Gerät, das sich den Welle-Teilchen-Dualismus der Materie zunutze macht, ist das Elektronenmikroskop. Statt der optischen Linsen aus Glas, wie man sie in gewöhnlichen Lichtmikroskopen benutzt, setzt man dort Anordnungen elektrischer und magnetischer Felder

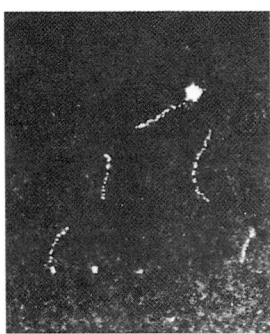

3.6 Einzelne Thoriumatome auf einem dünnen Kohlenstoff-Film unter dem Elektronenmikroskop. Da Thoriumatome mehr Elektronen als Kohlenstoffatome haben, streuen sie die auftreffenden Elektronen stärker und werden dadurch sichtbar. Durch einen chemischen Prozeß, bei dem einzelne Thoriumatome über jeweils ein organisches Molekül aneinandergekettet werden, ordnen sich die Thoriumatome zu langen Ketten an. Die hellen Punkte in unserem Bild, die Thoriumatome wiedergeben, liegen nur wenig mehr als einen tausendstel Mikrometer (millionstel Meter) auseinander, was einigen Atomdurchmessern entspricht.

ein, um die Elektronenstrahlen in derselben Weise abzulenken wie Lichtstrahlen mit Glaslinsen. Dies ist deshalb von Vorteil, weil wir auf einem Untersuchungsgegenstand um so feinere Details erkennen können, je kleiner die Wellenlänge der Wellen ist, mit denen wir den Gegenstand betrachten. Grob gesprochen muß diese Wellenlänge kleiner sein als das kleinste Detail, das wir noch sehen oder „auflösen" wollen. Wir hatten diese Wechselbeziehung zwischen Auflösungsvermögen und Wellenlänge bereits im Zusammenhang mit der Unschärferelation angesprochen (vergleiche Abbildung 2.4). Lichtmikroskope können also Einzelheiten, die kleiner als die Wellenlänge des sichtbaren Lichts sind, prinzipiell nicht auflösen; Strukturen unter etwa einem Mikrometer (einem millionstel Meter) bleiben uns damit verborgen (vergleiche Anhang 1). Elektronen hingegen entsprechen Materiewellen, deren Wellenlänge nach der de Broglieschen Beziehung vom Impuls des jeweiligen Elektrons abhängt; sie ist um so kleiner, je größer der Impuls des Elektrons ist. Wir können daher das Auflösungsvermögen eines Elektronenmikroskops verändern, indem wir einfach die Geschwindigkeit variieren, auf die wir die Elektronen beschleunigen. Handelsübliche Elektronenmikroskope arbeiten mit Wellenlängen, die bis zu eine Million Male kleiner sind als die optischen Wellenlängen des Lichts — das ist weniger als der Durchmesser eines Atoms, und tatsächlich kann man mit Hilfe besonders behutsamer Mikroskopiermethoden sogar bestimmte Atome unter dem Elektronenmikroskop „sichtbar" machen. In der Praxis wird das Auflösungsvermögen von Elektronenmikroskopen durch technische Probleme wie Abbildungsfehler des Linsensystems und durch Schwingungen des Apparateaufbaus und der untersuchten Atome selbst begrenzt. Dennoch bieten uns Elektronenmikroskope einen einzigartigen Einblick in eine Welt, die im Lichtmikroskop völlig unsichtbar ist; einige faszinierende elektronenmikroskopische Aufnahmen aus dieser Mikrowelt haben wir in Abbildung 3.6 und Farbtafel 4 zusammengestellt.

Elektronenmikroskope erzeugen ein direktes Abbild des zu untersuchenden Objekts — eine Art Photographie, die relativ leicht zu interpretieren ist. Elektronenstrahlen können jedoch auch als „Sonden" eingesetzt werden, mit denen wir — ohne ein direktes Bild des Objekts zu erzeugen — tief in das Innere der Materie eindringen können (Abbildung 3.7). In Stanford in Kalifornien werden Elektronen in einem drei Kilometer langen Tunnel bis auf knapp unterhalb der Lichtgeschwindigkeit beschleunigt. Elektronen mit einem so hohen Impuls ermöglichen es, Strukturen in winzigsten Raumdimensionen auszumessen. Richtet man einen solchen Elektronenstrahl auf ein Ziel aus Protonen, so kann aus der räumlichen Verteilung der Elektronen, die an den Protonen gestreut wurden, auf die innere Struktur der Protonen zurückgeschlossen werden.

3.7 Einer der riesigen Elektronendetektoren des SLAC. Der Elektronenstrahl kommt von links unten ins Bild und kollidiert dort mit einem Protonenpräparat. Die gestreuten Elektronen werden durch starke Magnetfelder abgelenkt, wodurch man ihre ursprüngliche Flugrichtung und Geschwindigkeit bestimmen kann.

Derartige Elektronenstreuexperimente, die erstmals vor 20 Jahren in Stanford am SLAC (Stanford Linear Accelerator Center, siehe Farbtafel 3), durchgeführt wurden, haben uns in die Lage versetzt, regelrecht in das Innere der Protonen zu „blicken".

Die Ergebnisse waren sensationell: Anstatt daß man eine gleichmäßige Verteilung der positiven Ladung des Protons über sein ganzes Raumvolumen gefunden hätte, zeigte sich die Ladung auf noch kleineren Einzelbestandteilen des Protons lokalisiert. Zudem stellte sich heraus, daß die Ladungen dieser Bausteine genau ein Drittel beziehungsweise zwei Drittel der bislang als elementar geltenden elektrischen Ladung des Elektrons oder Protons betragen. Diese winzigen Materiebausteine mit ihren seltsamen drittelzahligen Ladungen wurden „Quarks" genannt. Tatsächlich waren solche elementaren Bausteine der Materie zuvor bereits postuliert worden, und zwar gleichzeitig von Murray Gell-Mann, der damals schon ein berühmter Theoretiker am CalTech (California Institute of Technology) in Pasadena war, und von George Zweig, einem seinerzeit praktisch unbekannten US-amerikanischen Physiker am CERN in Genf. Zweig hatte ihnen in seiner Arbeit den Namen „aces" (Asse) gegeben, doch prägte Gell-Mann für sie später die Bezeichnung „Quark" – eine Wortschöpfung, die er in dem Roman *Finnegans Wake* von James Joyce gefunden hatte: »Drei Quarks für Muster Mark« heißt es dort im Zusammenhang mit dessen mißratenem Nachwuchs, was ausgesprochen passend für die merkwürdigen Ausgeburten dieser neuen Materietheorie schien, nach der jedes Proton aus drei Quarks bestehen sollte (siehe Kapitel 10). Gell-Manns Bezeichnung hat sich durchgesetzt, ungeachtet der Doppelbedeutung des deutschen Worts „Quark", auf das Joyce anspielt.

3.8 Murray Gell-Mann wurde 1909 geboren und begann als Fünfzehnjähriger an der Yale-Universität zu studieren. Mit 22 Jahren promovierte er am Massachusetts Institute of Technology (MIT) und arbeitet seit 1955 am CalTech in Pasadena. 1969 bekam er für seine vielfältigen Beiträge zur Physik der Elementarteilchen den Nobelpreis – nicht zuletzt für sein Modell fundamentaler Bausteine der Materie, der Quarks.

Wie die Quarks beziehungsweise Asse damals in der Fachwelt aufgenommen wurden, ist eine interessante Geschichte am Rande, die zeigt, daß wir Physiker nicht so frei von vorgefaßten Meinungen sind, wie wir dies gerne hätten. Zu der Zeit, als Gell-Mann und Zweig ihre Theorie aufstellten und damit neue, noch fundamentalere Teilchen postulierten, wurde ein völlig anderes Konzept vom Aufbau der Materie favorisiert, das man etwa mit dem Schlagwort „nukleare Demokratie" umreißen könnte. Diese konkurrierende Theorie ging davon aus, daß kein Teilchen in irgendeinem Sinne „fundamentaler" als ein anderes sei, und die meisten Physiker waren dieser Denkrichtung damals so sehr verpflichtet, daß es fast schon an Ketzerei grenzte, ein Modell auf der Grundlage neuer, noch fundamentalerer Materiebausteine vorzuschlagen. Gell-Mann war sich sehr wohl darüber im klaren, daß seine Idee der Quarks auf heftigen Widerstand stoßen würde; er entschied sich daher ganz bewußt, seine Arbeit in einer europäischen Fachzeitschrift zu veröffentlichen, wo er eine geringere Voreingenommenheit als in den USA erwartete. Zweig hingegen saß in Europa und wollte – ob dies nun unklug war oder nicht –, daß seine Forschungsergebnisse in einer US-amerikanischen Zeitschrift veröffentlicht würden. Nach einer längeren Auseinandersetzung mit der Leitung des CERN erreichte er zwar, daß er seine Arbeit bei einer amerikanischen Zeitschrift einreichen durfte, doch wurde diese dort nicht zur Veröffentlichung angenommen, und Zweig mußte sich von einigen amerikanischen Physikern gar als Scharlatan – wenn nicht Schlimmeres – beschimpfen lassen. So kam es, daß aus Zweigs Aufsatz eine der berühmten „unveröffentlichten Arbeiten der Physikgeschichte" wurde; erst vor kurzem, rund 20 Jahre später, wurde er in einem Sammelband bedeutsamer Arbeiten über das Quarkmodell doch noch veröffentlicht. Die Vorstellung von Quarks als den fundamentalen Bausteinen des Protons wird in der Teilchenphysik heute mehr oder weniger als „offenkundige Tatsache" akzeptiert; das Konzept der nuklearen Demokratie erscheint aus heutiger Sicht hingegen nurmehr als ein, wenn auch kühner, Holzweg.

Neuerdings hat man nicht nur an Elektronen, sondern auch an einigen anderen „Teilchen" Welleneigenschaften experimentell nachweisen können. Im vergangenen Jahrzehnt wurde insbesondere eine Reihe sehr schöner Experimente mit Neutronen durchgeführt, die ganz auf den Wellencharakter der Neutronen zugeschnitten waren.

Neutronen sind, wie der Name schon sagt, elektrisch neutral; sie wiegen in etwa soviel wie Protonen, und beide zusammen sind die Bausteine der Atomkerne. Neutronen fallen bei den Kernreaktionen an, die in Atomkraftwerken große Mengen an Energie freisetzen (siehe Kapitel 5). Für den Moment genügt es zu wissen, daß man diese Neutronen zu Neutronenstrahlen bündeln und mit ihnen dann Doppelspaltexperimente durchführen kann. In der Neutronenversion dieser Experimente beobachtet man allerdings nicht einzelne, räumlich nebeneinanderliegende Interferenzstreifen, sondern man registriert den Neutronenfluß mit dem Detektor an einem festen Auftreffpunkt und variiert durch einen Trick die „effektive Weglänge" eines der beiden Pfade. Dazu bringt man eine Gaszelle in einen der beiden interferierenden Strahlen ein, wodurch je nach Dichte des Gases in der Zelle die Neutronenwelle mehr oder weniger verzögert wird. Verändert man auf diese Weise die Laufzeit und damit die effektive Weglänge des einen Wellenzugs, so interferiert er mit dem anderen mal im Takt, mal im Gegentakt, und dementsprechend schwankt auch die Neutronenintensität im Detektor − der typische Interferenzeffekt tritt auf. Neutroneninterferenzexperimente sind inzwischen so empfindlich geworden, daß sich mit ihnen die unvorstellbar kleine Wirkung der Schwerkraft auf Neutronen nachweisen läßt, die aus dem Term für das Gravitationspotential in der Schrödingergleichung für das Neutron resultiert.

3.9 George Zweig studierte am CalTech in Kalifornien und ging nach Abschluß seiner Doktorarbeit zum CERN nach Genf. Dort ersann er unabhängig von Gell-Mann die Theorie der Elementarteilchen, die später als Quarkmodell bekannt wurde. Heute arbeitet Zweig an biophysikalischen Problemen am Forschungszentrum in Los Alamos, New Mexico.

4. Atome und Kerne

Atome sind völlig unmöglich — vom klassischen Standpunkt aus betrachtet.

Richard Feynman

Rutherfords Atomkern

Bevor die Quantenmechanik entwickelt wurde, konnte man weder Genaueres über die Größe von Atomen aussagen noch deren Stabilität erklären — die Klassische Physik versagte hier einfach. Um 1910 war der damals schon berühmte neuseeländische Physiker Ernest Rutherford durch die Ergebnisse seiner Experimente zu dem Schluß gekommen, daß nahezu die ganze Masse und die gesamte Ladung eines Atoms in einem vergleichsweise winzigen Volumen, dem „Kern", konzentriert sind. Ein Atom besteht demnach überwiegend aus leerem Raum! (Eine Tabelle mit den Größenverhältnissen von Atomen, Kernen und anderen Quanten- sowie klassischen Objekten finden Sie im Anhang 1.)

Rutherford war bereits 1908 für seine Arbeit über Radioaktivität mit dem Nobelpreis ausgezeichnet worden. Heute wissen wir, daß Radioaktivität auf den Zerfall von Kernen bestimmter chemischer Elemente zurückzuführen ist. Dabei wird Strahlung freigesetzt, die man je nach ihrer Beschaffenheit Alpha-, Beta- oder Gammastrahlung nennt. Bei der Emission von Alpha- oder Betateilchen wandelt sich ein instabiler Kern in den eines anderen Elements um, beim Gammazerfall geht ein „angeregter" Ausgangskern in einen niedrigeren Energiezustand über (Abbildung 4.1). Die Physiker brauchten einige Zeit, um diese radioaktiven Prozesse zu enträtseln. Rutherford gelang es schließlich, die positiv geladenen, relativ schweren Alphateilchen als Heliumionen zu identifizieren, also als Heliumatome, die ihre beiden Elektronen verloren haben. Betateilchen hingegen sind nichts anderes als Elektronen, während Gammastrahlung aus hochenergetischen Photonen besteht. Da alles, was irgendwie mit den chemischen Elementen zu tun hatte, damals in die Domäne der Chemiker gehörte, bekam Rutherford nicht den Nobelpreis für Physik, sondern den für Chemie. In seiner Dankesrede merkte er an, daß er in seiner Arbeit über Radioaktivität unzählige Umwandlungen beobachtet hätte, aber keine sei so schnell vor sich gegangen wie seine eigene vom Physiker zum Chemiker!

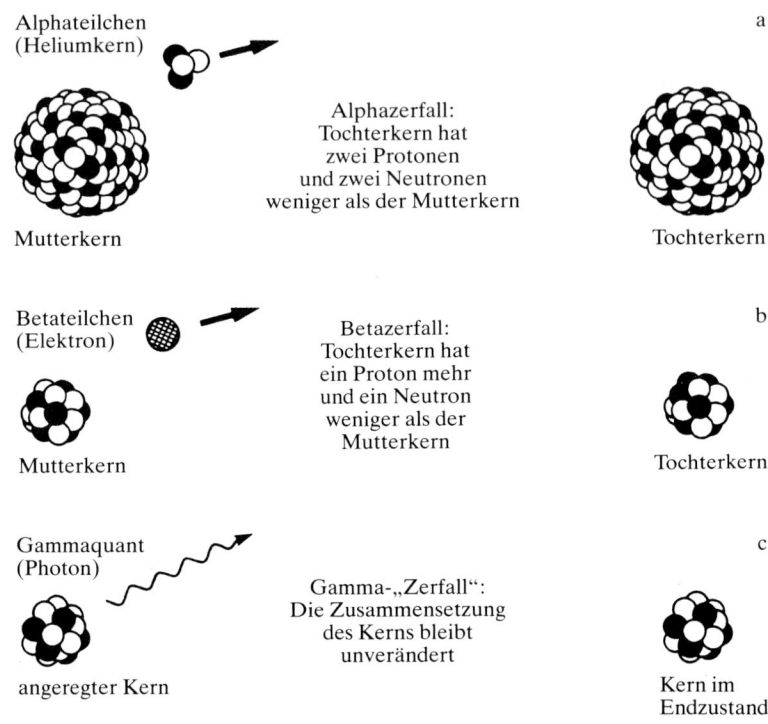

4.1 Erscheinungsformen der Radioaktivität sind durch drei Arten von Strahlung gekennzeichnet: Alpha-, Beta- und Gammastrahlung. Alphastrahlung (a) besteht aus Heliumkernen und wird beim Zerfall eines Atomkerns in einen Tochterkern emittiert, der zwei Protonen und zwei Neutronen weniger als der ursprüngliche Mutterkern enthält. (Protonen sind durch schwarze Kreise und Neutronen durch weiße Kreise dargestellt.) Betateilchen (b) sind Elektronen, die bei einem Zerfall freigesetzt werden, durch den ein Neutron im Kern in ein Proton umgewandelt wird. Gammastrahlen (c) nennt man die hochenergetischen Photonen, die beim Übergang eines angeregten Kerns in einen niedrigeren Energiezustand emittiert werden. Bei diesem Prozeß ändert sich die Anzahl der Protonen und Neutronen im Kern nicht.

Rutherford entdeckte den Atomkern mit Hilfe einer altbewährten Methode der Physiker: Man bombardiert ein Objekt mit etwas und schaut sich dann an, was passiert. Rutherford und seine Mitarbeiter im englischen Manchester schossen Alphateilchen aus einer radioaktiven Quelle auf eine hauchdünne Goldfolie und beobachteten sorgfältig, in welche Richtungen die Teilchen dabei gestreut wurden. Die meisten Teilchen wurden nur geringfügig von ihrer ursprünglichen Flugbahn abgelenkt; einige wenige jedoch trafen unter sehr großen Streuwinkeln auf den Detektor. Rutherford drückte sein Erstaunen über das Ergebnis dieser Experimente recht plastisch aus: »Es war so ziemlich das unglaublichste Ereignis, das mir je in meinem Leben widerfuhr. Es war so unglaublich, wie wenn man eine 15-Zoll-Granate auf ein Stück Seidenpapier abgefeuert hätte, und diese wäre zurückgeprallt und hätte den Schützen getroffen!« Einige Wochen lang zerbrach sich Rutherford den Kopf über die Meßdaten, bis er schließlich erkannte, daß die Alphateilchen nur dann unter solch großen Winkeln gestreut werden können, wenn sie mit einem überaus dichten und kleinen Materiekern im Atom kollidieren – dem Atomkern (Abbildung 4.4).

Wir wissen heute, daß der Kern eines Atoms positiv geladene Teilchen enthält, die man Protonen nennt, und elektrisch neutrale Teilchen, die Neutronen. Die (positive) Ladung eines Protons hat exakt denselben Betrag wie die negative Ladung eines Elektrons;

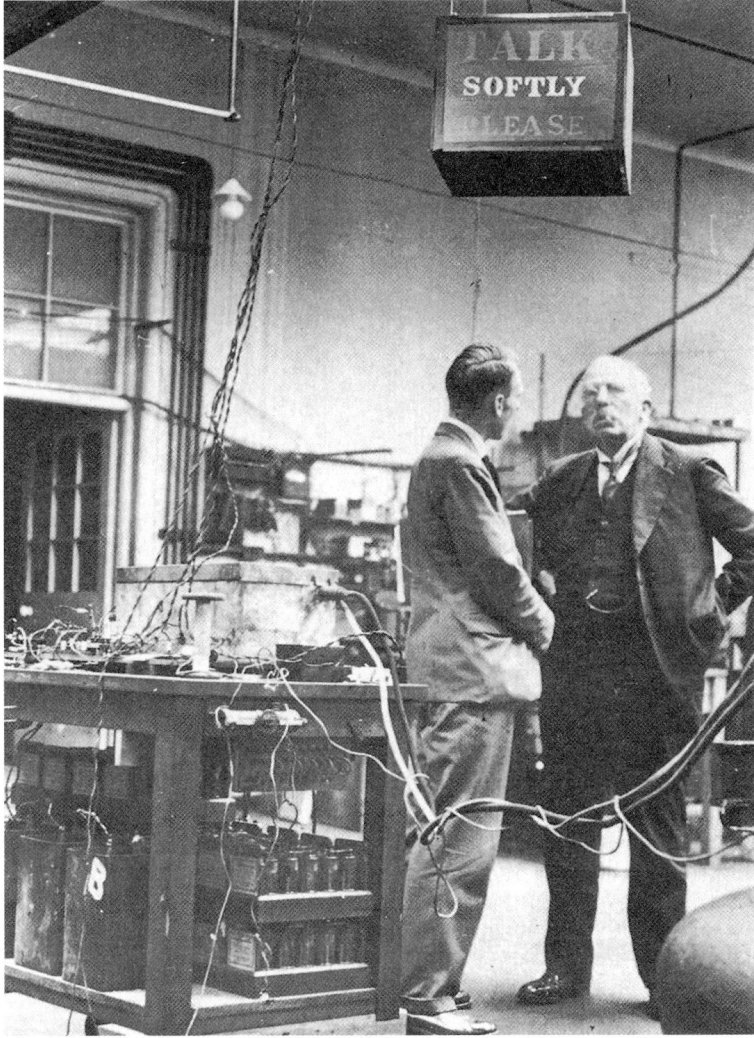

4.2 Ernest Rutherford wurde im Jahre 1871 in Neuseeland geboren. Rutherford – hier im Gespräch mit J. Ratcliffe im Cavendish-Laboratorium – hatte eine durchdringende Stimme, die empfindliche Meßinstrumente stören konnte; der Hinweis, leise zu sprechen (*Talk softly please*) war daher scherzhaft auf ihn gemünzt. Rutherford war einer der bedeutendsten Experimentalphysiker des 20. Jahrhunderts, sowohl, was seine eigenen Grundlagenforschungen auf dem Gebiet der Radioaktivität und Kernphysik angeht, als auch in seiner Eigenschaft als akademischer Lehrer; er beeinflußte eine ganze Generation von Experimentalphysikern.

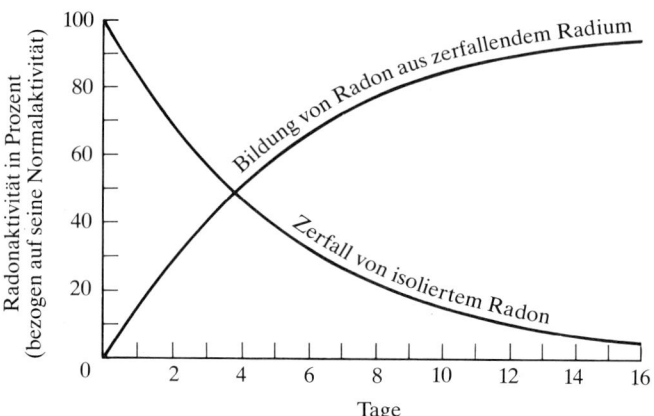

4.3 Das Wappen von Lord Rutherford of Nelson. Rutherford wurde 1931 der Titel eines Baron verliehen, und er entschied sich, seinen Namen mit dem seiner Geburtsstadt Nelson zu verbinden. Auch der Kiwi (das neuseeländische Wappentier) am oberen Rand und der Maori rechts mit einer Keule in seiner linken Hand zeugen von Rutherfords Liebe zu Neuseeland. Die beiden sich kreuzenden Kurven auf dem Schild stammen aus einer berühmten Abhandlung Rutherfords über Radioaktivität (Kurvendiagramm). Links vom Schild ist Hermes Trismegistos abgebildet, der „Dreimalgroße", wie die Griechen den ägyptischen Gott Thot nannten, der als eingeweiht galt in die Geheimnisse der Alchimie und nicht ohne Grund in Rutherfords Wappen auftaucht; schließlich bekam Rutherford seinen Nobelpreis auch für eine Art „Alchimie", wenn auch im modernen Gewand! Sein Motto bedeutet soviel wie „den Ursprung der Dinge suchen".

Proton wie Neutron sind aber rund 2000mal schwerer als das Elektron, so daß im Kern praktisch die gesamte Masse des Atoms konzentriert ist. Protonen und Neutronen werden in dem winzigen Kernvolumen durch Kräfte zusammengehalten, die sehr viel stärker sind als die elektrische Abstoßung zwischen den Protonen. Allerdings wirkt diese Kraft so, daß nur bestimmte Kombinationen von Neutronen und Protonen stabile Kerne ergeben. Der einfachste stabile Kern ist der Wasserstoffkern, der aus lediglich einem Proton besteht. Als nächstes folgt der Heliumkern, der − genau wie die mit ihm identischen Alphateilchen −, zwei Protonen und zwei Neutronen enthält.

Nach außen hin sind Atome elektrisch neutral, weil sich die positive Gesamtladung des Kerns und die Summe der Elektronenladungen in der Atomhülle gerade kompensieren; atomarer Wasserstoff

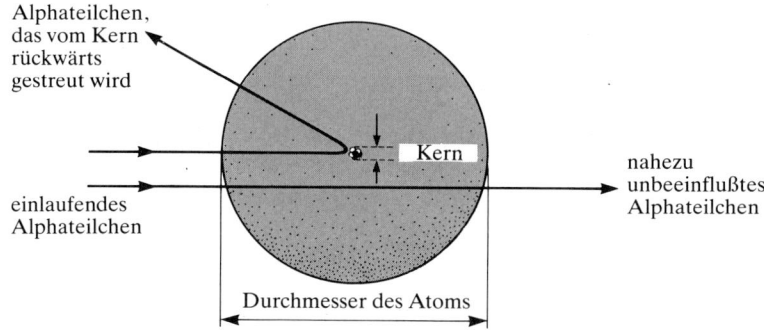

4.4 Rutherfords Streuexperiment mit Alphateilchen zeigte, daß ein Atom einen kompakten Kern besitzt. Der Kern nimmt ungefähr nur ein Hunderttausendstel des Atomvolumens ein und ist daher in dieser Skizze stark vergrößert gezeichnet. Dennoch wird deutlich, daß ein Atom größtenteils aus leerem Raum besteht! Wenn ein Alphateilchen mit dem winzigen Kern kollidiert, wird es unter einem großen Winkel zurückgestreut − ein Prozeß, der sehr selten auftritt.

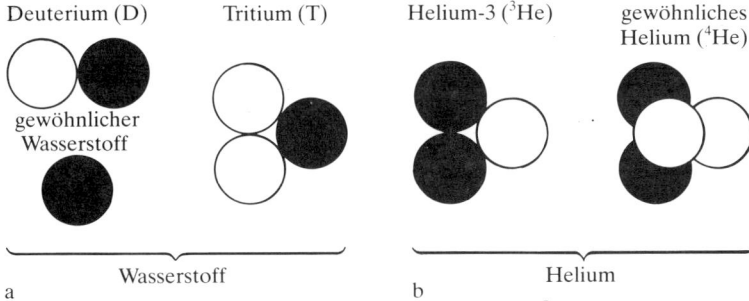

4.5 Isotope von Wasserstoff (a) und Helium (b). Schwarze Kreise symbolisieren Protonen, weiße Kreise Neutronen.

besitzt somit ein Elektron, Heliumatome zwei. Die Anzahl der Elektronen beziehungsweise Protonen ist für jedes Element charakteristisch – sie bestimmt sein chemisches Verhalten. Die starke Kernkraft läßt zwar oft eine ganze Reihe von Kernen ein und desselben Elements zu, die dieselbe Protonenzahl, aber unterschiedliche Neutronenzahlen besitzen; dennoch sind diese „Isotope" (vom griechischen *iso-topos* für „gleiche Art") alle chemisch identisch. Die Kerne von Neongas zum Beispiel enthalten meistens zehn Protonen und zehn Neutronen; man findet aber auch zwei natürliche Varianten von Neon mit elf beziehungsweise zwölf Neutronen. Da die Neonisotope dieselbe Protonenzahl und deswegen dieselbe Anzahl von Elektronen besitzen, haben sie auch dieselben chemischen Eigenschaften. Genauso gibt es seltene Isotope des Wasserstoffs, die zusätzlich zu ihrem Proton noch jeweils ein oder zwei Neutronen enthalten. Diese Wasserstoffisotope nennt man „Deuterium" beziehungsweise „Tritium", und wir werden noch sehen, daß sie eine wichtige Rolle spielen bei Kernreaktionen in Sternen wie auch für die Herstellung von Kernwaffen. Einige Isotope insbesondere der schweren Elemente sind instabil und zerfallen über radioaktive Prozesse in stabilere Elemente. Doch davon später mehr; wir wollen uns zunächst weiter mit der Struktur des Atominneren beschäftigen.

Rutherford stellte sich das Atom als eine Art Planetensystem im Kleinen vor, in dem Elektronen den Kern umkreisen, ähnlich wie Planeten die Sonne. Die relativ großräumigen Elektronenbahnen könnten die im Vergleich zum Kern riesige Ausdehnung des Atoms erklären. Die Elektronen würden durch die elektrischen Anziehungskräfte, die zwischen ihnen und dem positiv geladenen Kern wirken, auf ihren Bahnen gehalten; das Atom als Ganzes wäre dabei elektrisch neutral. Soweit, so gut – aber leider funktioniert dieses Atommodell der Klassischen Physik nicht; denn die

4.6 Das Emblem der US-amerikanischen Atomenergiekommission zeigt eine vereinfachte Darstellung des Rutherford-Bohrschen Atommodells. Elektronen umkreisen den zentralen Kern, ähnlich wie die Planeten unsere Sonne.

4.7 Niels Bohr (1885–1962) war stark von der Zusammenarbeit mit Rutherford beeinflußt, als er sein Atommodell entwickelte. Bohr bemühte sich stets, seine Aussagen über die Quantentheorie in klare Worte zu fassen. Aber die Anwendung unserer gewohnten Begriffe auf mikrophysikalische Phänomene führt oft zu paradoxen Formulierungen, so daß Bohrs Auffassungen auf den ersten Blick recht verworren schienen. Dessenungeachtet war Bohr zweifellos einer der einflußreichsten Wissenschaftler dieses Jahrhunderts, ein „Orakel" geradezu, wenn es um Interpretationsfragen der Quantenmechanik ging. In einer vielbeachteten Debatte mit Einstein, die sich über mehrere Jahre hinzog, rangen die beiden berühmten Physiker um die philosophische Grundlage der Quantentheorie. Wieder und wieder konnte Bohr Einsteins scharfsinnige Einwände gegen die Quantentheorie entkräftigen, doch Einstein ließ sich bis an sein Lebensende nicht überzeugen. Die meisten Physiker geben sich heute jedoch mit der sogenannten „Kopenhagener Deutung" zufrieden, die von Bohr maßgeblich mitformuliert wurde.

Elektronen würden durch die elektrische Anziehung ständig in Richtung auf den Kern beschleunigt. Ein geladenes Teilchen, das beschleunigt wird, strahlt aber gemäß den bewährten Gesetzen der Klassischen Elektrodynamik Licht ab. Die Elektronen würden daher fortwährend Energie in Form von Strahlung abgeben und auf einer immer enger werdenden Spiralbahn nach sehr kurzer Zeit in den Kern stürzen!

Für die Klassische Physik ist dieses Problem – die Stabilität der Atome – schlichtweg unlösbar. Bald darauf lieferte ein junger dänischer Physiker namens Niels Bohr noch mehr Sprengstoff, der die Physik des 19. Jahrhunderts in ihren Grundfesten zu erschüttern drohte. Bohr arbeitete im Sommer 1912 bei Rutherford in Manchester und war trotz all der Schwierigkeiten mit dem Planetenmodell des Atoms davon überzeugt, daß etwas Wahres daran sein müsse. Er verfaßte wenig später eine Art „Rezeptbuch" und postulierte Regeln zur Berechnung besonders ausgezeichneter stabiler Elektronenbahnen, auf die die Gesetze der Klassischen Physik nicht anwendbar seien! Wie kam Bohr zu seinen Regeln, und warum nahmen die Physiker ihn überhaupt ernst? Um das zu verstehen, müssen wir uns noch einem anderen Problem zuwenden, das die Klassische Physik herausforderte und das der Schweizer Mathematiklehrer Johann Jakob Balmer – allerdings auf seine Weise – bereits bearbeitet hatte.

Schon im 19. Jahrhundert hatten die Physiker elektrische Phänomene in Gasen untersucht, indem sie elektrischen Strom durch Röhren schickten, die verschiedene Gasfüllungen enthielten. Sie fanden heraus, daß jedes Gas bei einer elektrischen Entladung Licht ganz bestimmter Wellenlängen aussandte, die für das jeweilige Gas charakteristisch waren. Diese sogenannten „Linienspektren" kann man umgekehrt zur Identifizierung verschiedener Elemente benutzen. Auf diese Weise wurde zum Beispiel das Element Helium anhand der Spektrallinien im Strahlungsspektrum der Sonne (griechisch *helios*) entdeckt (vergleiche die Farbtafeln 5 und 6). Die Klassische Physik, die – wie wir gesehen haben – nicht einmal die Stabilität der Atome erklären kann, vermag uns bei dem Versuch, die Feinheiten ihrer Spektren zu verstehen, schon gar nicht weiterzuhelfen.

An dieser Stelle taucht in den Lehrbüchern der Physik meist der Schweizer Mathematiklehrer Balmer auf, ein auch künstlerisch ausgesprochen begabter Mann, der in seiner freien Zeit leidenschaftlich gerne einfache Gesetzmäßigkeiten von Zahlen austüftelte. Er gab vor, zu jedem beliebigen Zahlenquartett eine mathematische Formel finden zu können, die die vier Zahlen zueinander in Beziehung setzte. Glücklicherweise nannte ihm irgend jemand die

Wellenlängen der ersten vier Linien des Wasserstoffspektrums, und tatsächlich legte Balmer schließlich eine Formel dazu vor:

$$\lambda = \frac{364,5\, n^2}{n^2 - 4}\ [\text{nm}],$$

wobei λ in Nanometern (millionstel Millimeter, nm) angegeben ist und n die Werte 3, 4, 5 und 6 annehmen kann. Die vier nach dieser Formel berechneten Wellenlängen stimmten verblüffend genau mit den gemessenen Daten überein! Dies war merkwürdig genug; doch die Formel funktionierte auch für größere Werte von n und konnte erfolgreich neue Spektrallinien vorhersagen! Schließlich beobachtete man sogar ganze Serien neuer Wasserstofflinien bei verschiedenen Wellenlängen, die sich mit einer ähnlichen Formel berechnen ließen, nur daß der Nenner in Balmers Originalformel durch den allgemeineren Ausdruck $(n^2 - m^2)$ ersetzt wurde, wobei m wiederum ganzzahlige, aber jeweils kleinere Werte als n annehmen kann ($m = 2$ ergibt die Balmersche Formel). Der rätselhafte Erfolg dieser Formeln blieb ungeklärt, bis Niels Bohr darauf gestoßen wurde: sie wiesen ihm den Weg zu seinem neuen Atommodell. Bohr sagte später, ihm sei auf einmal »alles klar« geworden. Seine Postulate ermöglichten eine durchweg plausible Erklärung für die Spektren, so daß die Physiker das Bohrsche Modell einfach ernstnehmen *mußten*, auch wenn es die Gesetze der Klassischen Physik scheinbar willkürlich außer Kraft setzte. Bohr entwickelte sein Atommodell im Frühjahr 1913; erst 1926 jedoch war Schrödinger in der Lage, die Bohrschen Postulate mit Hilfe der noch jungen Quantenmechanik verständlicher zu machen.

Quantisierte Energieniveaus

Der Angelpunkt in der Bohrschen Interpretation des Wasserstoff-Linienspektrums war, daß sich die Elektronen im Atom nur auf ganz bestimmten ausgezeichneten Bahnen um den Kern bewegen sollten. Kümmern wir uns zunächst einmal nicht um das Problem, daß all diese Elektronenbahnen eigentlich instabil sein müßten, weil kreisende Elektronen ständig Energie abstrahlen, dann entspricht jede dieser Bahnen einem bestimmten erlaubten Energiewert für das Elektron – wir sagen, die Energie ist „quantisiert". Eine solche Beschränkung auf diskrete Energiewerte läuft unserer Alltagserfahrung völlig zuwider. In unserem Beispiel der Achterbahn im vorigen Kapitel konnten wir den Wagen von jeder beliebigen Berghöhe aus starten und ihm somit jede beliebige Energie mit auf den Weg geben, mit der er dann im Tal hin- und herpendelt. Wie aber folgen aus der Quantenmechanik Energiequantisierung und Stabilität der Elektronenbahnen?

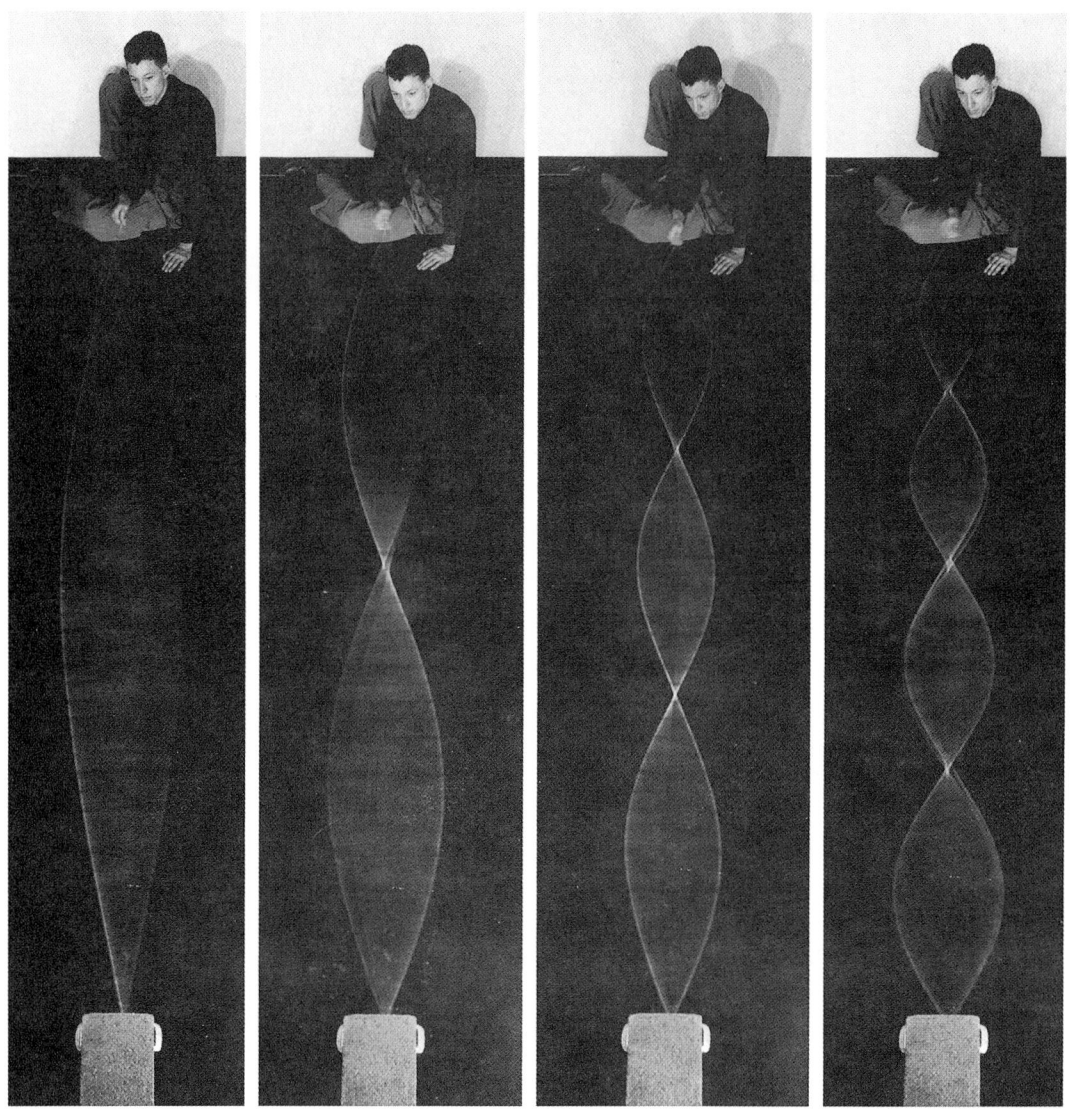

4.8 Stehende Wellen einer schwingenden Saite. Bei dieser Aufnahme war die Belichtungszeit länger als die Schwingungsperiode der Saite, so daß die Stellen, wo die Saite am langsamsten ist, am hellsten herauskommen. An einigen Stellen, den „Knoten", ist die Saite stets in Ruhe!

Die Antwort auf diese Fragen liegt in den Welleneigenschaften der Elektronen. Laut Quantenmechanik erhält man die erlaubten Energiewerte für ein Elektron, indem man die Schrödingersche Wellengleichung mit dem jeweiligen Ausdruck für die potentielle Energie des Elektrons löst. Glücklicherweise können wir uns die damit verbundenen mathematischen Klimmzüge ersparen und auch so verstehen, wie Energiequantisierung zustandekommt, ohne die Schrödingergleichung lösen zu müssen. Stellen Sie sich ein Potential vor, das ähnlich aussieht wie unsere Achterbahn, allerdings mit sehr hohen und steilen Bergen und einem weitläufigen flachen Tal – also eine Art „Kasten", in dem sich das Elektron befindet. Das Problem, die erlaubten Energieniveaus für dieses Quantensystem herauszufinden, ist nunmehr mathematisch identisch mit einem Problem der Klassischen Physik, und zwar der Lösung der Wellengleichung für eine schwingende Saite, die an ihren beiden Enden fixiert ist. Im Fall der schwingenden Saite ist anschaulich sofort klar, daß nur bestimmte „Wellenlängen" zwischen die festen Endpunkte passen (Abbildung 4.8). Diese Wellenlängen entsprechen den verschiedenen Tönen, die wir im Klang der Saite hören: Der „Grundton" entspricht der längsten Wellenlänge und die höheren „Obertöne" den kürzeren. In der Quantenmechanik sind es ganz analog dazu die Wahrscheinlichkeitswellen des Elektrons, die in den Kasten passen müssen, wobei jede in diesem Sinne erlaubte Wellenlänge jetzt mit einer bestimmten Elektronenenergie verknüpft ist – eben Bohrs quantisierten Energien. Nach klassischen Gesetzen kann sich eine Kugel in einem Kasten mit beliebiger Energie bewegen; quantenmechanisch sind für ein Elektron in einem Kasten hingegen nur gewisse Energiewerte erlaubt.

Das Beispiel des Elektrons in einem Kasten führt uns bereits einige typische Grundzüge der Quantenmechanik vor Augen. Mathematische Einzelheiten dazu finden Sie in Anhang 2; in diesem Fall können wir die Wahrscheinlichkeitswellen des Elektrons aber auch schon aus unserer Analogie mit der schwingenden Saite erraten. Abbildung 4.9 zeigt diese Wellenfunktionen und eine Skala mit den jeweiligen Elektronenenergien. Als erstes fällt auf, daß der niedrigste Energiewert des Elektrons nicht Null ist. Die Unbestimmtheit einer Ortsmessung kann für das Elektron ja nicht größer sein als die Ausdehnung des Kastens; dann folgt aber aus dieser *maximalen* Ortsunschärfe aufgrund der Heisenbergschen Unschärferelation eine *minimale* Impulsunschärfe und damit eine von Null verschiedene Mindestenergie für das Elektron (vergleiche Kapitel 2). Selbst wenn das Elektron seine theoretisch niedrigste Energie besitzt – sich also, wie wir sagen, im „Grundzustand" befindet –, kann es nicht an einem Ort ruhen, sondern muß ständig in Bewegung bleiben. Diese sogenannte „Nullpunktsenergie" ist eine generelle Eigenschaft von Quantensystemen: Sie erklärt zum

Beispiel, warum flüssiges Helium sogar bei Temperaturen nahe dem absoluten Temperatur-Nullpunkt (bei etwa −273 Grad Celsius) nicht gefriert.

Als nächstes bemerken wir, daß die Wahrscheinlichkeitswellen für das Elektron im Kasten nicht nur an ihren Enden den Wert Null annehmen, sondern insbesondere bei den höheren Energiezuständen auch zwischendurch verschwinden. Im Fall der schwingenden Saite ist das Auftreten solcher „Schwingungsknoten" − Orten, an denen die Saite stets ruht − nicht überraschend. Für das Elektron im Kasten bedeuten diese Knoten jedoch, daß wir das Elektron an diesen Stellen mit Sicherheit nie antreffen werden! Die relative Wahrscheinlichkeit, das Elektron an einer bestimmten Stelle im Kasten zu finden, ist quantenmechanisch nämlich durch das Quadrat der Wahrscheinlichkeitsamplitude gegeben (in Abbildung 4.9 rechts), die an den Knotenstellen Null wird. Wir sehen anhand dieser Betrachtungen nicht nur, daß die erlaubten Energiezustände des Elektrons im Kasten quantisiert sind: Seine Aufenthaltswahrscheinlichkeit ist außerdem ortsabhängig und variiert auch für verschiedene Elektronenenergien. All dies hat nur noch wenig mit dem zu tun, was wir für gewöhnlich unter einem „Teilchen" verstehen; es ergibt sich aber zwangsläufig, wenn wir den Elektronen auch wellenartige Eigenschaften zuschreiben.

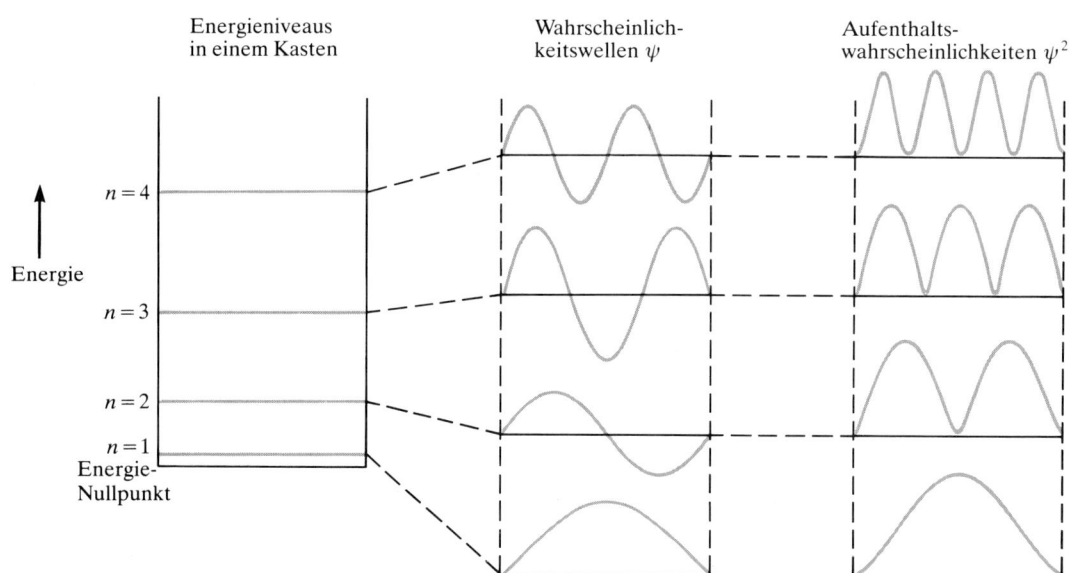

4.9 Energieniveaus für ein Quantenteilchen in einem Kasten. Das mittlere Diagramm zeigt die zugehörigen Wellenfunktionen, das rechte die entsprechenden Wahrscheinlichkeitsverteilungen für das Teilchen; diese ergeben sich aus dem Quadrat der jeweiligen Wellenfunktion.

Schließlich können wir noch eine Lehre aus diesem Beispiel ziehen. Um sich über quantisierte Energieniveaus und deren Wellenfunktionen verständigen zu können, ist es zweckmäßig, sie in irgendeiner Weise zu kennzeichnen. Wir führen deswegen eine „Quantenzahl" n ein und ordnen dem Grundzustand die Zahl $n=1$ zu, dem ersten angeregten Zustand die Zahl $n=2$, und so weiter. In unserem einfachen Beispiel scheint dies trivial; für die meisten anwendungsorientierten Probleme, die natürlich nicht mehr so einfach zu lösen sind wie unser Beispiel des Elektrons im Kasten, ist diese Kennzeichnung der Wellenfunktionen und Energien durch Quantenzahlen jedoch von tieferer Bedeutung. Nichtsdestoweniger bleiben unsere prinzipiellen Überlegungen weiterhin gültig: Die Schrödingergleichung für realistischere Situationen zu lösen, läuft also darauf hinaus, die Schwingungsmuster für kompliziertere Objekte als schwingende Saiten zu berechnen.

Die Abbildungen 4.10 und 4.11 zeigen solche „Klangfiguren" für zwei uns vertraute Schwingungsobjekte. Hier kommen wir nun noch zu einem weiteren charakteristischen Merkmal quantenmechanischer Systeme, das in unserem Kastenbeispiel nicht auftaucht. Schauen wir uns dazu in Abbildung 4.12 die Schwingungsmodi einer quadratischen „Pauke" an: Das quantenmechanische Analogon – ein Elektron in einem „zweidimensionalen Kasten" – hat exakt dieselben Lösungen. Wenn wir jetzt die Wellenfunktionen anhand ihrer Energien durchnumerieren, stoßen wir auf eine Schwierigkeit. Für den niedrigsten Energiezustand gibt es genau eine mögliche Wellenfunktion, die wir wie gehabt durch eine einzige Quantenzahl $n=1$ kennzeichnen. Für den ersten angeregten Zustand $n=2$ haben wir jedoch die Wahl zwischen zwei unabhängigen Schwingungsrichtungen x und y: Wir können entweder in x-Richtung den ersten Oberton anregen und in y-Richtung den Grundton oder umgekehrt. Beide Möglichkeiten führen zu exakt derselben Energie. Wir benötigen daher eine weitere Quantenzahl, um die beiden zu diesem Energiewert gehörenden Wellenfunktionen voneinander zu unterscheiden. Zum Beispiel können wir durch den Zusatz x oder y spezifizieren, welche Schwingungsrichtung „angeregt" ist; wir unterscheiden also die Wellenfunktionen $2x$ und $2y$. In einer solchen Situation, in der es mehr als einen möglichen Quantenzustand mit derselben Energie gibt, sprechen die Physiker von „Entartung" (oder „entarteten Zuständen") – wie so oft in der Physik bekommt hier ein umgangssprachlicher Begriff eine andere, fachspezifische Bedeutung. Ähnliche Entartungen werden wir vorfinden, wenn wir uns mit den Wellenfunktionen des Wasserstoffatoms beschäftigen. Es sollte uns dann nicht mehr überraschen, daß wir bei diesem – dreidimensionalen – Problem mindestens drei Quantenzahlen benötigen werden, um alle möglichen Quantenzustände eindeutig zu kennzeichnen.

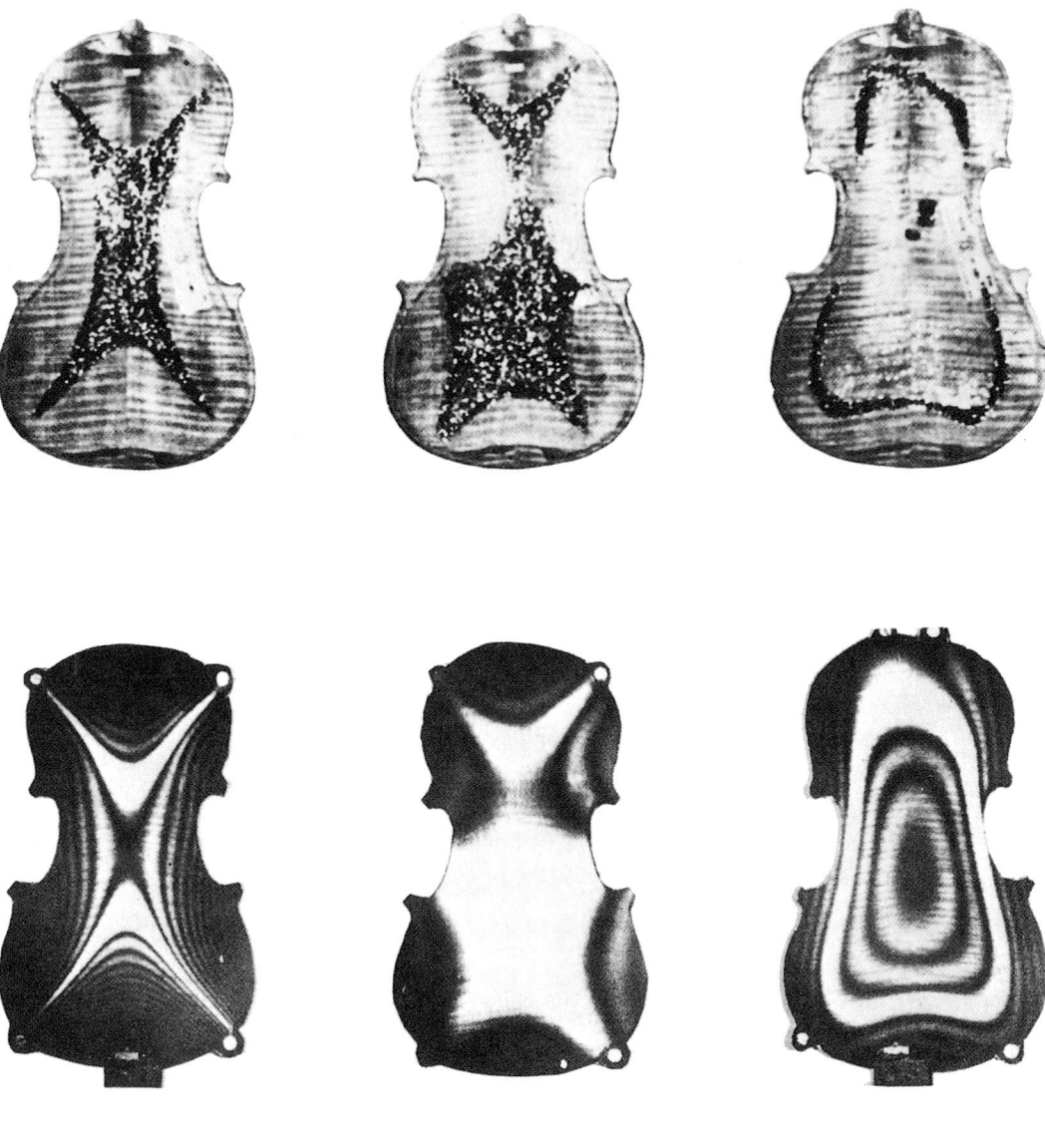

4.10 Schwingungsmuster einer Geige. Bei den drei oberen Bildern wurden die „Klangfiguren" mit Hilfe eines fein verteilten leichten Pulvers sichtbar gemacht, das sich in und nahe den Regionen ansammelt, wo geringe oder keine Schwingungen auftreten. Die untere Reihe von Aufnahmen zeigt dieselben Muster, dieses Mal mit einer Laser-Interferenzmethode sichtbar gemacht; hier entsprechen die weißen Bereiche Regionen mit geringer Schwingungsbewegung. Die Interferenzmethode ist offenbar die bei weitem empfindlichere Methode.

4.11 Eine mit Pulver be-
streute Kesselpauke bringt
nach dem Anschlagen sechs
von ihren vielen möglichen
Schwingungsmustern zum
Vorschein. Das Pulver sammelt sich in der Nähe der
Knotenlinien an, wo die
Schwingung am schwäch-
sten ist. Diese Klangfiguren
sind ein anschauliches Analogon der quantenmechani-
schen Wahrscheinlichkeitsverteilungen für ein Elektron
in einem „zweidimensiona-
len Kasten".

4.12 In diesem Diagramm
sind mögliche Schwingungs-
formen einer quadratischen
„Pauke" dargestellt. Die
Oberfläche der Pauke wurde
durch ein Netz aus einzelnen
Saiten angedeutet, um zu
zeigen, wie diese Schwin-
gungen auf diejenigen der
schwingenden Saite zurück-
geführt werden können.

Das Wasserstoffatom

Schrödingers Wellengleichung wurde praktisch sofort nach ihrer Veröffentlichung (1926) weithin akzeptiert. Das lag unter anderem daran, daß die Physiker, nachdem sie in Fragen des Atomaufbaus jahrzehntelang quasi im dunkeln herumgetappt waren, nun auf einmal Berechnungen anstellen und dabei auf mathematische Standardmethoden zurückgreifen konnten. Statt Bohrs sonderbare Regeln anwenden zu müssen, ergaben sich die Energieniveaus des Wasserstoffs jetzt zwanglos aus den Frequenzen, die ein Wellenproblem in drei Dimensionen zuläßt. Wirklich verblüffend war die bemerkenswerte Genauigkeit dieser Vorhersagen. Der berühmte italienische Physiker Enrico Fermi pflegte in seinen Vorlesungen über die neue Quantenmechanik zu sagen: »Es ist überhaupt nicht selbstverständlich, daß sie so gut stimmt!« Dennoch tut sie es, und wir sind jetzt in der Lage, sowohl die Bohrschen Quantenregeln als auch die Stabilität der Atome zu „verstehen".

Das Wasserstoffatom ist ein Quantensystem, das aus einem verhältnismäßig massiven positiv geladenen Proton und einem sehr leichten Elektron mit entsprechender negativer Ladung besteht. Das Elektron wird durch das Proton angezogen, und zwar um so stärker, je näher sich die beiden Teilchen kommen. Die potentielle Energie dieses Zwei-Teilchen-Systems hängt nur vom Abstand zwischen Elektron und Proton ab — sie ist also unabhängig von der

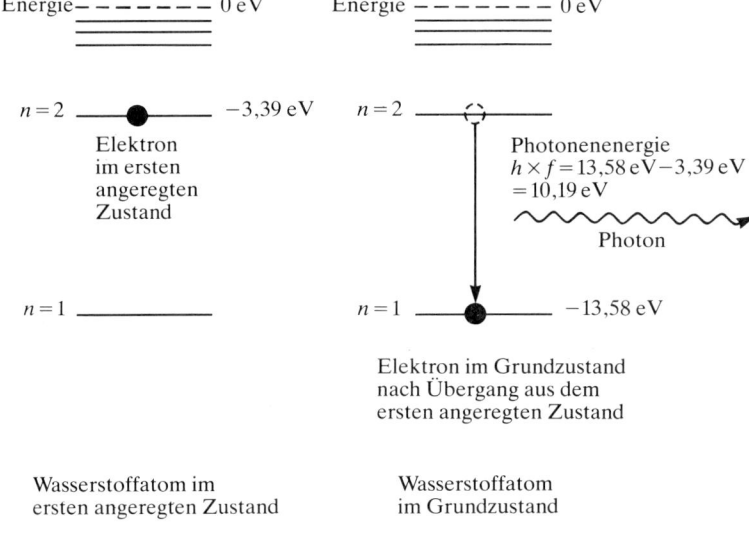

4.13 Beim Übergang eines Elektrons vom ersten angeregten Zustand des Wasserstoffatoms in dessen Grundzustand wird ein Photon emittiert.

jeweiligen räumlichen Orientierung des Systems. Nach der klassischen Theorie würde das Elektron unaufhaltsam seine ganze Bewegungsenergie abgeben, bis es sozusagen direkt auf dem Proton zur Ruhe käme. Aus der Quantenmechanik wissen wir aber inzwischen, daß Heisenbergs Unschärferelation dies verhindert. Die Energieniveaus des Wasserstoffatoms finden wir, indem wir die Schrödingergleichung mit diesem Potentialterm lösen; und obwohl das mathematisch wesentlich schwieriger ist als beim Elektron im Kasten, erhalten wir dennoch ein ganz ähnliches Energieniveau-Schema (vergleiche die Abbildungen 4.13 und 4.14). Mit Hilfe der berühmten Planckschen Formel

$$E_{\text{Photon}} = h \times f,$$

die die Energie eines Photons mit dessen Frequenz in Beziehung bringt (h ist das Plancksche Wirkungsquantum, das wir bereits im zweiten Kapitel kennengelernt haben), können wir nun auch Balmers Formel entzaubern. Überläßt man das Wasserstoffatom sich selbst, dann neigt das darin befindliche Elektron dazu, den niedrigstmöglichen Energiezustand − den Grundzustand − einzunehmen, der durch die Energiequantenzahl $n = 1$ gekennzeichnet ist. Stört man das Atom jedoch − zum Beispiel, indem man es mit anderen Atomen kollidieren läßt oder es mit Licht bestrahlt −, so kann das Elektron dadurch auf ein höheres Energieniveau mit einem entsprechend größeren n-Wert „angehoben" werden. Da das Atom in diesem angeregten Zustand mehr Energie hat als im normalen Grundzustand, wird es nach einiger Zeit wieder in den untersten Energiezustand zurückkehren; bildhaft ausgedrückt „springt" das Elektron auf ein niedrigeres Energieniveau herunter.

Damit die Gesamtenergie dabei erhalten bleibt, muß die überschüssige Energie in Form eines Lichtquants (Photons) abgegeben werden; dessen Energie beträgt also

$$E_{\text{Photon}} = E_{\text{Anfang}} - E_{\text{Ende}}.$$

(E_{Anfang} ist die Energie des angeregten Zustands, E_{Ende} die des Grundzustands.) Da ferner Frequenz und Wellenlänge des Lichts durch die aus der klassischen Wellentheorie stammende Formel

$$f = c/\lambda$$

Frequenz = Lichtgeschwindigkeit dividiert durch Wellenlänge

miteinander verknüpft sind, gewinnen wir schließlich − wenn wir alle drei Formeln zusammennehmen − einen Ausdruck für die Wellenlängen der Spektrallinien, in den man nur noch die mit der

Schrödingergleichung berechneten Energiewerte einsetzen muß. Schrödinger erhielt auf diese Weise exakt dasselbe Ergebnis wie zuvor Balmer und Bohr, nämlich

$$\frac{1}{\lambda} = R \left(\frac{1}{n_{\mathrm{E}}{}^2} - \frac{1}{n_{\mathrm{A}}{}^2} \right)$$

wobei R die sogenannte Rydbergkonstante ist, die sich aus einer Kombination von Masse und Ladung des Elektrons, der Planckschen Konstanten und konstanten Faktoren zusammensetzt; n_{A} und n_{E} sind die Energiequantenzahlen des Anfangs- beziehungsweise Endzustands. Abbildung 4.14 zeigt, wie die nach dieser Formel berechneten Spektralserien zustandekommen. Mit Hilfe desselben Schemas für die Energieniveaus läßt sich auch die Absorption von Licht durch Atome erklären. Damit überhaupt Licht absorbiert werden kann, genügt es nicht, daß die Energie des ankommenden Lichtquants gerade der Differenz zweier Energieniveaus im Atom entspricht; es muß sich außerdem auch ein Elektron im „richtigen" Energiezustand aufhalten, um das Photon mit passender Energie zu absorbieren. Bei Raumtemperaturen reicht die Energie, die in den Kollisionen zwischen Atomen eines Gases übertragen wird, gewöhnlich nicht aus, um viele Atome anzuregen, weil die Energiedifferenz zwischen dem Grundzustand und dem ersten angeregten Zustand relativ groß ist; bei normalen Temperaturen befinden sich die meisten Atome daher im Grundzustand. Die Energiedifferenzen zwischen dem Grundzustand und irgendeinem angeregten Zustand sind in der Regel so groß, daß die erforderlichen Photonenfrequenzen beziehungsweise -energien im Ultraviolett-Bereich liegen (siehe Anhang). Die meisten Atome lassen sich also im Grundzustand nicht durch Photonen des sichtbaren Lichts anregen; sichtbares Licht kann folglich durch viele Gase hindurchgehen, ohne absorbiert zu werden.

Bei astronomischen Aufnahmen von Galaxien kann man die verschiedenen Absorptions- und Emissionsprozesse von Photonen in Gaswolken sichtbar machen. Beispielsweise strahlen heiße Sterne im Inneren des Orionnebels (siehe Farbtafel 7) ständig große Mengen ultravioletter Photonen ab. Diese Photonen sind so energiereich, daß sie das Elektron eines Wasserstoffatoms geradewegs herausschlagen können und dadurch ein positiv geladenes „Ion" — in diesem Fall ein Proton — zurücklassen. Wenn die Elektronen von den Protonen dann wieder eingefangen werden, verlieren sie Energie, da sie die Energiestufen im Wasserstoffatom wie in einer Kaskade „herunterfallen" und dabei Photonen abstrahlen. Ein solcher Elektronenübergang, der für das Wasserstoffatom charakteristisch ist, läßt sich mit einer Photonenfrequenz identifizieren — und bei sichtbaren Photonen folglich mit einer Farbe.

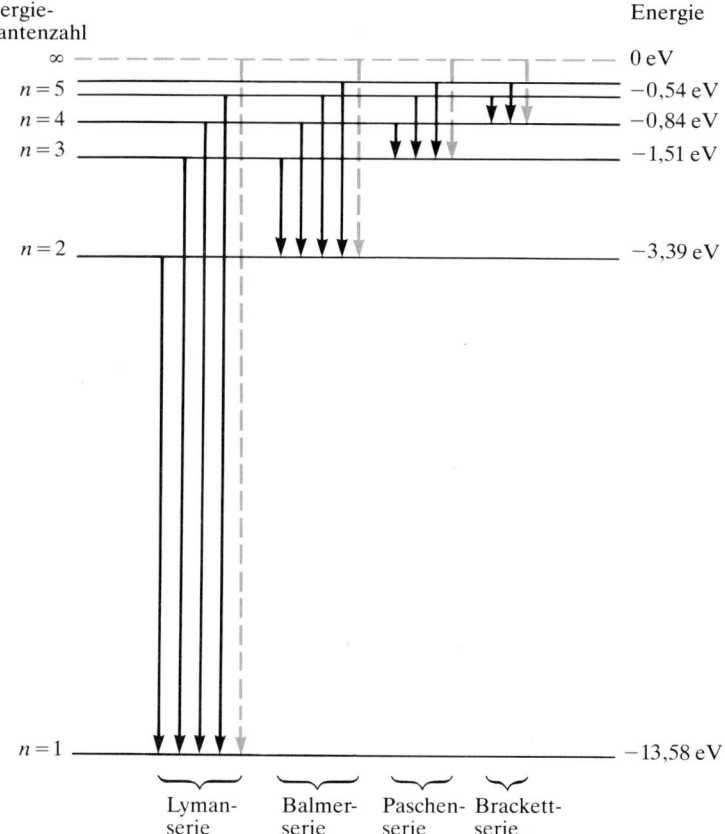

4.14 Das Energieniveau-Schema für Wasserstoff zeigt, wie die verschiedenen Serien von Spektrallinien zustandekommen. Nur die Balmerserie liegt im sichtbaren Wellenlängenbereich des Spektrums.

Wellenfunktionen und Quantenzahlen

Bisher haben wir lediglich die Quantenzahlen von sehr einfachen Systemen besprochen. Um in der Quantenmechanik der chemischen Elemente etwas tiefer schürfen zu können — was wir in Kapitel 6 tun wollen —, müssen wir noch mehr über die Wellenfunktionen und Quantenzahlen wissen, die man für die Beschreibung des Wasserstoffatoms braucht. Zu diesem Zweck ist es nötig, etwas auszuholen — überfliegen Sie daher am besten diesen Abschnitt zügig und beißen sich erst gar nicht irgendwo fest. Nach dieser Warnung werfen wir nun einen Blick auf die Wasserstoff-

Wellenfunktionen, das heißt auf die Wahrscheinlichkeitswellen für die Quantenzustände des Elektrons, die den Energieniveaus des Wasserstoffatoms entsprechen.

Die Wellenfunktion des Grundzustands — mit der Energiequantenzahl $n=1$ — hat eine abgerundete und symmetrische Form, die aus jeder Richtung gleich aussieht. Für ein Elektron im Grundzustand ist die Wahrscheinlichkeit, es irgendwo anzutreffen, proportional zum Quadrat dieser Wellenfunktion; die Aufenthaltswahrscheinlichkeiten für andere Zustände erhält man entsprechend aus den jeweils zugehörigen Wellenfunktionen. Diese Wahrscheinlichkeits-„Dichten" ändern sich überdies nicht mit der Zeit, was erklärt, weshalb das Elektron keine Energie abstrahlt. Das Elektron ist in diesem Bild kein punktförmiges Teilchen im klassischen Sinne, das etwa um das Proton herumsaust, sondern erscheint vielmehr räumlich „verschmiert": Es wird durch eine zeitunabhängige Wahrscheinlichkeitsverteilung beschrieben, in der nichts beschleunigt wird. Wenn wir uns die angeregten Energieniveaus genauer ansehen, finden wir wie im Beispiel der quadratischen Pauke entartete Zustände — mehrere Wellenfunktionen gehören zum selben Energiewert. Wir erwarten daher, daß verschiedene Quantenzahlen nötig sind, um jede dieser Wellenfunktionen eindeutig zu kennzeichnen. Diese zusätzlichen Quantenzahlen ergeben sich aus der Quantisierung einer anderen klassischen Größe, des Drehimpulses. In den folgenden Absätzen wollen wir versuchen, diese neuen Quantenzahlen etwas eingehender zu charakterisieren.

Wie sein Name schon sagt, hängt der Drehimpuls mit dem gewöhnlichen Impuls zusammen; er spielt eine wichtige Rolle bei der Beschreibung von Systemen, in denen Teilchen um ein Zentrum kreisen, wie zum Beispiel die Planeten um die Sonne. Stellen wir uns vor, wir würden ein Stück Seil an einem Ball befestigen, das andere Seilende in die Hand nehmen und nun den Ball immerzu um uns herumschleudern. Der Drehimpuls des Balls ist dann einfach das Produkt aus dem gewöhnlichen Impuls des Balls (Masse mal Geschwindigkeit) und der Seillänge, also:

$$L = r \times p$$

Drehimpuls = Seillänge mal gewöhnlicher Impuls.

Für konstante Seillänge gilt: Je schneller der Ball rotiert, desto größer ist sein Drehimpuls. Den Drehimpuls eines Objekts zu kennen, ist deshalb wichtig, weil er — wie die Energie — sowohl in klassischen als auch in Quantensystemen insgesamt erhalten bleibt. Was passiert nun in unserem Gedankenexperiment, wenn wir, während der Ball weiter kreist, das Seil verkürzen? Da sein Drehimpuls erhalten bleibt, muß, wenn die Seillänge r abnimmt, der gewöhnliche Impuls p des Balls größer werden – der Ball rotiert schneller. Auch in der quantenmechanischen Behandlung des Wasserstoffatoms ist der Drehimpuls eine Erhaltungsgröße. Die Quantentheorie läßt jedoch nicht jeden beliebigen Wert für den Drehimpuls zu: Der quantenmechanische Drehimpuls ist – ähnlich wie die Energie – quantisiert. Genau davon war Bohr ausgegangen, als er seine stabilen Elektronenbahnen postulierte: Der Bahndrehimpuls eines Elektrons sollte nur ganzzahlige Vielfache von Plancks Konstante h, dividiert durch 2π, betragen können. Merkwürdigerweise hatte Bohr damit die Energiestufen des Wasserstoffatoms richtig herausbekommen, obwohl Schrödingers Lösung im nachhinein zeigte, daß Bohrs Annahme über den Drehimpuls nicht ganz stimmte. Nichtsdestoweniger ist der Drehimpuls tatsächlich quantisiert und wird durch zwei neue Quantenzahlen l und m beschrieben: Der Index l legt den jeweiligen Betrag des Drehimpulses fest, während die Quantenzahl m – grob gesprochen – die räumliche Orientierung der Drehung ausdrückt.

Es zeigt sich nun, daß die Wellenfunktion des Grundzustands mit den Quantenzahlen $n=1$, $l=0$, $m=0$, also Drehimpuls Null, kugelsymmetrisch ist und zum Energieniveau $n=2$ vier entartete Wellenfunktionen gehören (Abbildung 4.15 und Farbtafel 8). Die Verteilung mit den Indizes $n=2$, $l=0$, $m=0$ besitzt den Drehimpuls Null und hat die gleiche kugelsymmetrische Verteilung wie der Grundzustand. Die anderen drei Wellenfunktionen mit $n=2$ tragen alle eine Drehimpulseinheit und somit die Quantenzahl $l=1$. Zu $l=1$ gibt es drei mögliche Werte für die zweite Drehimpulsquantenzahl m, nämlich $m=+1$, 0 und -1, die anschaulich in etwa verschiedenen möglichen Raumrichtungen entsprechen, um die das Elektron – ähnlich einem Kreisel – rotieren kann.

Stellen wir uns noch einmal den Ball am Seil vor und lassen ihn um die vertikale z-Achse rotieren: Der Ball umkreist diese Achse also in der dazu senkrechten Ebene, die von der x- und der y-Achse aufgespannt wird. Quantenmechanisch entspricht diese Situation dem Zustand $m=+1$, dessen ringförmige Wahrscheinlichkeitsverteilung rotationssymmetrisch zur z-Achse ist und sich hauptsächlich um die x-y-Ebene konzentriert (vergleiche Farbtafel 8). Der Zustand $m=-1$ entspricht einer Rotation in entgegengesetzter Richtung – um die negative z-Achse –, so daß die Bereiche hoher Aufenthaltswahrscheinlichkeit wiederum um die x-y-Ebene herum zu liegen kommen. Beim $m=0$-Zustand schließlich sind sie in z-Richtung orientiert und haben die Form einer Hantel, was in etwa einer Rotationsachse irgendwo in der x-y-Ebene entspricht. (Eine exakte Rotatationsrichtung läßt sich nicht angeben; hier kommt wieder die quantenmechanische Unbestimmtheit ins Spiel!)

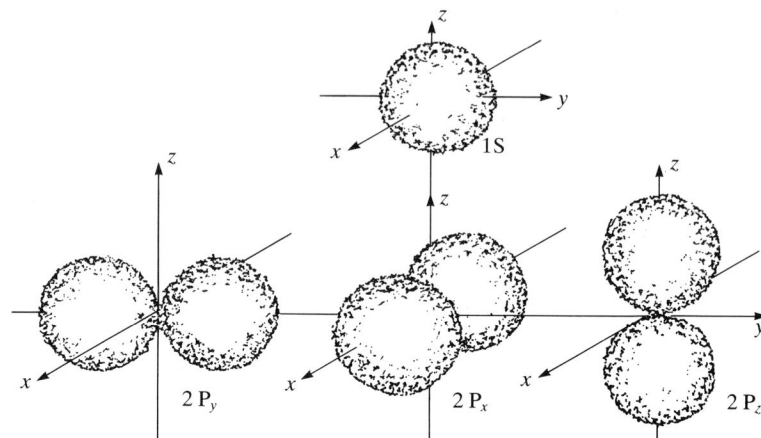

4.15 Eine dreidimensionale Veranschaulichung von Flächen gleicher Aufenthaltswahrscheinlichkeit für die untersten Energiestufen des Wasserstoffatoms. Der 1S-Zustand ist kugelsymmetrisch und hat den Drehimpuls Null. Für die Darstellung der drei Zustände mit genau einer quantenmechanischen Drehimpulseinheit haben wir die von den Chemikern bevorzugten P_x-, P_y- und P_z-Funktionen ausgewählt. Deren hantelförmige Wahrscheinlichkeitsverteilungen sind jeweils entlang der x-, y- oder z-Achse orientiert. (Die entsprechenden Aufenthaltswahrscheinlichkeiten in einer unter Physikern üblichen (l,m)-Darstellung finden sich auf Farbtafel 8.)

In der Molekülchemie erweist es sich oft als zweckmäßiger, mit drei anderen Zuständen zu arbeiten, die ebenfalls den Drehimpuls Eins besitzen. Wir können nämlich die Wellenfunktionen, die sich nur in ihren m-Quantenzahlen voneinander unterscheiden, in geeigneter Weise kombinieren und so drei neue, gleichfalls entartete Wellenfunktionen erzeugen, die nun alle drei hantelförmige Wahrscheinlichkeitsverteilungen besitzen und genau in x-, y- beziehungsweise z-Richtung orientiert sind. Zur Kennzeichnung der Zustände mit Drehimpuls $l=1$ werden wir daher statt der Quantenzahl m oft auch die Raumindizes x, y oder z verwenden. In Abbildung 4.15 ist die räumliche Abhängigkeit der Aufenthaltswahrscheinlichkeiten für diese drei Zustände sowie für den Grundzustand dargestellt; die angedeuteten Oberflächen markieren Orte gleicher Wahrscheinlichkeit.

Beim nächsten Energieniveau ($n=3$) treten außer $l=0$- und $l=1$-Zuständen auch Zustände mit zwei Drehimpulseinheiten ($l=2$) auf. Für die $l=2$-Wellenfunktionen gibt es fünf mögliche m-Werte: $m=+2,\ +1,\ 0,\ -1$ und -2; sie entsprechen verschiedenen räumlichen Orientierungen der Rotationsachse, von der positiven z-Richtung über dagegen geneigte Zwischenstellungen bis zur negativen z-Richtung.

4. ATOME UND KERNE

Es ist erstaunlich, daß diese drei Quantenzahlen beinahe schon ausreichen, um den Aufbau von Mendelejews Periodensystem der Elemente zu durchschauen (siehe Kapitel 6). Wasserstoff ist jedoch mit seinem einzelnen Elektron lediglich ein sehr einfacher Spezialfall. Für Atome, die mehr als ein Elektron enthalten, haben Zustände mit gleichem n, aber verschiedenem l *nicht* die gleiche Energie: Ihre Energiestufen hängen nämlich von n *und* l ab.

Eine letzte Bemerkung zur Schreibweise. Die Linienspektren der Alkalimetalle Lithium, Natrium und Kalium sind dem des Wasserstoffs recht ähnlich. Die Physiker, die diese Spektren zuerst untersuchten, konnten sich auf deren Ursprung keinen Reim machen, und so bezeichneten sie die verschiedenen beobachteten Serien in ziemlich willkürlicher Weise: S für „scharf", P für „prinzipiell" (Hauptserie), D für „diffus" und F für „fundamental". Wir wissen heute, daß diese Spektralserien von Elektronenübergängen aus angeregten Zuständen herrühren, deren Drehimpulswerte für jede Serie charakteristisch sind: Zur S-Serie gehören Anregungszustände mit Bahndrehimpuls $l = 0$, zu P gehört $l = 1$, zu D gehört $l = 2$ und zu F gehört $l = 3$. Die Physiker verständigen sich jedoch über Drehimpulszustände gewöhnlich nicht mit Hilfe der tatsächlichen l-Werte − also $l = 0, 1, 2$ und 3 −, sondern sie benutzen stattdessen weiterhin die wenig aussagekräftigen historischen Bezeichnungen S, P, D und F. So hat es sich eingebürgert, die drei $l = 1$-Zustände mit P_x, P_y und P_z zu bezeichnen, obwohl die (l, m)-Konvention viel naheliegender wäre.

5. Der Tunneleffekt

In der Quantenwelt ist es möglich, sich durch eine energetisch verbotene Zone schnell hindurchzumogeln.

Richard Feynman

Durch die Energiebarriere

Eine der erstaunlichsten Konsequenzen aus de Broglies Wellenhypothese und der Schrödingergleichung war die Entdeckung, daß Quantenobjekte durch Potentialwälle – Barrieren potentieller Energie – „hindurchtunneln" können, die für klassische Teilchen undurchdringbar sind. Um eine Vorstellung davon zu gewinnen, was man unter einer Energiebarriere versteht, greifen wir noch einmal auf unser Achterbahn-Beispiel zurück und betrachten einen größeren Streckenabschnitt (siehe Abbildung 5.1).

Wenn wir unseren links oben im Punkt A ruhenden Wagen starten und die geringfügigen Reibungsverluste vernachlässigen, wissen wir aufgrund der Energieerhaltung, daß wir auf der anderen Talseite dieselbe Höhe wie beim Start erreichen und bei C ankommen werden. Am kleinen Hügel B wird der Wagen zwar zunächst langsamer, weil ein Teil unserer kinetischen Energie beim Anstieg in

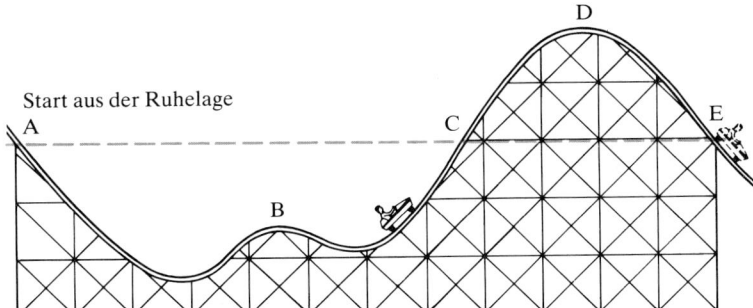

5.1 So würde sich das Quantentunneln bei einer Achterbahnfahrt bemerkbar machen. Wenn der ruhende Wagen von der Position A aus startet, wird er wegen der Energieerhaltung auf der anderen Talseite nicht höher als bis C kommen. In der Quantentheorie hingegen gibt es eine gewisse Wahrscheinlichkeit dafür, daß ein Quantenwägelchen durch das verbotene Gebiet zwischen C und E „hindurchtunnelt" und auf der anderen Seite des Bergs wieder erscheint. Für einen gewöhnlichen Wagen ist das allerdings äußerst unwahrscheinlich!

potentielle Energie umgewandelt wird; da wir aber aus weit größerer Höhe gestartet sind, reicht unser Schwung aus, den Hügel B zu überwinden. Wir haben jedoch nicht genügend Energie, um über den Berg D nach E zu gelangen – jedenfalls solange wir in A aus dem Stand starten. Dies ist ein Beispiel für eine „Energiebarriere": Das Gebiet von C nach E ist sozusagen „klassisch verbotenes" Terrain.

Das Bemerkenswerte an Quantenobjekten ist, daß sie derartige Verbote für klassische Objekte unterlaufen können. Ein Elektron auf einer „Elektronen-Achterbahn" analog der in Abbildung 5.1 kann nämlich durch das verbotene Gebiet hindurchtunneln und auf der anderen Seite des Bergs D wieder zum Vorschein kommen! Dieser „Tunneleffekt" ist mittlerweile ein den Physikern wohlbekanntes Phänomen; er bildet die Grundlage für eine Reihe moderner elektronischer Bauelemente wie die „Tunneldiode" und den „Josephson-Kontakt", die wir später besprechen werden. Wie der Tunneleffekt überhaupt möglich ist, können wir uns anhand der Heisenbergschen Unschärferelation plausibel machen, ohne die Schrödingergleichung für dieses Problem im Detail lösen zu müssen.

In Kapitel 2 hatten wir das quantenmechanische Grundprinzip der Unbestimmtheiten bei der Messung von Ort und Impuls formuliert; eine entsprechende Beziehung gilt aber auch für Zeit und Energie:

$$\Delta E \times \Delta t \approx h$$

In der Klassischen Physik kann sich der Betrag der Gesamtenergie eines Systems nicht ändern – sonst wäre der Energieerhaltungssatz verletzt. Quantenmechanisch jedoch ist es prinzipiell unmöglich, die Energie genauer als bis auf eine Unschärfe $\Delta E \approx h/\Delta t$ zu bestimmen, wenn Δt die Unschärfe der Zeitmessung angibt. Wir können uns also einen Energiebetrag ΔE sozusagen „borgen", um über den Berg zu gelangen, solange wir ihn innerhalb der Zeitspanne $\Delta t \approx h/\Delta E$ zurückzahlen. Mit zunehmender Höhe oder Breite des Potentialwalls wird das Durchtunneln allerdings immer unwahrscheinlicher, so daß schließlich praktisch alle Elektronen zurückgeworfen werden. Selbstverständlich muß eine solche Plausibilitätsbetrachtung durch eine exakte Rechnung mit Hilfe der Schrödingergleichung untermauert werden, derartige Überlegungen vermitteln uns aber durchaus ein gewisses Verständnis des Tunnelleffekts. Die ganze Sache wird vielleicht noch klarer, wenn wir das Verhalten von uns vertrauteren Wellen untersuchen. Dabei stellt sich nämlich heraus, daß das Tunnelphänomen eine generelle Eigenschaft von Wellen ist – überraschend eigentlich nur, wenn wir sie auf Quanten-„Teilchen" übertragen, die nach de Broglies Hypothese auch wellenartige Eigenschaften besitzen.

Der Tunneleffekt mit Wellen

Man kann den Tunneleffekt sowohl an den Wellen einer schwingenden Saite als auch mit Wasserwellen demonstrieren; das wahrscheinlich bekannteste Beispiel beruht jedoch auf dem Wellencharakter des Lichts. Schauen wir uns an, was passiert, wenn Licht aus der Luft in ein Glasprisma eintritt (Abbildung 5.2). Licht breitet sich in Glas langsamer aus als in Luft, so daß die Lichtstrahlen beim Eintritt in den Glasblock ihre Richtung ändern — man spricht hier von „Brechung" (erkennbar bei den äußeren, schräg einfallenden Lichtstrahlen). In diesem Fall wird das Licht zum Einfallslot (das senkrecht zur Oberfläche steht) *hin* gebrochen. Beim Übergang vom Glas zur Luft dagegen wird das Licht vom Einfallslot *weg* gebrochen. Vergrößern wir den Winkel, unter dem das Licht auf die Austrittsfläche trifft, dann kommen wir schließlich an einen kritischen Wert — den „Grenzwinkel" —, bei dem das austretende Licht die Glasoberfläche gerade noch streift. Bei noch größeren Auftreffwinkeln wird alles Licht von der Oberfläche des Glases nach innen zurückreflektiert, so daß an dieser Seite des Prismas kein Licht mehr in die Luft dringen kann. Diese „Totalreflektion" spielt in der modernen Glasfaseroptik eine grundlegende Rolle, zum Beispiel bei den sogenannten „Lichtleitern" (vergleiche Farbtafel 9).

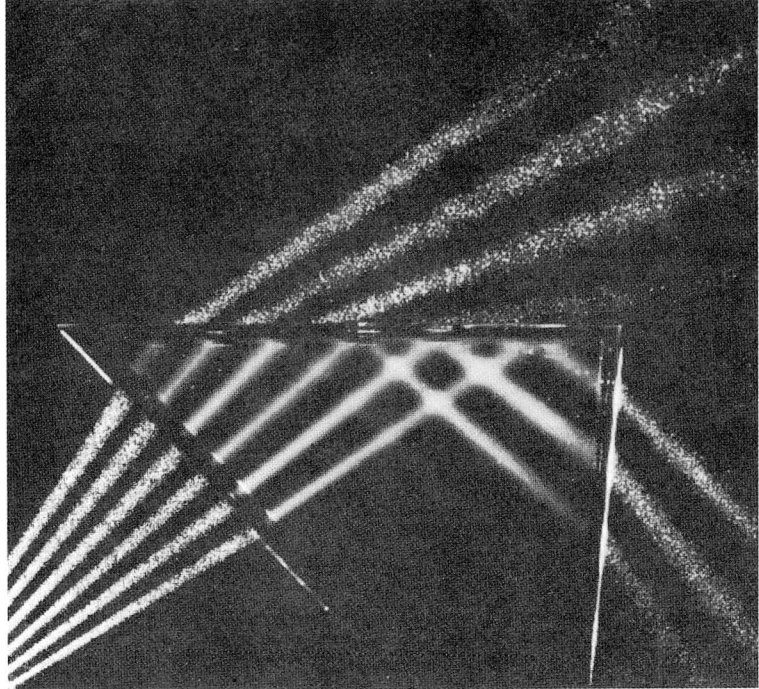

5.2 Brechung und Reflexion von Lichtstrahlen an einem Glasprisma. Im Prisma werden die (gebrochenen) Lichtstrahlen vollständig reflektiert, wenn der Einfallswinkel an der Austrittsfläche einen bestimmten Wert überschreitet; für solche Winkel wird der Lichtstrahl nicht durchgelassen.

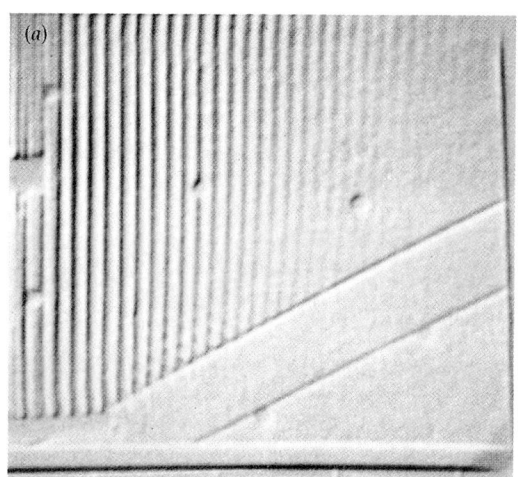 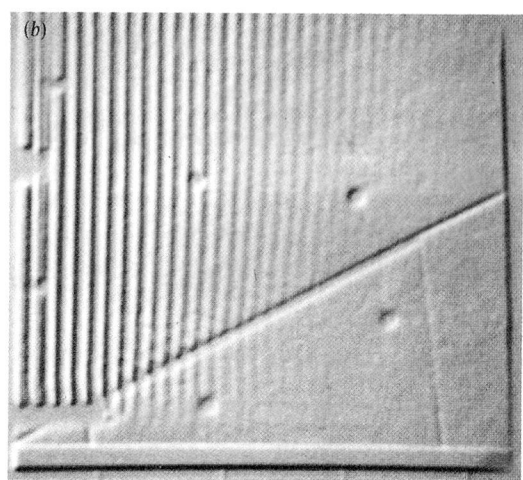

5.3 Der Tunneleffekt ist hier mit Wasserwellen illustriert. Die Wellen, deren Geschwindigkeit von der Wassertiefe abhängt, laufen von links nach rechts auf eine tiefere Zone zu (a), wo sie totalreflektiert werden. Bei genauerer Betrachtung bemerkt man in der „verbotenen" Zone unmittelbar hinter der Barriere eine leichte Kräuselung der Wasseroberfläche, die aber nicht von einer fortschreitenden Welle herrührt. Wenn man die Breite der verbotenen Zone genügend verringert (b), können die Wasserwellen die Barriere „überspringen" und auf der anderen Seite wieder zum Vorschein kommen. Dieses ganz gewöhnliche Wellenphänomen liegt auch dem quantenmechanischen Tunneleffekt zugrunde.

Was aber hat dies alles mit dem Tunneleffekt zu tun? Hier kommt die Wellennatur des Lichts ins Spiel: Obwohl kein Lichtstrahl in die Luft dringt, wenn er unter einem größeren Winkel als dem Grenzwinkel auf die Austrittsfläche trifft, kann man hinter der totalreflektierenden Glasfläche dennoch so etwas wie eine Wellenbewegung in der Luft feststellen. Es handelt sich hierbei nicht um gewöhnliche, sich ausbreitende Wellen, die Energie transportieren, sondern um eine Art „stehende" Wellen, die keine Lichtenergie übertragen. Die Schwingungsmuster einer Saite, die an ihren beiden Enden fixiert ist, sind Beispiele für stehende Wellen (Abbildung 4.8). Hier haben wir es zwar auch mit einer Welle zu tun, die in sich selbst zurückgeworfen wird, deren Intensität allerdings mit zunehmender Entfernung von der Austrittsfläche sehr rasch abklingt. Der Zusammenhang mit dem Tunneleffekt wird deutlich, wenn wir ein zweites Glasprisma parallel zur totalreflektierenden Glasfläche des ersten heranschieben. Sind die beiden Prismenflächen nahe genug beieinander, so daß die „abklingende Welle" bis an das zweite Prisma heranreicht, bemerken wir einen Lichtstrahl im zweiten Prisma! Je kleiner der Abstand zwischen den beiden Prismen ist, desto mehr Lichtenergie wird durchgelassen und desto stärker ist dieser Lichtstrahl; denn die Amplitude der stehenden Welle in der „verbotenen" Luftschicht hatte entsprechend weniger

Zeit, um merklich abzuklingen. Die Physiker nennen das eine „verhinderte Totalreflektion" – nichts anderes ist letztlich der quantenmechanische Tunneleffekt mit de Broglies Materiewellen. Abbildung 5.3 zeigt denselben Effekt an Wasserwellen in einer Wellenwanne. In der modernen Optik nutzt man dieses Phänomen auch als „Strahlteiler", um Lichtstrahlen aufzusplitten; die Menge des durchgelassenen Lichts läßt sich dabei regeln, indem man die Breite der verbotenen Zone verändert.

Anwendungen des Quantentunnelns

Es gibt heute eine ganze Menge gebräuchlicher technischer Geräte, die darauf beruhen, daß Quantenobjekte Potentialbarrieren durchtunneln können. Die zwei folgenden Beispiele beziehen sich beide auf Elektronen; später werden wir aber auch noch andere Beispiele kennenlernen, in denen Alphateilchen und Elektronen*paare* die tunnelnden Quantenobjekte sind. Unser erstes Anwendungsbeispiel betrifft das sogenannte „Feldelektronenmikroskop".

Elektronen, die Trägerteilchen des elektrischen Stroms, sind in einem Metall relativ frei beweglich. In einem sehr vereinfachten Modell können wir uns die Metallelektronen in einer Potentialmulde – ähnlich dem quantenmechanischen Kastenpotential aus dem vorigen Kapitel – eingeschlossen denken (Abbildung 5.4a). Der Potentialanstieg an den Seiten stellt für die Elektronen eine elektrische Barriere dar; daher muß man von außen Energie aufwenden, um Elektronen aus dem Metall herauszuschlagen. Schalten wir nun ein starkes elektrisches Feld ein, so verändert dies die Form des Potentialwalls (Abbildung 5.4b). Die so modifizierte Barriere kann von den Metallelektronen durchtunnelt werden, und die Wahrscheinlichkeit dafür läßt sich mit Hilfe der Schrödingergleichung berechnen. Es zeigt sich, daß man ein sehr starkes elektrisches

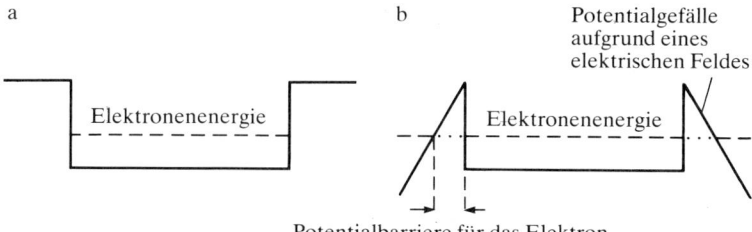

5.4 Das – hier schematisch gezeigte – Potential für Elektronen in einem Metall (a) verdeutlicht, daß die Elektronenenergie (gestrichelte Linie) nicht ausreicht, um dem Potentialtopf zu entkommen. In Gegenwart eines starken elektrischen Feldes ändert sich die Form des Potentials jedoch (b): Jetzt können die Elektronen die Barriere durchtunneln und aus dem Metall austreten.

Feld braucht, um einen merklichen Tunneleffekt zu erzielen. Solche hohen Feldstärken kann man an der Spitze einer hauchdünnen Metallnadel erzeugen; bereits 1928 gelang es damit, die Voraussagen der Quantenmechanik für diesen „Feldemissionsprozeß" auch experimentell zu bestätigen.

Nur wenige Jahre später hatte man sich diesen Effekt für ein neuartiges Mikroskop zunutze gemacht. Elektronen, die die Potentialbarriere durchtunnelt haben, werden in dem äußeren elektrischen Feld beschleunigt und entfernen sich praktisch auf geradem Weg von der Nadelspitze. Wenn wir die Nadel mit einem phosphoreszierenden Schirm umgeben, erhalten wir daher ein stark vergrößertes Bild ihrer Spitze, das sich aus den Leuchtpunkten der aufprallenden Elektronen zusammensetzt. Am leichtesten lassen sich die Elektronen herauslösen, die in den Ecken und an den Rändern der Atomlagen in der Nadelspitze sitzen; diese Stellen werden folglich am hellsten abgebildet. Auf diese Weise kann man Vergrößerungen bis zum Millionenfachen erreichen.

Das „Feldionenmikroskop", eine Weiterentwicklung des Feldelektronenmikroskops, hat sogar ein noch höheres Auflösungsvermögen; es arbeitet mit Heliumionen statt mit Elektronen. Die Metallnadel befindet sich im Unterschied zum Feldelektronenmikroskop nicht in einem Vakuum, sondern in einem verdünnten Heliumgas, und weil die Heliumionen positiv geladen sind, muß außerdem das Feld an der Nadelspitze entgegengesetzt gepolt sein. Wenn nun ein Heliumatom mit der Nadelspitze kollidiert, wird es in dem starken elektrischen Feld ionisiert; das positiv geladene Ion wird sodann von der Nadel weg beschleunigt. Da Heliumionen viel mehr Masse haben als Elektronen (sie sind etwa 8000mal schwerer), besitzen sie einen weitaus größeren Impuls und eine entsprechend kleinere de-Broglie-Wellenlänge. Das Feldionenmikroskop ermöglicht es daher, erheblich feinere Einzelheiten der Oberflächenstruktur aufzulösen. Die hellen Punkte in Abbildung 5.5b rühren von einzelnen Metallatomen der Nadelspitze her.

Erst kürzlich wurde ein weiteres, auf dem Tunneleffekt basierendes Mikroskop entwickelt, das sogenannte „Raster-Tunnelmikroskop", mit dem man bis zu 100millionenfach vergrößern und die Oberflächen von Festkörpern gewissermaßen Atom für Atom rekonstruieren kann. Die Grundidee ist recht einfach: Gemäß der Quantenmechanik gibt es eine kleine, aber nicht verschwindende Wahrscheinlichkeit dafür, Elektronen eines Metalls außerhalb der Metalloberfläche anzutreffen. Diese Tunnelwahrscheinlichkeit nimmt mit wachsendem Abstand von der Oberfläche sehr schnell ab. Bringt man nun im Ultrahochvakuum eine nadelförmige Sonde bis auf wenige zehntel Nanometer (millionstel Millimeter) an die

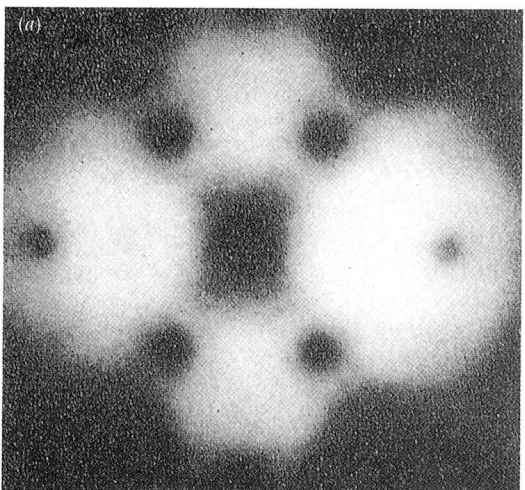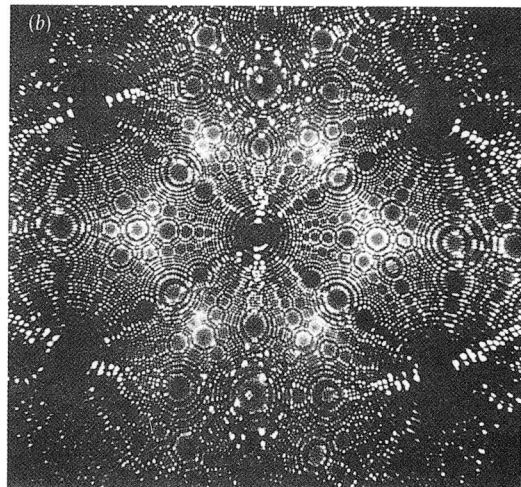

5.5 Die Spitze einer Wolframnadel, aufgenommen mit einem Feldelektronenmikroskop (a) beziehungsweise einem Feldionenmikroskop (b). Die Nadel ist gegenüber der Umgebung negativ geladen, so daß sich an der Spitze ein sehr starkes elektrisches Feld ausbildet. Beim Feldelektronenmikroskop befindet sie sich in einem evakuierten Glaskolben und wird so stark negativ aufgeladen, daß Elektronen aus der Wolframspitze heraustunneln; sie werden von der Nadel weg in Richtung auf einen Zinksulfidschirm beschleunigt. Dort erzeugen die auftreffenden Elektronen ein stark vergrößertes Bild der Nadelspitze, auf dem die hellen Regionen den Bereichen der Nadeloberfläche entsprechen, wo die Elektronen am dichtesten gepackt sind. Das Auflösungsvermögen dieses Mikroskops reicht nicht ganz aus, um einzelne Atome sichtbar zu machen. Bei der Aufnahme mit einem Helium-Feldionenmikroskop wurde die Wolframnadel positiv geladen, und sie befand sich nicht in einem Vakuum, sondern in einem Kolben mit Heliumgas. Im starken elektrischen Feld um die Nadelspitze wurden aus den Heliumatomen Elektronen herausgerissen und die verbleibenden, positiv geladenen Heliumionen von der Nadel weg beschleunigt. Heliumionen sind schwerer als Elektronen; sie kommen daher weniger leicht vom Weg ab und haben außerdem eine kleinere de-Broglie-Wellenlänge. Mit diesen beiden Pluspunkten gegenüber Elektronenmikroskopen läßt sich das Auflösungsvermögen so weit verbessern, daß man einzelne Atome erkennen kann: Jeder helle Punkt auf dem Bild entspricht einem Wolframatom. Das Ringmuster kommt zustande, weil die Atome in einem Metall wie Äpfel in einem Obstkasten in regelmäßigen Lagen übereinandergepackt sind. Wenn wir uns vorstellen, wir würden aus einem solchen rechtwinklig strukturierten Atomverband eine kegelförmige Metallspitze herausschälen, so kämen nach und nach die einzelnen Atomlagen zum Vorschein, die in der Projektionsebene des Mikroskops auf kreisförmige Ringe abgebildet werden.

Metalloberfläche heran und legt zwischen Nadelspitze und Metall eine elektrische Spannung an, so fließt ein Tunnelstrom zwischen den Spannungspolen, dessen Stärke äußerst empfindlich vom Abstand zwischen der Sonde und der Oberfläche abhängt. Dadurch ist es möglich, die Metalloberfläche systematisch abzutasten und ihre Konturen sehr genau zu erfassen (vergleiche Farbtafel 10). Diese Art von Mikroskop ist weitaus vielseitiger einsetzbar als das

Feldionenmikroskop und verspricht eine Fülle neuer Anwendungen in der Physik, Chemie und Biologie – und darüber hinaus auch in verschiedenen technologischen Bereichen.

Unser zweites Beispiel für das Durchdringen von Potentialbarrieren durch Elektronen ist die „Tunneldiode". Sie besteht aus zwei aneinandergrenzenden, verschieden präparierten Halbleiterschichten, an die eine Spannung angelegt wird. Wie Halbleiter funktionieren, erklären wir im nächsten Kapitel – hier brauchen wir nur zu wissen, daß die Elektronen beim Übergang von einer Halbleiterschicht in die andere eine Potentialwand „sehen", durch die sie hindurchtunneln können. Die Stärke dieses Tunnelstroms hängt maßgeblich von der Höhe der Wand ab, die wiederum mit Hilfe der angelegten Spannung verändert werden kann. Da sich somit über die äußere Spannung der durch die Diode fließende Strom regeln läßt, kann man die Tunneldiode zum Beispiel als sehr schnellen elektronischen Schalter benutzen.

Kernphysik und Alphazerfall

Eines der großen Rätsel in den frühen Tagen der Kernphysik betraf den Alphazerfall. Die Physiker hatten die Energie der Alphateilchen gemessen, die beim radioaktiven Zerfall von Urankernen freigesetzt wurden; sie betrug etwa vier Millionen Elektronenvolt. Ein Elektronenvolt (eV) entspricht der Energie, die ein Elektron gewinnt, wenn es sich in einem Potentialgefälle von einem Volt „abwärts" bewegt – beispielsweise wenn es vom Minuspol zum Pluspol einer Ein-Volt-Batterie beschleunigt wird. Diese Größenordnung ist typisch für die Energieniveaus der Elektronen in der Atomhülle. Bei Kernprozessen aber – und besonders bei Alphateilchen – treten viel höhere Energien auf, so daß man als zweckmäßigere Energieeinheit eine Million Elektronenvolt (MeV) wählt.

Rutherford hatte herausgefunden, daß Alphateilchen, die mit einer Energie von ungefähr neun MeV auf die Atomkerne zuschossen, zurückgestreut wurden – also nicht in den Kern eindringen konnten. Um die Potentialbarriere der positiven Kernladung zu überwinden, benötigte man anscheinend viel mehr Energie als die vier MeV, die man für Alphateilchen aus dem radioaktiven Zerfall ermittelt hatte. Was das bedeutet, läßt sich am Achterbahn-Beispiel illustrieren: Stellen Sie sich vor, Sie sitzen auf halber Höhe auf den Schienen und spüren plötzlich im Rücken einen ganz leichten Stoß von einem Wagen, der in langsamem Schrittempo gefahren ist. Dieser Wagen könnte eigentlich nur über die Bergkuppe gekommen sein, aber dann hätte er deutlich schneller herunterschießen müssen und Sie beim Aufprall erheblich verletzt!

Aufgrund unseres heutigen Wissens über den Tunneleffekt liegt die Auflösung dieses Alphateilchen-Rätsels ziemlich klar auf der Hand. Aber 1928, als der russische Physiker Georg Gamow und die beiden US-amerikanischen Physiker Edward Condon und Ronald Gurney den Alphazerfall mit dem Tunneleffekt zu erklären versuchten, war das eine aufregende neue Idee und eine der ersten Anwendungen der Quantenmechanik für den Atomkern. Der Kern des häufig vorkommenden Uranisotops ^{238}U enthält 92 Protonen und 146 Neutronen, die sich alle in dem sehr kleinen Kernvolumen zusammendrängen. Die „starke Kernkraft", die zwischen den Nukleonen – Protonen und Neutronen – wirkt, bildet eine Art „Potentialtopf", in dem die Kernteilchen auf ähnliche Weise eingesperrt werden, wie in unserem einfachen Potentialmodell die Leitungselektronen innerhalb eines Metalls durch die elektrischen Kräfte „festgehalten" werden. Im Kern können sich jedoch manchmal zwei Protonen und zwei Neutronen zu einem Alphateilchen zusammenschließen, das dann den in Abbildung 5.7 skizzierten Potentialwall „sieht". Die Höhe dieser Barriere beträgt ungefähr

5.6 Georg Gamow (1904 – 1968) war der Enkel eines zaristischen Generals. Nachdem er an der Universität von Leningrad promoviert hatte, arbeitete er in fast allen bedeutenden Forschungszentren Europas, bevor er sich in den USA niederließ. Gamow leistete wichtige Beiträge zur Kernphysik und machte sich besonders um die Popularisierung der Wissenschaft verdient.

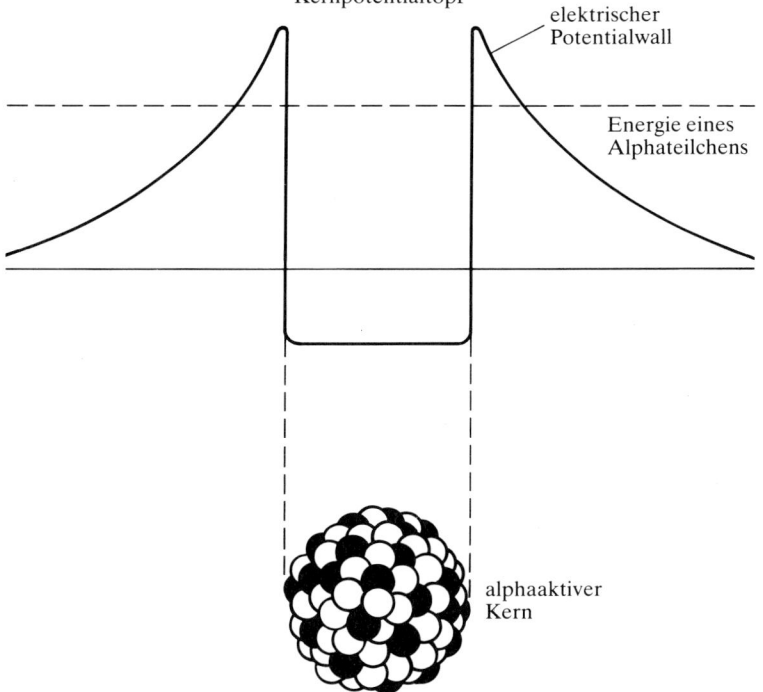

Kernpotentialtopf

elektrischer Potentialwall

Energie eines Alphateilchens

alphaaktiver Kern

5.7 Der quantenmechanische Tunneleffekt liefert eine Erklärung für den Alphazerfall. Da Alphateilchen ungewöhnlich stabil sind, können wir sie uns als separaten Teilchenverbund in einem Kernpotential vorstellen, das von allen übrigen Nukleonen erzeugt wird. Dabei zeigt sich, daß ein Alphateilchen aus dem Kern heraustunneln und so dessen Zerfall verursachen kann.

30 MeV, aber das Alphateilchen kann die Barriere durchtunneln und auf der anderen Seite als freies Teilchen mit einer Energie von nur vier MeV wieder zum Vorschein kommen. Wir wissen heute viel mehr über Kernkräfte als noch vor sechzig Jahren und können nun exaktere Berechnungen mit realistischeren Kernpotentialen durchführen; gleichwohl stellt dieses einfache Bild des Alphazerfalls immer noch eine bemerkenswert gute Näherung dar.

Es gibt eine interessante „Umkehrung" dieses Problems beim Alphazerfall, für dessen Lösung John Douglas Cockcroft und Ernest T. S. Walton schließlich den Nobelpreis bekamen. Im Jahre 1919 gab Rutherford bekannt, daß er, wiederum bei seinen Experimenten mit Alphateilchen, die erste künstliche Kernreaktion beobachtet

5.8 Eine Photomontage mit J. D. Cockcroft (rechts), E. T. S. Walton (links) und E. Rutherford.

5.9 Spuren von Alphateilchen in einer Nebelkammer. Die Spuren bestehen aus winzigen Wassertröpfchen, die in der mit Wasserdampf gesättigten Luft der Kammer entlang der Alphateilchenbahnen kondensieren. Da die Wahrscheinlichkeit, daß ein Alphateilchen auf den Kern eines der Gasatome trifft, sehr gering ist, verlaufen fast alle Spuren nahezu geradlinig. Am oberen Bildrand ist jedoch eine rückwärts nach links weisende Spur zu sehen, die dort beginnt, wo die Spur eines heraufkommenden Alphateilchens leicht abknickt. Hier hat tatsächlich eine Kernreaktion stattgefunden: Die kurze Spur nach dem Knick stammt von einem Sauerstoffkern, der bei der Kollision des Heliumkerns mit einem Stickstoffkern der Luft entstand. Dabei wurde ein Proton fortgeschleudert, das die rückwärts weisende Spur hinterließ.

hatte. Als er Alphateilchen auf Stickstoffkerne schoß, fiel ihm auf, daß dabei gelegentlich Protonen entstanden. Rutherford zog daraus den Schluß, es müsse sich um eine „Kernumwandlung" handeln, deren Reaktionsgleichung wir heute so schreiben würden:

$$\begin{array}{ccccccc} {}^{4}_{2}\text{He} & + & {}^{14}_{7}\text{N} & \rightarrow & {}^{17}_{8}\text{O} & + & {}^{1}_{1}\text{H} \\ \text{Helium} & & \text{Stickstoff} & & \text{Sauerstoff} & & \text{Wasserstoff} \\ \text{2 Protonen} & & \text{7 Protonen} & & \text{8 Protonen} & & \text{1 Proton} \\ \text{2 Neutronen} & & \text{7 Neutronen} & & \text{9 Neutronen} & & \text{0 Neutronen} \end{array}$$

Abbildung 5.9 zeigt eine der ersten Aufnahmen von dieser Reaktion. Rutherford schloß seine Abhandlung über diese Entdeckung mit der Bemerkung: »Wenn Alphateilchen — oder ähnliche Projektile — mit noch höherer Energie für Experimente zur Verfügung stünden, könnten wir erwarten, damit die Kernstruktur vieler der leichteren Atome aufzubrechen.« Diese Möglichkeit wurde mit dem Aufkommen neuartiger Teilchenbeschleuniger realisiert.

Im Jahre 1932 — dem gleichen Jahr, in dem James Chadwick das Neutron entdeckte — baute der US-amerikanische Physiker Ernest Lawrence sein erstes größeres „Zyklotron", eine Maschine, die Teilchen auf einem Rundkurs auf Energien von über einem MeV beschleunigen konnte. Zu jener Zeit war die Mehrzahl der Physiker jedoch der Meinung, daß geladene Teilchen nur dann in den Kern eindringen könnten, wenn die Geschoßenergien mehrere MeV betragen würden. Doch im Frühjahr 1932 gelang es Cockcroft und Walton, die mit einem viel primitiveren Linearbeschleuniger im englischen Cambridge arbeiteten, den Atomkern zu zertrümmern — und zwar mit künstlich beschleunigten Protonen, die eine Energie von weniger als einem MeV besaßen! Von Cockcroft wird erzählt, daß er daraufhin auffallend überschwenglich durch die Straßen von Cambridge zog und jedermann verkündete: »Wir haben das Atom gespalten!« Die Boulevardpresse betitelte sie prompt als „Atomzertrümmerer". Was Cockcroft und Walton tatsächlich beobachtet hatten, war die erste mit künstlichen Mitteln eingeleitete Kernreaktion — eine moderne Version des alten Traums der Alchimisten von der Umwandlung der Elemente. Es handelte sich um eine Umwandlung von Lithium in Helium gemäß der Reaktionsgleichung

$${}^{1}_{1}\text{H} + {}^{7}_{3}\text{Li} \rightarrow {}^{4}_{2}\text{He} + {}^{4}_{2}\text{He}.$$

Lawrence hätte das Experiment bereits ein Jahr zuvor durchführen können, hielt den Versuch jedoch nicht für der Mühe wert, weil er ebenfalls annahm, daß man mehr Energie bräuchte, um die den Kern umgebende elektrische Barriere zu überwinden — offenbar rechnete er bei geringeren Geschoßenergien nicht mit einem meßbaren Tunneleffekt. Lawrence war gerade auf seiner Hochzeits-

5.10 Der elektrostatische Generator von Cockcroft und Walton. In der kleinen Hütte unter dem Beschleunigerrohr sitzt Walton.

5.11 E. Lawrence (rechts) und sein Mitarbeiter S. Livingstone neben ihrem 4,8-MeV-Zyklotron. Mit diesem Ringbeschleuniger wurde 1937 das erste künstliche Element, Technetium, erzeugt. Technetium besitzt 43 Protonen, kommt aber in der Natur nicht vor, da alle seine Isotope radioaktiv sind und kurze Lebensdauern haben.

reise, als die Erfolgsmeldung von Cockcroft und Walton durch die Schlagzeilen ging. Sofort sandte er ein Telegramm an seinen Mitarbeiter James Brady nach Berkeley in Kalifornien: »Cockcroft und Walton haben Lithiumatom umgewandelt. Besorge Lithium aus Chemie-Abteilung und treffe Vorbereitungen für Wiederholung mit Zyklotron. Bin in Kürze zurück.« Brady zeigte das Telegramm seiner Verlobten mit der Bemerkung: »An so etwas denken Physiker auf ihrer Hochzeitsreise.«

Ein wichtiger Punkt bleibt an dieser Stelle noch nachzutragen. Cockcroft und Walton konnten nämlich die Energie ihres Alphateilchen-Paares richtig voraussagen, indem sie den Energieerhaltungssatz anwendeten und darin ausdrücklich Einsteins berühmte Beziehung zwischen Masse und Energie

$$E = mc^2$$

Energie = Masse mal Lichtgeschwindigkeit zum Quadrat

mit berücksichtigten. Diese Relation drückt aus, daß sich Masse auch als eine andere Form von Energie auffassen läßt, wobei für eine gegebene Masse m die äquivalente Energie E mit der obigen Formel berechnet werden kann. Cockcroft und Walton addierten

also auf beiden Seiten der Reaktionsgleichung die kinetischen Energien *und* die Massen der Teilchen, die an der Kernumwandlung
beteiligt waren, und erhielten folgende Energiebilanz:

Protonenmasse mal c^2 + kinetische Energie des Protons +
Lithiummasse mal c^2
=
2mal (Heliummasse mal c^2 +
kinetische Energie des Heliumkerns).

Die für die beiden Heliumkerne vorausgesagte kinetische Energie
lag mit je etwa 8,5 MeV weit höher als die kinetische Energie
des ursprünglichen Protons und stimmte mit den Messungen gut
überein. Dies war eine eindrucksvolle Bestätigung der Äquivalenz
von Masse und Energie, die für die Anwendung des Energieerhal-
tungsprinzips in der gesamten Kernphysik von grundlegender Bedeutung ist.

Kernfusion und Kernspaltung

Die Einsteinsche Masse-Energie-Beziehung, die Cockcroft und
Walton benutzten, um die Energien der beiden Alphateilchen aus
der ersten künstlich ausgelösten Kernreaktion vorauszusagen, führt
uns auf direktem Wege zum Verständnis der „Bindungsenergien".

Der nach dem gewöhnlichen Wasserstoff einfachste Kern ist der
Deuteriumkern – auch „Deuteron" genannt – aus einem Proton
und einem Neutron. Die beiden Nukleonen sind durch die „starke
Kernkraft" aneinander gebunden, wobei sie als Deuteron eine geringere Gesamtenergie haben, als es der Summe ihrer Masse entspricht. Diese Energiedifferenz, die Bindungsenergie B des Kerns,
können wir mit Hilfe der obigen Masse-Energie-Relation folgen-
dermaßen ausdrücken:

$$B = m_p c^2 + m_n c^2 - m_D c^2$$

Bindungsenergie des Deuterons =
Massenenergie des Protons +
Massenenergie des Neutrons –
Massenenergie des Deuterons.

Setzen wir in dieser Gleichung die experimentell bestimmten Zahlenwerte für die Massen ein, so ergibt sich eine Bindungsenergie
von rund zwei MeV. Diese Energie würde freigesetzt, wenn ein
Proton und ein Neutron ein Deuteron bilden. Entsprechend können wir die Bindungsenergie eines jeden anderen Kerns berechnen,

indem wir seine Masse im Experiment ermitteln und gemäß obiger Gleichung die Differenz zur Summe aus allen Nukleonenmassen bestimmen. Bezeichnen wir die Anzahl der Protonen in einem Kern mit Z und die Anzahl der Neutronen mit N, dann ist die Gesamtzahl der Nukleonen, die sogenannte Massenzahl A, die Summe dieser beiden Zahlen:

$$A = Z + N.$$

Wenn man die „mittlere Bindungsenergie pro Nukleon" in Abhängigkeit von der Massenzahl A darstellt (Abbildung 5.12), zeigt sich ein Anstieg von etwa einem MeV pro Nukleon beim Deuteron bis zu einem Maximalwert bei circa 8,8 MeV pro Nukleon für Eisen (Fe); für schwere Kerne fällt die Bindungsenergie dann langsam auf ungefähr 7,5 MeV pro Nukleon bei Uran (U) ab. Auffällig ist, daß Heliumkerne im Vergleich zu den Kernen benachbarter Elemente aufgrund ihrer relativ hohen Bindungsenergie besonders stabil sind. Aus diesem Grund kommt es in schweren Kernen gelegentlich zur Bildung von Alphateilchen (Heliumkernen), die aus dem Kern heraustunneln können und seinen radioaktiven Zerfall verursachen.

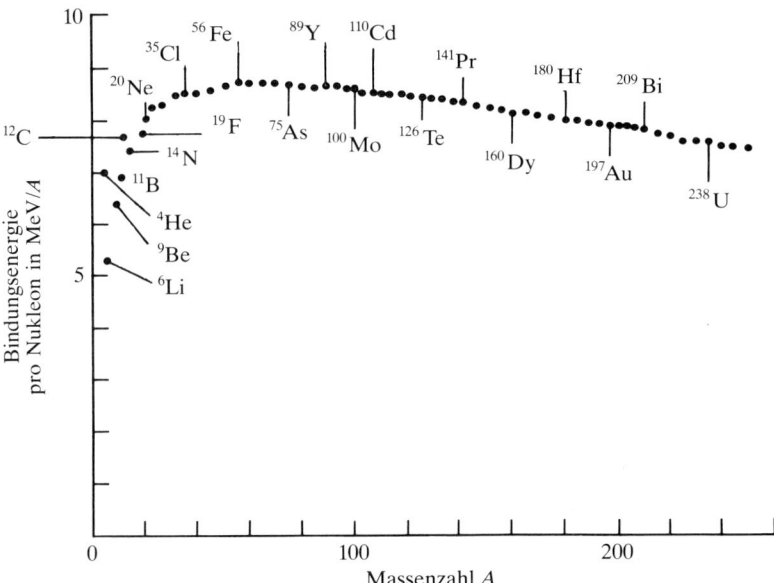

5.12 Die Bindungsenergie pro Nukleon ist hier in Abhängigkeit von der Massenzahl A, der Gesamtzahl der Nukleonen in einem Kern, dargestellt. Als „Nukleonen" (Kernteilchen) bezeichnet man sowohl Protonen als auch Neutronen. Grob gesprochen ist die Bindungsenergie pro Nukleon die Energie, die man benötigt, um ein Nukleon aus dem Kern zu entfernen. Wie der Kurvenverlauf zeigt, hat das Element Eisen den stabilsten Kern; außerdem hat der Heliumkern eine viel stärkere Bindung als die Kerne der benachbarten Elemente.

Der Verlauf der Bindungsenergiekurve zeigt, daß es zwei prinzipielle Möglichkeiten gibt, Energie durch Kernumwandlungen freizusetzen: Eine ist die *Fusion*, bei der zwei Kerne, die leichter sind als das am stärksten gebundene Eisen, miteinander „verschmelzen" und einen schwereren Kern bilden; die andere ist die *Spaltung*, bei der ein sehr schwerer Kern in zwei leichtere zerbricht − in beiden Kernreaktionen wird die Bindungsenergie in kinetische Energie der Reaktionsprodukte umgewandelt.

Schauen wir uns anhand eines konkreten Beispiels zunächst eine Fusionsreaktion an. Aus der Bindungsenergiekurve ließen sich viele solcher Reaktionen ablesen; der im Prinzip günstigste Kandidat für einen Kernfusionsreaktor ist aber die sogenannte Deuterium-Tritium- oder kurz D-T-Reaktion:

$$^2H + {}^3H \rightarrow {}^4He + n$$

Deuterium + Tritium → Helium + Neutron.

In dieser Reaktion verschmelzen die seltenen Wasserstoffisotope Deuterium und Tritium zu Helium, wobei eine Energie von 17,6 MeV frei wird.

Das Hauptproblem bei dieser Art Energieerzeugung ist, eine Umgebung zu schaffen, in der eine anhaltende Fusionsreaktion möglich wird. Die Schwierigkeit rührt von der elektrischen Abstoßung her, der „Coulombbarriere" um den Kern, die die geladenen Teilchen „spüren", wenn sie einander näherkommen. Es ist zwar relativ einfach, diese Reaktion mit Hilfe von Deuteronenstrahlen herbeizuführen, wenn die Deuteronen zuvor auf höhere Energien als die der Coulombbarriere beschleunigt wurden − für die kommerzielle Energiegewinnung im großen Stil ist dies jedoch kein gangbarer Weg. Auf der Suche nach billiger Fusionsenergie verfolgt man statt dessen eine andere „heiße" Spur. Man versucht, die Ausgangskerne zu einem heißen Gas von mehreren hundert Millionen Grad Celsius aufzuheizen; in einem solchen „Plasma" ist die thermische Bewegung so heftig, daß bei den Kollisionen der Kerne ausreichend Energie zur Verfügung steht, um die Fusionsreaktion einzuleiten. Die Erzeugung derart hoher Temperaturen und die Einschließung des heißen Plasmas stellen die Fusionsforscher vor enorme technische Probleme, die wohl erst in Jahrzehnten gelöst werden können. Es mag überraschen, daß solche thermonuklearen Fusionsreaktionen die grundlegenden Prozesse darstellen, aus denen die Sterne ihre Energie beziehen − zumal die Temperaturen in Sternen kinetischen Energien entsprechen, die erheblich niedriger sind als die Coulombbarriere! Tatsächlich kann eine Fusion bei diesen verhältnismäßig niedrigen Temperaturen nur stattfinden, weil die Plasmateilchen durch die Potentialbarriere der Kerne hindurchtunneln können. Leben auf der Erde ist gewissermaßen nur deshalb möglich, weil Quantenteilchen die Fähigkeit besitzen, klassisch verbotene Regionen zu durchdringen.

Bevor wir zur Kernspaltung kommen, wollen wir kurz den radioaktiven Zerfall und die Stabilität von Kernen betrachten. Radioaktivität ist ein Phänomen, bei dem sich ein Kern mit Z Protonen und N Neutronen *spontan* in einen Kern mit anderer Protonen- und Neutronenzahl umwandelt. Viele Kerne sind hingegen stabil, zerfallen also gar nicht. Abbildung 5.13 zeigt eine Übersicht aller bekannten stabilen Kerne (schwarz markiert), zusammen mit den radioaktiven Kernen (innerhalb des weißen umrandeten Gebiets). Wie wir in Kapitel 4 bereits erwähnt haben, emittieren radioaktive Kerne drei Arten von Strahlung, die man historisch bedingt Alpha-, Beta- und Gammastrahlen nennt. Alphateilchen sind Heliumkerne, so daß sich beim Alphazerfall Protonen- und Neutronenzahl des Kerns um jeweils zwei, seine Massenzahl A also um vier vermindern. Im Unterschied dazu wandelt sich beim gewöhnlichen Betazerfall ein Neutron in ein Proton um, wobei ein Elektron emittiert wird; der Wert von A ändert sich hierbei nicht. Es kommt aber auch vor, daß sich umgekehrt ein Proton in ein Neutron umwandelt, wobei ein „Antielektron" oder Positron abgestrahlt wird. In Kapitel 7 werden wir uns noch eingehender mit Antimaterie und

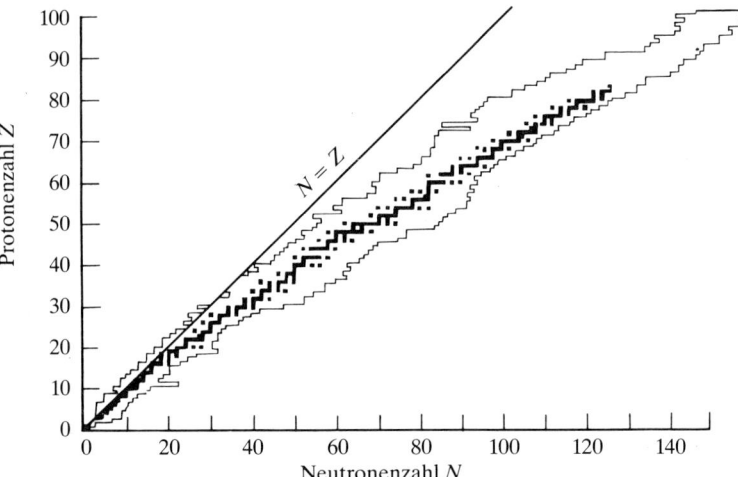

5.13 Eine Übersicht aller beobachteten Kerne. Aufgetragen ist die Anzahl der Protonen im Kern gegen die Anzahl der Neutronen. Stabile Kerne sind durch schwarze Punkte dargestellt, instabile Kerne liegen innerhalb der Umrandung. Schwerere Kerne enthalten weniger Protonen als Neutronen; die elektrische Abstoßung zwischen den positiv geladenen Protonen wird nämlich mit zunehmender Protonenzahl stärker, was den Kern tendenziell destabilisiert.

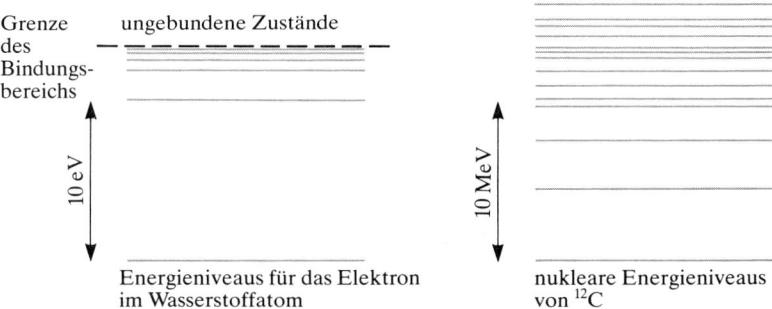

5.14 Ein Vergleich atomarer und nuklearer Energieniveaus am Beispiel Wasserstoff und Kohlenstoff. Die Kernbindungsenergie ist ungefähr eine Million Male größer als die Energie, mit der ein Elektron an den Kern gebunden ist. Wenn Elektronen in der Atomhülle von einem Energieniveau auf ein anderes „springen", entspricht die Energie der dabei abgestrahlten Photonen typischerweise der des sichtbaren Lichts. Bei einem Kernübergang hingegen werden viel energiereichere Photonen (Gammastrahlen) emittiert.

dem Betazerfall beschäftigen. Gammastrahlen schließlich sind nichts weiter als sehr energiereiche Photonen. Sie treten zum Beispiel auf, wenn sich der bei einem Alpha- oder Betazerfall entstehende Kern zunächst in einem angeregten Zustand befindet. Solche angeregten Kernzustände sind vergleichbar mit den Anregungszuständen des Elektrons im Wasserstoffatom — mit dem Unterschied, daß die Energiedifferenzen zwischen den Kernniveaus erheblich größer ausfallen als in der Atomhülle. In Atomen liegen die Niveauabstände zwischen zwei Energieniveaus und die zugehörigen Photonenenergien typischerweise im Bereich einiger Elektronenvolt; die Energiedifferenzen der entsprechenden Kernniveaus — die Energien der Gammaphotonen — betragen dagegen einige Millionen Elektronenvolt.

Man könnte sich fragen, warum einige Kerne stabil sind und andere radioaktiv. Dies im einzelnen zu verstehen, erfordert natürlich eine genaue Kenntnis der Kernkräfte. Einige allgemeine Anhaltspunkte können wir jedoch recht leicht gewinnen, wenn wir von der Tatsache ausgehen, daß die sehr starke Anziehungswirkung der Kernkräfte nur über sehr kurze Entfernungen reicht — in der Regel ist die Reichweite kleiner als der Durchmesser eines schweren Kerns; daher bemerken wir auf der Stufe der Alltagsobjekte auch keine direkten Auswirkungen dieser enorm starken Kraft. Die elektrische Kraft, aufgrund der sich die Protonen abstoßen, ist zwar viel schwächer als die Kernkraft, wirkt aber weit über den Kern hinaus. Die beiden zwischen den Nukleonen wirkenden Kräfte konkurrieren also miteinander: Die kurzreichweitige Kernkraft versucht, die Neutronen und Protonen zusammenzuhalten, während die elektrische Abstoßung zwischen den Protonen bestrebt ist, den Kern auseinanderzubrechen.

Bei den meisten Kernen gewinnt die Kernkraft die Zerreißprobe; aber bei schweren Kernen ist das Gleichgewicht der beiden widerstreitenden Kräfte äußerst labil. Wenn wir mehr und mehr Protonen und Neutronen zusammenpacken und immer größere und schwerere Kerne erzeugen, ist die Reichweite der elektrischen Kraft so groß, daß alle Protonen einander „spüren" und abstoßen. Die Reichweite der Kernkraft jedoch ist so kurz, daß ein Nukleon nur noch von seinen nächsten Nachbarn eine starke Anziehungskraft erfährt. Stabile schwere Kerne mit sehr hohen Massenzahlen enthalten deshalb mehr Neutronen als Protonen. Die überschüssigen Neutronen tragen zur Bindungsenergie bei, nicht aber zur „Coulombabstoßung" – sie wirken stabilisierend. Betrachten wir nun einen instabilen Kern mit großem A, der einen Betazerfall durchmacht oder ein Alphateilchen emittiert. Der entstehende Kern hat in beiden Fällen weniger Protonen als der Ausgangskern und damit eine geringere Coulombabstoßung; er ist in sich stärker gebunden. Darin liegt der Schlüssel zur Stabilität der Kerne.

Aus diesen Überlegungen ergibt sich noch eine andere Möglichkeit, wie ein schwerer Kern zu stabileren Bindungsverhältnissen kommen kann. Einen schweren Kern sollte man sich weniger als zerbrechlichen festen Körper, sondern eher als eine Art „Flüssigkeitstropfen" vorstellen. Dabei steht in einem schweren Kern das Gleichgewicht zwischen Coulombabstoßung und anziehender Kernkraft sozusagen auf der Kippe. Wenn wir einen solchen Kern „stören" – zum Beispiel, indem wir ein zusätzliches Neutron hineinbringen –, kann der „Tropfen" vielleicht in zwei kleinere Teile zerreißen. Ein Blick auf die Bindungsenergiekurve (Abbildung 5.12) zeigt, daß es möglich wäre, auf diese Weise Energie zu gewinnen – dann nämlich, wenn die Bindungsenergie pro Nukleon in den beiden leichteren Kernen *größer* ist als die im schweren Ausgangskern. Eine solche Kernreaktion wurde erstmals Mitte der dreißiger Jahre von der deutschen Chemikerin Ida Noddack in Betracht gezogen, und zwar im Zusammenhang mit Experimenten, die Enrico Fermi und seine Mitarbeiter in Rom durchgeführt hatten. Fermis Team hatte einen Uranklumpen mit Neutronen bombardiert und dabei – so glaubten sie jedenfalls – neue, künstliche Elemente produziert, sogenannte „Transurane" mit mehr Protonen im Kern als das Uran ($Z=92$). Ida Noddack wies darauf hin, daß es sich bei den Zerfallsprodukten auch um zwei große Kernfragmente handeln könne, in die der ursprüngliche Urankern durch den Neutronenbeschuß zerplatzt wäre, ging der Sache aber nicht weiter nach.

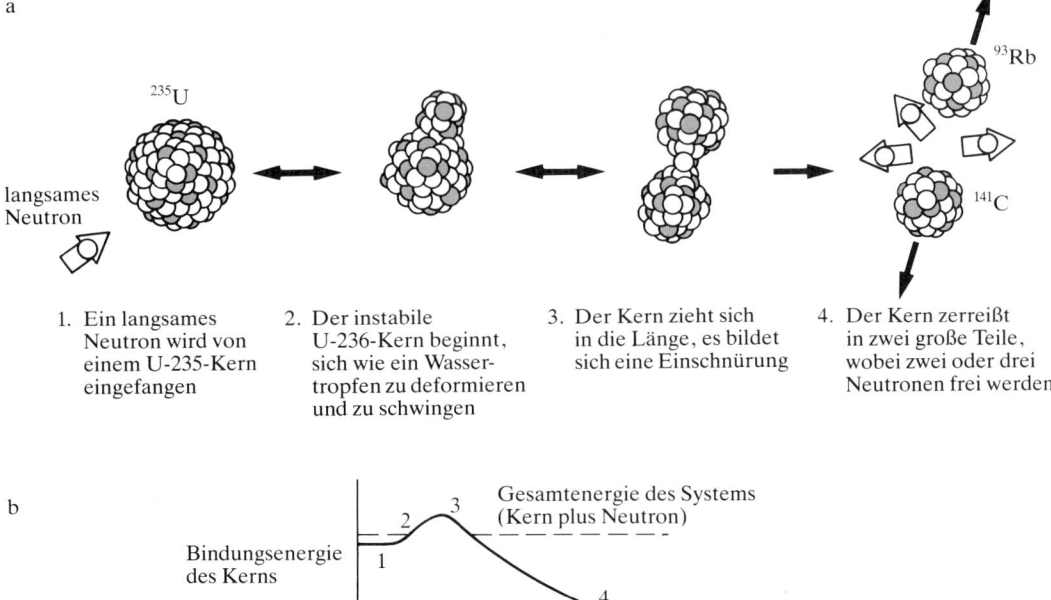

a

^{235}U

langsames
Neutron

^{93}Rb

^{141}C

1. Ein langsames
Neutron wird von
einem U-235-Kern
eingefangen

2. Der instabile
U-236-Kern beginnt,
sich wie ein Wasser-
tropfen zu deformieren
und zu schwingen

3. Der Kern zieht sich
in die Länge, es bildet
sich eine Einschnürung

4. Der Kern zerreißt
in zwei große Teile,
wobei zwei oder drei
Neutronen frei werden

b

Gesamtenergie des Systems
(Kern plus Neutron)

Bindungsenergie
des Kerns

Kerndeformation

5.15 Die Kernspaltung ist hier schematisch im Tröpfchenmodell (a) dargestellt.
Der Zusammenhang mit dem Tunneleffekt wird anhand der Potentialkurve (b)
deutlich. Die Übergänge des Kerns vom Energiezustand 1 bis 4 entsprechen einem Durchtunneln des Potentialwalls.

Wie viele andere Forscher waren in Berlin auch die Physikerin Lise Meitner, der Chemiker Otto Hahn und ihr Assistent Fritz Straßmann begeistert dabei, die vermeintlichen „transuranischen Elemente" zu untersuchen. Aufgrund sorgfältiger chemischer Analy-
sen wurden sie jedoch schließlich – wenn auch widerwillig – zu
der Schlußfolgerung genötigt, daß sie es mit einigen Isotopen von
Barium ($Z=56$) zu tun hatten, die nicht aus dem Zerfall eines
Transurans stammen konnten. Hahn und Straßmann machten die
entscheidenden Experimente Ende 1938, kurz vor dem Ausbruch
des Zweiten Weltkriegs – und wenige Monate nachdem Lise Meitner vor den Judenpogromen der Nazis ins Exil nach Schweden ge-
flohen war. Dort erfuhr sie kurz vor Weihnachten desselben Jahres
durch einen Brief von Hahn, daß dieser nach dem Beschuß von
Urankernen mit Neutronen Barium in den Reaktionsprodukten gefunden hatte. Lise Meitner, die Einstein einmal als die „deutsche
Madame Curie" bezeichnete, war von den Fähigkeiten Hahns als
Chemiker zu überzeugt, als daß sie an einen Fehler bei der Analyse glaubte. Auf einem Spaziergang durch den verschneiten Wald
diskutierte sie die verblüffenden Resultate mit ihrem Neffen, dem

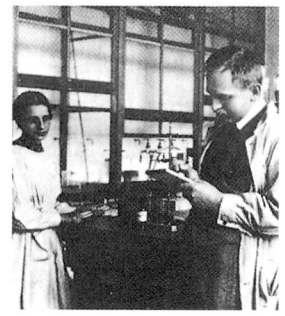

5.16 Lise Meitner und Otto Hahn in ihrem Berliner Labor im Jahre 1920. Nach über 30jähriger Zusammenarbeit mit Hahn mußte sie als Jüdin 1938, nachdem Hitler Österreich besetzt hatte, ihre Berliner Professur aufgeben und aus Deutschland fliehen — zuvor war ihr österreichischer Paß noch ein gewisser Schutz gewesen. Ihre Interpretation der überraschenden experimentellen Ergebnisse von Hahn und Straßmann führte zur Entdeckung der Kernspaltung.

Physiker Otto Robert Frisch, und fand mit ihm schließlich des Rätsels Lösung. Innerhalb von nur zwei Tagen wiederholte Frisch in Kopenhagen die bahnbrechenden Experimente, die ihre Idee tatsächlich bestätigten. In mehreren Ferngesprächen sprachen beide ihre gemeinsame Publikation ab und entschlossen sich auf Anregung von Frisch, das englische Wort *fission* (Spaltung) für den beobachteten Kernprozeß zu verwenden, mit dem die Biologen die Teilung eines Einzellers beschreiben.

Der Vorgang der Kernspaltung läßt sich auch als ein Tunnelprozeß verstehen, ähnlich denjenigen, über die wir in diesem Kapitel bereits gesprochen haben. Die Potentialkurve in Abbildung 5.15b zeigt den Verlauf der Bindungsenergie des Kerns in den verschiedenen Stadien des Spaltungsprozesses. Wir können uns den Prozeß als eine Art Berg- und Talfahrt auf einer Energiekurve vorstellen. Klassisch gesehen würde ein Teilchen aus dem oberen Tal nie über den Potentialberg hinwegkommen können. Quantenmechanisch jedoch ist ein solcher Zustand nicht hundertprozentig stabil: Das System hat die Möglichkeit, den Berg zu durchtunneln und in den niedrigsten Energiezustand — das untere Tal — zu gelangen. Man kann die Kernspaltung also als einen Tunnelprozeß auffassen, bei dem das System aus einem sogenannten „metastabilen" Energiezustand in einen stabilen Zustand übergeht.

Zwei Nachträge zur Entdeckung der Kernspaltung. Der erste betrifft die Transurane, die in Wirklichkeit Anfang 1940 von Ed McMillan mit dem Lawrence-Zyklotron an der Universität von Kalifornien nachgewiesen wurden. Diese ersten Transurane bekamen die Namen Neptunium ($Z=93$) und Plutonium ($Z=94$), da die Planeten Neptun und Pluto jenseits (lateinisch *trans*) von Uranus umlaufen. Beide künstlichen Elemente waren instabil, und eines von beiden, Plutonium, sollte später eine unheilvolle Bedeutung für die Herstellung von Kernwaffen erlangen.

In Kernreaktionen wird durch die Umwandlung von Masse in Energie etwa 100millionenmal mehr Energie frei als in chemischen Reaktionen, wie Meitner und Frisch errechnet hatten. Ein anderer wesentlicher Aspekt der Kernspaltung, der für die zivile wie für die militärische Nutzung dieser enormen Energiequelle entscheidend ist, blieb aber zunächst unentdeckt: die Möglichkeit einer „Kettenreaktion". Bei einem typischen Spaltungsprozeß fallen nämlich außer den beiden großen Kernfragmenten zwei bis drei freie Neutronen an; so werden zum Beispiel bei der Spaltung des Uranisotops ^{235}U in Rubidium und Cäsium zusätzlich zwei Neutronen freigesetzt:

$$^{235}_{92}U + n \rightarrow ^{93}_{37}Rb + ^{141}_{55}Cs + 2n.$$

5.17 Nach der Atombombenexplosion in Nagasaki blieb von einem Wachsoldaten nur ein Schattenriß auf einer Wand zurück, obwohl er 3,5 Kilometer vom Explosionszentrum entfernt war.

5.18 Eine Aufnahme aus dem Jahre 1953 von einem Atombombentest in der Wüste von Nevada. Die Bombe, die von einer 280-Millimeter-Kanone abgefeuert wurde, besaß eine etwas größere Sprengkraft als die Hiroshima-Bombe.

Das von Hahn und Straßmann nachgewiesene Barium stammte aus dem radioaktiven Zerfall des Cäsiums. Jedes dieser zusätzlichen Neutronen kann nun einen weiteren Spaltungsprozeß auslösen, bei dem im Mittel wiederum zwei bis drei Neutronen anfallen; diese induzieren ihrerseits noch mehr Kernspaltungen, so daß eine Lawine von Spaltungsprozessen einsetzt – eine Kettenreaktion. Bei einer kontrollierten Kettenreaktion wie in einem Kernreaktor wird die Anzahl der Neutronen, die Spaltungsprozesse auslösen, reguliert und somit die Reaktionsgeschwindigkeit gedrosselt; bei einer Atombombe hingegen läßt man die Kernenergie explosionsartig frei werden. Glücklicherweise braucht man, um eine Kettenreaktion in Gang zu setzen, eine ganze Menge spaltbares Material – je nach Element mindestens einige Kilogramm –, und ^{235}U, das einzige in der Natur vorkommende Isotop, das sich sowohl für den Reaktorbetrieb als auch zur Bombenherstellung eignet, ist sehr selten. Plutonium jedoch, das über eine Kernreaktion aus dem häufigsten natürlichen Uranisotop ^{238}U gewonnen werden kann, eignet sich ebenfalls für beide Zwecke. Die erste atomare Testbombe war eine Plutoniumbombe – und eine solche Bombe, „Fat Man", wurde am 9. August 1945 über Nagasaki abgeworfen. „Little Boy" hingegen, die drei Tage zuvor Hiroshima in Schutt und Asche legte, war eine Uranbombe.

Für die Produktion des Bombenplutoniums während des Zweiten
Weltkriegs war die Entwicklung eines Reaktors, in dem eine kontrollierte Kettenreaktion aufrechterhalten werden konnte, unerläß-
lich. Der erste, unter der Leitung von Enrico Fermi gebaute Kernreaktor wurde im Dezember 1942 in Chicago in Betrieb genommen; er erzeugte eine Leistung von einem halben Watt. Die Natur
war dem Menschen aber eigentlich zuvorgekommen. Man nimmt
nämlich an, daß vor circa zwei Milliarden Jahren in einem afrika-
nischen Uranvorkommen auf natürliche Weise eine Kettenreaktion
stattgefunden hat, die sich über einige hunderttausend Jahre hinweg aufrechterhielt.

5.19 Enrico Fermi (1901 – 1954) war in seiner Generation der einzige Physiker,
der sowohl auf experimentellem als auch auf theoretischem Gebiet Herausragen-
des leistete. In seinen frühen experimentellen Arbeiten benutzte er die gerade entdeckten Neutronen, um künstliche radioaktive Isotope herzustellen. Nachdem er
1938 den Nobelpreis erhalten hatte, war der Fluchtweg aus dem faschistischen
Italien in die Vereinigten Staaten geebnet. Während des Zweiten Weltkriegs baute
Fermi im Zusammenhang mit dem Atombombenprojekt in den USA den ersten
Kernreaktor. Als 1942 erstmals eine kontrollierte Kettenreaktion erreicht wurde,
die sich selbst aufrechterhielt, gab Arthur Compton diesen Erfolg in einem ver-
schlüsselten Telegramm bekannt: »Der italienische Navigator hat die neue Welt
betreten.«

Datieren mittels Radioaktivität

Beinahe alles um uns herum ist von Natur aus ein wenig radioaktiv: Die Luft, die wir atmen, die Erde in unserem Garten, die meisten Baumaterialien und sogar unser eigener Körper — alle enthalten radioaktive Elemente. Ein Großteil dieser Radioaktivität stammt aus natürlichen Uran- und Thoriumvorkommen. »In der Erdkruste lagern in jedem Quadratkilometer einer einen Meter dicken Schicht durchschnittlich etwa zehn Tonnen Uran und fünfzehn Tonnen Thorium« (zitiert nach Wehr, Richards und Adair, *Physics of the Atom*). Sowohl Uran als auch Thorium stehen am Anfang von komplizierten Zerfallsketten radioaktiver Elemente, die schließlich bei stabilen Bleiisotopen enden. In diesen Zerfallsreihen bilden sich als Zwischenprodukte unter anderem auch radioaktive Gase, die aus verschiedenen Radonisotopen bestehen. Radongase können Lungenkrebs verursachen; es heißt, »daß jeder Bergarbeiter, der länger als zehn Jahre in den Uranminen von Joachimstal in der Tschechoslowakei gearbeitet hatte, an Lungenkrebs starb« (Zitat wie oben). Moderne Bergwerke sind inzwischen allerdings mit Ventilationssystemen ausgerüstet, die gesundheitsschädliche Gase absaugen. Auch aus diesem Grund sollten wir unsere Häuser nicht zu luftdicht isolieren!

Bei einer Materialprobe mit einer großen Anzahl identischer radioaktiver Kerne können wir nicht voraussagen, wann ein bestimmter Kern zerfallen wird. Wir können jedoch die Anzahl der Zerfälle messen, die in einem gewissen Zeitraum in der Probe auftreten, und daraus die Wahrscheinlichkeit berechnen, daß in der nächsten Sekunde ein Kern zerfallen wird. Diese Wahrscheinlichkeit findet man oft als „Halbwertszeit" angegeben — das ist die Zeit, nach der die Hälfte der Kerne einer Probe in andere Elemente zerfallen ist. Die Halbwertszeiten variieren über einen enormen Bereich — von 4,5 Milliarden Jahren für ^{238}U über 1600 Jahre für Radium und 3,8 Tage für Radon bis hin zu Bruchteilen einer Sekunde für Polonium. Hätten sich also vor rund 4,5 Milliarden Jahren Materieklumpen aus reinem Uran (^{238}U) gebildet, bestünden diese heute nur noch etwa zur Hälfte aus Uran — der Rest hätte sich bereits in Blei umgewandelt. Indem man die Mengenverhältnisse verschiedener radioaktiver Isotope bestimmt, die in kleinen Gesteinsproben vorhanden sind, läßt sich daraus mit Hilfe der Halbwertszeit das Alter des Steins abschätzen. Mit dieser Methode hat man zum Beispiel Mondgestein und Meteoriten datiert. Wenn man Gesteinsproben aus vielen Teilen der Erde auf diese Weise untersucht, kommt man auf eine Zahl von etwa vier Milliarden Jahren für das Alter der Erde. Das Uran und Thorium, das bei der Entstehung der Erde zur Verfügung stand, stammte vermutlich aus gigantischen Sternexplosionen, sogenannten „Supernovae".

Es gibt noch eine wichtige natürliche Strahlungsquelle, die kosmische Strahlung aus dem Weltraum. Auf der Erdoberfläche treffen beispielsweise auf Ihrem Fingernagel (etwa ein Quadratzentimeter) in jeder Sekunde rund zehn Milliarden kosmische „Neutrinos" ein: elektrisch neutrale Teilchen, die – wenn überhaupt – eine verschwindend kleine Masse besitzen und glücklicherweise so selten mit Materie wechselwirken, daß sie keine Gefahr für unsere Gesundheit darstellen! Potentiell schon etwas gefährlicher sind die „Müonen" der kosmischen Strahlung – Teilchen, die sich wie schwere Elektronen verhalten –, von denen auf Meereshöhe etwa eines pro Quadratzentimeter und Minute ankommt. Diese Müonen entstehen in der oberen Erdatmosphäre, wenn Teilchen der kosmischen Primärstrahlung (im wesentlichen sehr hochenergetische Protonen) mit Molekülen der Atmosphäre kollidieren. Die meisten primären Strahlungsteilchen werden von der Erdatmosphäre absorbiert und lösen dabei einen Schauer sekundärer Teilchen aus, darunter die Müonen, die – neben den Neutrinos – als einzige die Erdoberfläche erreichen.

Nichtsdestoweniger geht ein gewisser Teil der natürlichen Radioaktivität in allen Lebewesen auf das Konto dieses ständigen Bombardements aus dem Weltraum, und zwar aus folgendem Grund: Alle organischen Substanzen enthalten neben dem gewöhnlichen Kohlenstoff (^{12}C) auch kleine Mengen des radioaktiven Kohlenstoffisotops C-14 (^{14}C). Aufgrund seiner Halbwertszeit von 5730 Jahren würde man eigentlich erwarten, daß dieser schwere Kohlenstoff längst zerfallen ist. In den Kollisionen der kosmischen Strahlungspartikel entsteht jedoch ständig neues ^{14}C, das als Kohlendioxid von den Pflanzen aufgenommen wird und über die Nahrungskette in die anderen Organismen gelangt. Wenn ein Lebewesen stirbt, nimmt es kein ^{14}C mehr auf; von diesem Zeitpunkt an zerfällt der im Körper befindliche radioaktive Kohlenstoff also, ohne ersetzt zu werden. Dies macht man sich bei der „Radiokarbonmethode" zunutze, mit der man archäologische Funde, sofern sie organischen Ursprungs sind, für die letzten etwa 35 000 Jahre der Geschichte datieren kann.

Die C-14-Methode wurde um 1948 von Willard F. Libby entwickelt und löste damals die „erste Radiokarbon-Revolution" aus, da sich viele Funde als erheblich älter herausstellten, als man bis dahin angenommen hatte. Erschwert wird die Datierung mit der C-14-Methode jedoch dadurch, daß der kosmische Teilchenregen über den in Frage kommenden Zeitraum nicht immer gleich stark auf die Erde niederprasselte. Um etwaige Schwankungen des C-14-Gehalts der Atmosphäre zu berücksichtigen, bestimmt man daher heutzutage zusätzlich die zu einer gegebenen Zeit vorhandene Menge an radioaktivem Kohlenstoff, und zwar aus dem

5.20 Die Nebelkammeraufnahme zeigt einen Teilchenschauer, der durch ein Teilchen der kosmischen Strahlung ausgelöst wurde. Das primäre Teilchen kommt von oben ins Bild und erzeugt eine Lawine sekundärer Teilchen, während es in der Kammer eine Reihe von Messingplatten durchquert.

Verhältnis von ^{12}C zu ^{14}C in den entsprechenden Jahresringen der ältesten lebenden Bäume – den Borstenkiefern in den White Mountains in Kalifornien, von denen einige über 4000 Jahre alt sind. Die Kombination dieser beiden Datierungsmethoden löste die „zweite Radiokarbon-Revolution" aus, denn einige Funde waren tatsächlich sogar noch älter als vermutet. Nach dem gleichen Prinzip lassen sich anhand des Zerfalls eines radioaktiven Kaliumisotops in Argon sogar Objekte datieren, die einige Millionen Jahre alt sind.

6. Pauli und die Elemente

*Die Elektronen können nicht einfach alle aufeinanderhocken —
diese Tatsache ist es, die einen Tisch und alles andere zu einem
harten Gegenstand macht.*

Richard Feynman

Elektronenspin und Ausschließungsprinzip

Vor mehr als einem Jahrhundert ersann der russische Chemiker
Dmitri Mendelejew eine Lernhilfe für Studenten, die sich mit an-
organischer Chemie herumplagten. Er hatte bemerkt, daß sich die
Eigenschaften der 63 chemischen Elemente, die damals bekannt
waren, „periodisch" wiederholten, wenn man die Elemente nach
steigendem Atomgewicht anordnete. Anders ausgedrückt: Elemente mit ähnlichen chemischen Eigenschaften besaßen keine dicht
beieinanderliegenden Atomgewichte, sondern traten in regelmäßigen Abständen bei ganz verschiedenen Massen auf. Mendelejew
konnte alle diese damals bekannten Elemente daher in verschiedene Gruppen einteilen; sein Ordnungsschema wurde später als „Periodensystem der Elemente" weltbekannt. Gute Theorien gestatten
nachprüfbare Voraussagen, und Mendelejews System bildete da
keine Ausnahme. Aufgrund der von ihm beobachteten Regelmäßigkeiten vermutete er, daß seine Liste mit Elementen unvollständig
war. Deshalb ließ er in seinem Schema Lücken für Elemente, die
man bis dahin noch nicht entdeckt hatte, und tatsächlich wurden
drei der von Mendelejew vorausgesagten Elemente — Gallium,
Scandium und Germanium — noch zu seinen Lebzeiten gefunden.
Nichtsdestoweniger blieb der regelmäßige Aufbau des Periodensystems mehr als fünfzig Jahre lang rätselhaft, bis schließlich der
österreichische Physiker Wolfgang Pauli sein berühmtes „Ausschließungsprinzip" formulierte. Das „Pauli-Prinzip" ermöglichte
den Physikern nicht nur ein Verständnis der verschiedenen Arten
von Festkörpern — Metallen, Isolatoren und Halbleitern —, es erklärte darüber hinaus ganz ähnliche Regelmäßigkeiten in den Eigenschaften der Atom*kerne*. Diese Periodizitäten zeigen sich in der
ungewöhnlichen Stabilität bestimmter Kerne gegenüber radioaktivem Zerfall; solche Kerne enthalten genau 2, 8, 20, 28, 50, 82
oder 126 Nukleonen — man spricht hier von „magischen Zahlen".
Bevor wir uns nun aber mit der Frage beschäftigen, wie wir den
Aufbau von Mendelejews Periodensystem der Elemente mit Hilfe

6.1 Dmitri Mendelejew (1834
– 1907) war das jüngste von
insgesamt 17 (!) Kindern einer russischen Großfamilie.
Sein Ruhm als Chemiker be-
wahrte ihn vor den im Zaren-
reich üblichen Nachteilen,
mit denen er aufgrund seines
unorthodoxen Verhaltens,
seiner liberalen Ansichten
und seines Einsatzes für die
Studenten ansonsten hätte
rechnen müssen. 1876
konnte er sich sogar von seiner Frau scheiden lassen
und eine junge Kunststuden-
tin heiraten, ohne von der
Obrigkeit behelligt zu werden. Als eine Extravaganz
besonderer Art ließ er sich
nur einmal im Jahr die Haare
schneiden.

ОПЫТЪ СИСТЕМЫ ЭЛЕМЕНТОВЪ,

ОСНОВАННОЙ НА ИХЪ АТОМНОМЪ ВѢСѢ И ХИМИЧЕСКОМЪ СХОДСТВѢ.

```
                              Ti = 50   Zr =  90    ? = 180.
                              V = 51    Nb =  94   Ta = 182.
                              Cr = 52   Mo =  96    W = 186.
                              Mn = 55   Rh = 104,4 Pt = 197,4.
                              Fe = 56   Ru = 104,4 Ir = 198
                         Ni = Co = 59   Pl = 106,6 Os = 199.
        H = 1                 Cu = 63,4 Ag = 108   Hg = 200
            Be =  9,4 Mg = 24 Zn = 65,2 Cd = 112
            B = 11    Al = 27,4 ? = 68  Ur = 116   Au = 197?
            C = 12    Si = 28   ? = 70  Sn = 118
            N = 14    P = 31    As = 75 Sb = 122   Bi = 210?
            O = 16    S = 32    Se = 79,4 Te = 128?
            F = 19    Cl = 35,5 Br = 80  I = 127
        Li = 7 Na = 23         K = 39   Rb = 85,4 Cs = 133   Tl = 204
                              Ca = 40   Sr = 87,6 Ba = 137   Pb = 207.
                               ? = 45   Ce = 92
                             ?Er = 56   La = 94
                             ?Yt = 60   Di = 95
                             ?In = 75,6 Th = 118?
```

6.2 „Experimentalsystem der Elemente" nannte Mendelejew dieses Schema, das er an russische Physiker und Chemiker versandte. Der Hauptunterschied zu unserem modernen „Periodensystem" liegt — abgesehen von der Anordnung der Elemente — darin, daß Mendelejew Edelgase wie beispielsweise Helium und Neon noch nicht kannte.

der Quantenmechanik verstehen können, müssen wir noch eine andere wichtige Entdeckung besprechen, bei der Pauli seine Hand ebenfalls mit im Spiel hatte — diesmal allerdings, ohne einen so glücklichen Griff zu tun!

Aus der Klassischen Physik weiß man, daß sich eine kleine stromdurchflossene Drahtschleife wie ein kleiner Magnet verhält. So versuchte man Anfang dieses Jahrhunderts, die magnetischen Eigenschaften von Elektronen, die sich auf Bohrschen Bahnen bewegen, aus den Gesetzen des Klassischen Elektromagnetismus abzuleiten. Bereits 1896, also lange bevor Niels Bohr sein Atommodell aufstellte, hatte der Holländer Pieter Zeeman beobachtet, daß sich die Spektrallinien von Atomen unter dem Einfluß eines Magnetfelds aufspalten. Zeemans erste Ergebnisse ließen sich zwar noch als Folge der verschiedenen Drehimpulswerte verstehen, die ein Elektron auf einer Bohrschen Bahn annehmen kann. Spätere Experimente brachten aber immer mehr Aufspaltungen an den Tag, die einer anderen Erklärung bedurften. Die Physiker bezeichneten diese rätselhaften Erscheinungen als „anomalen Zeeman-Effekt" —

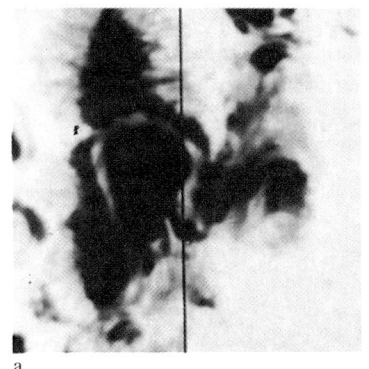
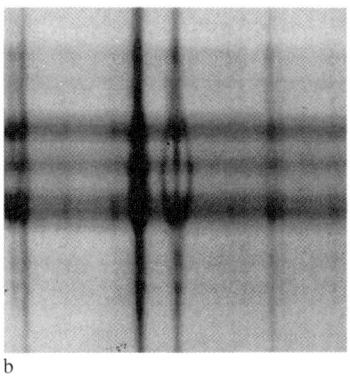

a   b

6.3 Mit dem Zeeman-Effekt lassen sich Magnetfelder auf der Sonne nachweisen. Das Teleskopbild (a) zeigt eine Gruppe von Sonnenflecken. Im zugehörigen Lichtspektrum (b) ist die Zeeman-Aufspaltung der Spektrallinien deutlich zu erkennen.

obwohl, wie sich später herausstellte, dieser Effekt gerade nicht die Ausnahme, sondern die Regel ist. Eine der vielen berühmten Anekdoten um Wolfgang Pauli vermag vielleicht ein wenig zu illustrieren, wie verworren die ganze Sache zur damaligen Zeit war. Ein Freund sah Pauli in Kopenhagen deprimiert auf einer Parkbank sitzen und fragte ihn, was ihn denn so unglücklich mache. Pauli antwortete: »Wie kann man an den anomalen Zeeman-Effekt denken und *nicht* verzagt sein?«

Das Rätsel wurde schließlich von George Uhlenbeck und Sam Goudsmit gelöst. Die beiden holländischen Forscher kamen auf die Idee, daß das Elektron neben dem Drehimpuls, den es aufgrund seiner Bahnbewegung um den Kern besitzt, zusätzlich einen Drehimpuls aus einer Art Kreiselbewegung haben könne – etwa vergleichbar mit der Eigenrotation der Erde um ihre Achse –, den sie „Spin" tauften (nach dem englischen Wort für Drall). 1925, als sie ihren Vorschlag formulierten, war die Quantentheorie immer noch eine unausgegorene Mischung aus Klassischer Physik und Bohrschen Quantisierungsregeln; Schrödinger veröffentlichte seine Wellengleichung erst im darauffolgenden Jahr. Uhlenbeck und Goudsmit legten ihre Arbeit zunächst ihrem Lehrer Paul Ehrenfest vor und baten ihn um eine Stellungnahme. Dieser schlug vor, den Rat von Hendrik Antoon Lorentz, dem großen Experten in Sachen Elektronentheorie, einzuholen. Lorentz ließ sich die Idee eine Woche lang gründlich durch den Kopf gehen und wies die beiden dann höflich auf eine ganze Reihe von ernsten Schwierigkeiten hin, die mit dem klassischen Bild von einem rotierenden Elektron zwangsläufig verbunden seien. Daraufhin waren sich Uhlenbeck und Goudsmit ihrer Sache nicht mehr so sicher, und sie beeilten sich, mit Ehrenfest zu sprechen, um ihre Arbeit doch noch zurückzuziehen. Ehrenfest aber sagte ihnen nur: »Ich habe Ihre Abhandlung bereits vor längerer Zeit abgeschickt. Sie sind beide noch jung genug, um sich ein paar Dummheiten erlauben zu können!« Am Ende stellte sich dann heraus, daß sie die richtige Idee gehabt

6.4 Wolfgang Pauli (1900 – 1958) wurde in Wien als Sohn eines Chemieprofessors geboren. Bereits im Alter von 20 Jahren schrieb er eine klassische Abhandlung über die Allgemeine Relativitätstheorie. Das von Pauli 1925 vorgeschlagene Ausschließungsprinzip machte den Aufbau des Periodensystems der Elemente plausibel und erklärte die Grundzüge ihres chemischen Verhaltens. Für diesen grundlegenden Beitrag zur Quantenmechanik wurde ihm 1945 der Nobelpreis zugesprochen. 1930 postulierte Pauli ferner die Existenz eines neutralen, später „Neutrino" genannten Teilchens, mit dem er das Rätsel des radioaktiven Betazerfalls lösen konnte. Als das Neutrino mehr als 20 Jahre nach Paulis Vorhersage experimentell nachgewiesen wurde, hatte die Mehrzahl der Physiker die Notwendigkeit eines solchen Teilchens schon längst akzeptiert. Die Aufnahme zeigt Pauli und seine Frau auf dem Weg zur Nobelpreis-Feier in Stockholm.

hatten. Die ganzen „anomalen" Erscheinungen beim Zeeman-Effekt ließen sich tatsächlich auf einen zusätzlichen Eigendrehimpuls des Elektrons zurückführen. Allerdings darf man die klassische Vorstellung eines rotierenden Elektrons – ebensowenig wie den Begriff der Bohrschen „Bahnen" – nicht zu wörtlich nehmen, wenn man damit den quantenmechanischen Spin beschreiben will. Uhlenbeck und Goudsmit hatten jedenfalls mehr Glück als ein anderer junger Physiker namens Kronig, der etwa gleichzeitig auf dieselbe Idee kam. Unglücklicherweise fragte Kronig jedoch Pauli nach seiner Meinung, und dieser versicherte ihm, daß eine solche klassische Vorstellung vom Spin nicht richtig sein könne!

Eine Eigenschaft des Elektronenspins müssen wir noch erwähnen, bevor wir zu Paulis Ausschließungsprinzip und dem Periodensystem kommen können. In Kapitel 4 hatten wir bereits besprochen, daß der Betrag des Bahndrehimpulses quantisiert ist und die Rotationsachse nur in bestimmte Raumrichtungen weisen kann. Diese sogenannte „Richtungsquantelung" war 1921 im berühmten Stern-Gerlach-Versuch nachgewiesen worden. Einige Jahre später bestätigte sich in einem ähnlichen Experiment, daß auch der Spin des Elektrons quantisiert ist. Eine Konsequenz daraus ist, daß es nur zwei mögliche Raumrichtungen für den Spin gibt: Das Elektron kann entweder gegen oder mit dem Uhrzeigersinn rotieren – die Physiker sprechen hier von aufwärts- beziehungsweise abwärtsgerichtetem Spin. Mit diesem Wissen konnte Pauli nun darangehen, die Struktur der Atomhülle aufzuklären.

Das eigentliche Problem hierbei hatte Niels Bohr auf den Punkt gebracht: Wenn die Energie der Elektronen in Atomen tatsächlich quantisiert ist, warum ist der niedrigste Energiezustand eines Atoms dann nicht der, bei dem sich *alle* Elektronen im Grundzustand, das heißt auf dem untersten Energieniveau, befinden? Offenbar waren ja nicht alle Elektronen im Grundzustand, denn sonst müßten sämtliche Elemente ein ganz ähnliches chemisches Verhalten zeigen. Wir werden noch sehen, daß es im Gegenteil gerade die Wellenfunktionen der angeregten Zustände sind, die die Atome in die Lage versetzen, sich zu Molekülen zusammenzuschließen. Wären alle Elektronen im kugelsymmetrischen Grundzustand, dann gäbe es keine komplexeren Moleküle und mit Sicherheit auch kein Leben, wie wir es kennen! Paulis Ausschließungsprinzip lieferte die Antwort auf diese fundamentale Frage. Es besagt, daß sich in jedem Quantenzustand nicht mehr als ein Elektron aufhalten darf. Überlegen wir, was dies für ein Elektron in einem Kasten bedeutet – die quantisierten Energieniveaus für dieses System hatten wir ja bereits im vierten Kapitel diskutiert (siehe Abbildung 4.9). Das System mit einem Elektron im Kasten hat die niedrigste Energie, wenn sich das Elektron im Zustand $n = 1$ befindet, wobei sein Spin

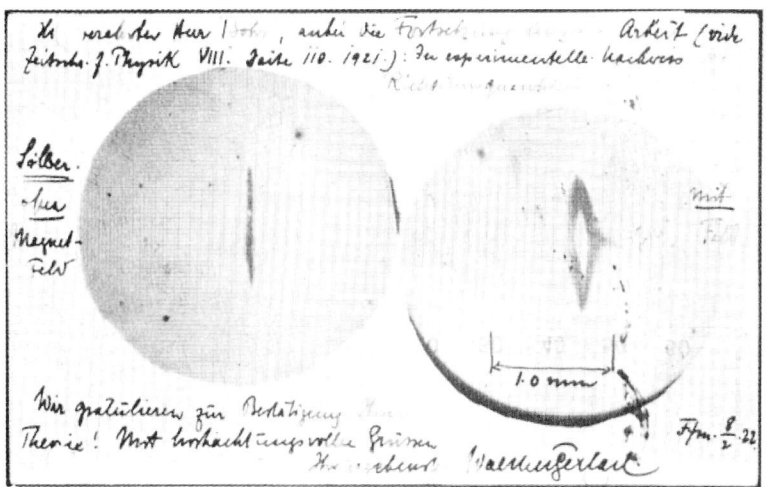

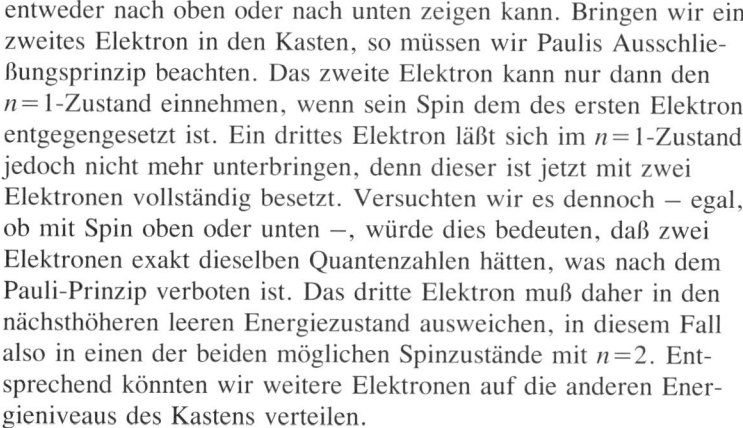

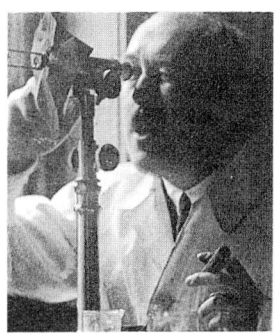

6.5 Otto Stern (1888 – 1969) war einer der bedeutendsten Experimentalphysiker dieses Jahrhunderts. In seinen wichtigsten Arbeiten benutzte er gebündelte Molekülstrahlen, um die Quanteneigenschaften von Atomen nachzuweisen. In einem berühmten Versuch entdeckte er gemeinsam mit Walther Gerlach 1922 die „Richtungsquantelung" – auf der abgebildeten Postkarte teilte Gerlach Niels Bohr diesen »experimentellen Nachweis der Richtungsquantelung« mit. Stern mußte 1933 aus Deutschland fliehen und emigrierte in die USA. 1943 wurde ihm der Nobelpreis verliehen.

entweder nach oben oder nach unten zeigen kann. Bringen wir ein zweites Elektron in den Kasten, so müssen wir Paulis Ausschließungsprinzip beachten. Das zweite Elektron kann nur dann den $n=1$-Zustand einnehmen, wenn sein Spin dem des ersten Elektrons entgegengesetzt ist. Ein drittes Elektron läßt sich im $n=1$-Zustand jedoch nicht mehr unterbringen, denn dieser ist jetzt mit zwei Elektronen vollständig besetzt. Versuchten wir es dennoch – egal, ob mit Spin oben oder unten –, würde dies bedeuten, daß zwei Elektronen exakt dieselben Quantenzahlen hätten, was nach dem Pauli-Prinzip verboten ist. Das dritte Elektron muß daher in den nächsthöheren leeren Energiezustand ausweichen, in diesem Fall also in einen der beiden möglichen Spinzustände mit $n=2$. Entsprechend könnten wir weitere Elektronen auf die anderen Energieniveaus des Kastens verteilen.

Wie Feynman zu Beginn dieses Kapitels formulierte, ist Paulis Ausschließungsprinzip der tiefere Grund für die Festigkeit und Starrheit materieller Dinge. Damit ist im wesentlichen nur gemeint, daß man Materie nicht beliebig komprimieren kann, sondern daß sie immer einen bestimmten, minimalen Raum ausfüllen muß. Alle „materieartigen" Quantenteilchen gehorchen daher dem Ausschließungsprinzip; solche Teilchen heißen „Fermionen", zu Ehren von Enrico Fermi, der als einer der ersten die Konsequenzen aus dem Pauli-Prinzip untersuchte. Es gibt aber noch eine ganze Klasse anderer Teilchen, die man als „strahlungsartig" bezeichnen könnte, Photonen beispielsweise. Für diese Teilchen, die „Bosonen" – benannt nach dem indischen Physiker Satyendra Bose –, gilt das Pauli-Prinzip nicht. Im Gegensatz zu Fermionen ziehen es Bosonen vor, sich, wenn irgend möglich, allesamt im niedrigsten Energiezustand aufzuhalten!

6.6 Bei der Verteilung von Elektronen auf die Energieniveaus eines Kastenpotentials gilt Paulis Ausschließungsprinzip: Ein Elektron im Grundzustand ($n = 1$) kann entweder Spin aufwärts oder Spin abwärts haben (a). Zwei Elektronen können im Grundzustand nur dann untergebracht werden, wenn ihre beiden Spins entgegengesetzt gerichtet sind (b). Ein drittes Elektron muß in den ersten angeregten Zustand gehen, da der Grundzustand mit zwei Elektronen bereits vollständig besetzt ist (c).

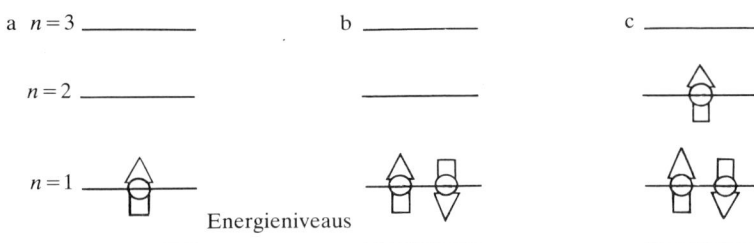

Energieniveaus

Die Elemente

Wir sind jetzt in der Lage, nicht nur die Vielfalt von Elementen in der Natur, sondern auch deren chemische Eigenschaften zu erklären. Um den Aufbau des Periodensystems der Elemente im einzelnen zu verstehen, benötigt man einige Kenntnisse über Wellenfunktionen und Quantenzahlen, die wir im letzten Abschnitt des vierten Kapitels bereits behandelt haben. Auch der nun folgende Abschnitt könnte beim ersten Durchlesen etwas schwer verdaulich sein, und wahrscheinlich ist es wieder am besten, wenn Sie sich nicht zu sehr mit den Details aufhalten; in späteren Teilen des Buchs werden wir nur gelegentlich auf die Ergebnisse dieses Abschnitts zurückgreifen. Im folgenden versuchen wir Ihnen zu vermitteln, wie die Elektronen gemäß Paulis Ausschließungsprinzip die verfügbaren leeren Energieniveaus der Atome auffüllen und so die Vielfalt der chemischen Elemente hervorbringen und wie dasselbe Prinzip die Bildung verschiedener Moleküle erklären kann.

Anhand des Wasserstoffatoms haben wir in Kapitel 4 gesehen, wie sich aus der Schrödingergleichung Bohrs quantisierte Energieniveaus ergeben. Für einen Kern mit Z Protonen benötigen wir entsprechend Z Elektronen, damit das Atom insgesamt elektrisch neutral wird. Nach Pauli werden diese Elektronen dann nicht alle den Grundzustand besetzen, sondern die Energiezustände der Reihe nach auffüllen, beginnend beim niedrigsten mit $n = 1$. In jedem Zustand, der durch die Energiequantenzahl n und die beiden Bahndrehimpuls-Quantenzahlen l und m eindeutig gekennzeichnet ist (vergleiche Farbtafel 8), können maximal zwei Elektronen untergebracht werden — eines mit Spin aufwärts, das andere mit Spin abwärts.

In Wirklichkeit wird das Energieniveau-Schema, das die Reihenfolge der zu besetzenden Zustände bestimmt, bei einem Atom mit vielen Elektronen etwas anders aussehen als beim Wasserstoffatom, und zwar aus dem folgenden Grund. Jedes Elektron in der Atomhülle „spürt" außer der anziehenden Kraft, die vom positiv geladenen Kern ausgeht, auch die abstoßenden Kräfte aller anderen negativ geladenen Elektronen. Eine Folge ist, daß ein Elektron in einem höheren Energiezustand mit großem n – entsprechend einer weitläufigen Bohrschen Bahn – lediglich einen Bruchteil der Kernladung „sieht". Die positive Ladung des Kerns wird von den negativen Ladungen der anderen, sich weiter innen aufhaltenden Elektronen teilweise abgeschirmt. Außerdem liegen die Wahrscheinlichkeitsverteilungen von Elektronen in S-Zuständen (mit $l=0$) gegenüber denen anderer Zustände viel näher am Kern; solche Elektronen „sehen" daher mehr von der Kernladung und sind folglich stärker an den Kern gebunden als irgendein Elektron in einem entsprechenden P- oder D-Zustand (mit $l=1$ beziehungsweise $l=2$). Das Energieniveau-Schema für ein Atom mit vielen Elektronen wird daher im Prinzip so wie in Abbildung 6.7 aussehen. Um das Periodensystem der Elemente zu erklären, müssen wir diese Energieniveaus jetzt nur noch gemäß Paulis Besetzungsplan mit Elektronen auffüllen. Nicht umsonst hatte Pauli den Spitznamen „atomarer Quartiermeister"!

Ein neutrales Wasserstoffatom besitzt lediglich ein Elektron, das man normalerweise im Grundzustand antrifft – dem niedrigsten Energiezustand mit $n=1$ und $l=0$ oder, in der Schreibweise der Chemiker, im 1S-Zustand. In Kollisionen oder durch Einstrahlung von Licht kann das Elektron dazu „angeregt" werden, auf ein höheres Energieniveau zu springen. Nach sehr kurzer Zeit kehrt das Elektron dann wieder in den Grundzustand zurück und emittiert ein Photon, dessen Energie der Wellenlänge einer Spektrallinie entspricht, wie wir das bereits früher diskutiert haben. Überraschend ist vielleicht, daß das Pauli-Prinzip auch für das Wasserstoffatom eine Rolle spielt, und zwar dann, wenn wir ein weiteres Wasserstoffatom in die Nähe des ersten bringen. Befinden sich beide Elektronen im Spin-aufwärts-Zustand, so können die beiden Wasserstoffatome einander nicht derart nahe kommen, daß sich die Wellenfunktionen ihrer Elektronen völlig überlappen – dann wären Elektronen ja im selben Quantenzustand, was Paulis Ausschließungsprinzip verbietet! Sind die beiden Elektronenspins jedoch entgegengesetzt gerichtet, steht einer engen Annäherung nichts im Wege; in diesem Fall überlappen sich die Wellenfunktionen weitgehend, und beide Elektronen sind dann meistens im Bereich zwischen den beiden Wasserstoffkernen anzutreffen. Daraus resultiert eine Bindungskraft zwischen den beiden Wasserstoffatomen, so daß sich ein stabiles Wasserstoffmolekül bilden kann. Diese Art chemischer Bindung, bei der sich die Bindungspartner zwei Elektronen „teilen", nennt man „kovalente" Bindung. Paulis Ausschließungsprinzip erklärt also, warum Wasserstoff (H) chemisch aktiv ist und warum gerade jeweils zwei Wasserstoffatome ein stabiles H_2-Molekül bilden können (Abbildung 6.8). Dasselbe Prinzip verbietet nämlich, daß ein drittes Atom eine kovalente Bindung mit

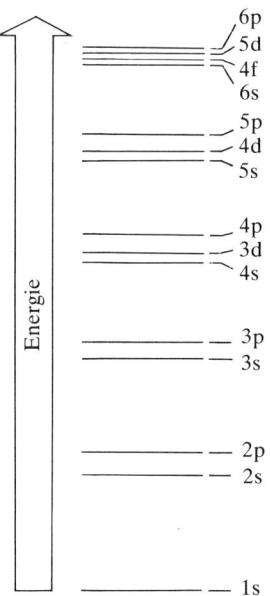

6.7 Die Energieniveaus eines typischen Atoms. Zusammen mit dem Pauli-Prinzip legt die Reihenfolge der Energieniveaus den Aufbau des Periodensystems fest.

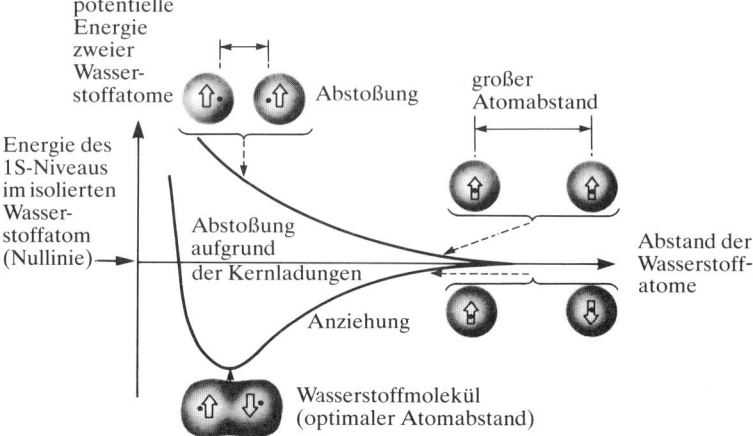

6.8 Die potentielle Energie eines Systems aus zwei Wasserstoffatomen hängt vom Abstand und den Spinorientierungen ab. Die Atome stoßen einander ab, wenn die Spins ihrer beiden Elektronen parallel sind, und sie ziehen einander an, wenn diese in entgegengesetzte Richtungen weisen. Bei Annäherung der beiden Wasserstoffatome spaltet sich der 1S-Zustand daher in zwei Zustände unterschiedlicher Energie auf, wie die beiden Kurven zeigen. Bringt man die Atome nahe genug zusammen, so beginnt sich jedoch die gegenseitige Abstoßung ihrer Kerne (Protonen) bemerkbar zu machen. Im Fall entgegengesetzter Elektronenspins gibt es somit einen energetisch günstigsten Abstand für die Bildung eines Wasserstoffmoleküls.

einem Wasserstoffmolekül eingeht, da im H_2-Molekül der gemeinsame Grundzustand mit zwei möglichen Spineinstellungen bereits vollständig besetzt ist.

Das nach dem Wasserstoff einfachste Element ist Helium: Sein Kern besitzt eine doppelt so große positive Ladung wie der Wasserstoffkern und ist von zwei Elektronen umgeben. Diese können sich beide im niedrigsten Energiezustand (1S) aufhalten, vorausgesetzt ihre Spins sind entgegengesetzt gerichtet. Da der 1S-Zustand keine weiteren Elektronen mehr aufnehmen kann, sorgt das Pauli-Prinzip genau wie beim H_2-Molekül dafür, daß andere Elektronen dem Heliumatom nicht zu nahe kommen. Wir erwarten daher, daß Helium chemisch träge ist — und in der Tat gehört es zur Familie der „Edelgase", die chemisch träge sind. Das nächste Element, Lithium, besitzt drei Elektronen; sein Energieniveau-Schema ist so aufgebaut wie in Abbildung 6.9 dargestellt. Zwei der drei Elektronen können den 1S-Zustand besetzen, der damit komplett aufgefüllt ist und wie beim Helium eine „abgeschlossene Schale" bildet; solche Schalen sind chemisch „inaktiv". Das dritte Elektron muß nun in den nächsthöheren, noch unbesetzten Energiezustand, den 2S-Zustand. Somit hat Lithium ein einzelnes Elektron in einem S-Zustand, was erklärt, warum es ganz ähnliche chemische

Eigenschaften besitzt wie Wasserstoff. Lithium bildet zum Beispiel in derselben Weise Li_2-Moleküle wie Wasserstoff H_2-Moleküle, nämlich über eine kovalente Bindung.

Wenn wir so fortfahren und Elemente mit immer mehr Elektronen betrachten, werden wir nach und nach immer höher liegende Energieniveaus auffüllen. Stickstoff beispielsweise besitzt sieben Elektronen: Zwei komplettieren den 1S-Zustand, der eine abgeschlossene Schale bildet; zwei weitere befinden sich im 2S-Zustand, der damit ebenfalls komplett ist. Bleiben drei Elektronen übrig, die sich auf die 2P-Zustände verteilen. Elektronen in S-Zuständen haben im Unterschied zu Elektronen in P-Zuständen kugelsymmetrische Wahrscheinlichkeitsverteilungen, das heißt, keine Richtung ist bevorzugt. Ferner ist der 2S-Zustand räumlich weiter ausgedehnt als der 1S-Zustand, was sich darin äußert, daß ein Elektron in einem angeregten Zustand weniger stark gebunden ist als im Grundzustand. Wie wir in Kapitel 4 außerdem gesehen haben, gibt es drei P-Zustände. Verwenden wir den Satz von Quantenzuständen, der durch die Quantenzahlen P_x, P_y und P_z gekennzeichnet ist, dann wissen wir, daß deren hantelförmige Wahrscheinlichkeitsverteilungen entlang der x-, y- beziehungsweise z-Achse orientiert sind (vergleiche Abbildung 4.15). Die drei P-Elektronen im Stickstoffatom werden sich nun nicht etwa auf nur zwei P-Zustände verteilen – was ja denkbar wäre, wenn zwei der Elektronen mit entgegengerichtetem Spin denselben P-Zustand besetzten. Statt dessen werden die drei Elektronen versuchen, sich so weit voneinander entfernt wie nur möglich einzuquartieren, um ihre gegenseitige elektrische Abstoßung zu minimieren – sie werden also alle drei P-Zustände einzeln besetzen.

Anhand der Form dieser Wellenfunktionen können wir uns jetzt auch das Zustandekommen komplizierterer Moleküle klarmachen. Schauen wir uns dazu die Abbildung 6.10c an, in der die Geometrie eines Ammoniakmoleküls (NH_3) dargestellt ist, das aus einem Stickstoffatom und drei kovalent gebundenen Wasserstoffatomen besteht. Jedes der drei Wasserstoffatome kann an einen der drei P-Zustände ankoppeln, vorausgesetzt, deren Spins sind dem des jeweiligen P-Elektrons entgegengerichtet. Dabei ist natürlich klar, daß sich höchstens drei Wasserstoffatome an ein Stickstoffatom binden können, denn mit insgesamt sechs gemeinsamen Elektronen ist die P-Schale bereits abgeschlossen. Offensichtlich ist Stickstoff ein chemisch aktives Element, das in ähnlicher Weise viele andere Verbindungen eingehen kann.

Nach Stickstoff finden wir im Periodensystem das Element Sauerstoff, das vier P-Elektronen besitzt. Eines der drei P-„Orbitale“, wie die Chemiker die Elektronenzustände nennen, muß jetzt also

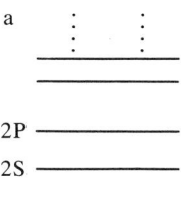
a

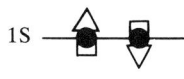
2P
2S

1S

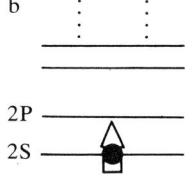
b

2P
2S

1S
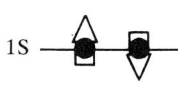

6.9 Die Energieniveaus von Helium (a) und Lithium (b).

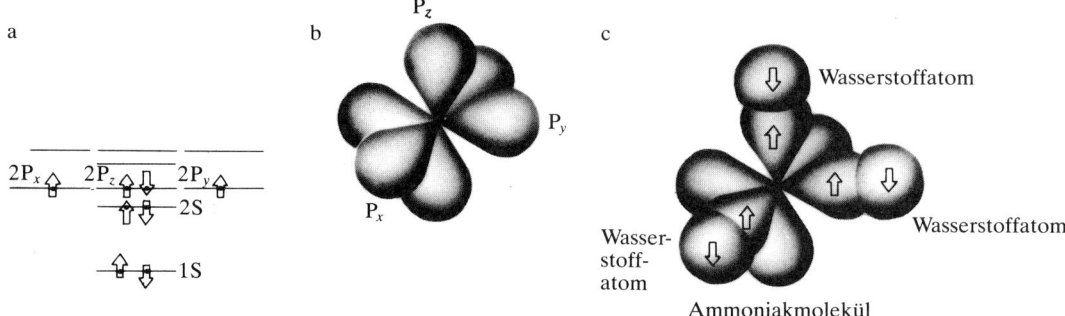

6.10 Die Struktur des Ammoniakmoleküls ist hier anhand der Elektronenorbitale dargestellt. Das Energieniveau-Schema für ein Stickstoffatom im Grundzustand (a) zeigt die Elektronen als schwarze Punkte und die Spinorientierungen als Pfeile. Die Wahrscheinlichkeitsverteilungen der 2P-Zustände des Stickstoffatoms sind in (b) räumlich dargestellt, wobei die „Hanteln" der P_x-, P_y- und P_z-Zustände aufeinander senkrecht stehen. Die Wahrscheinlichkeitsverteilungen und Spins der Elektronen im Ammoniakmolekül (NH_3) sind in (c) wiedergegeben.

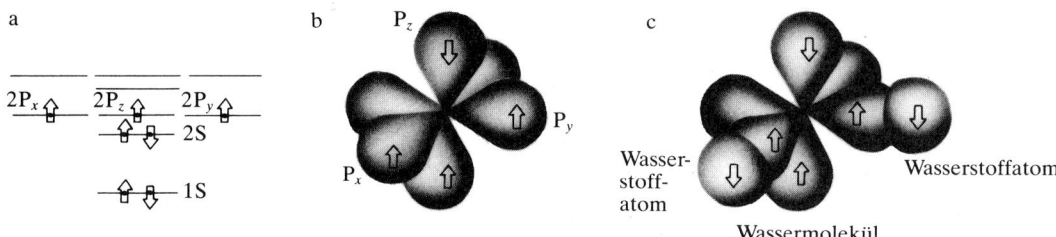

6.11 Das Wassermolekül weist Parallelen zum Ammoniakmolekül auf. Gezeigt sind das Energieniveau-Schema für ein Sauerstoffatom im Grundzustand (a), die Wahrscheinlichkeitsverteilungen und Elektronenspins der 2P-Zustände des Sauerstoffatoms (b) und die entsprechenden Wahrscheinlichkeitsverteilungen und Spins im Wassermolekül (H_2O) (c).

vollständig besetzt sein, und als Folge davon kann das Sauerstoffatom nur maximal zwei Wasserstoffatome binden. Abbildung 6.11c zeigt die Struktur eines solchen Wassermoleküls (H_2O).

Wir überspringen nun das nächste Element im Periodensystem und kommen gleich zu Neon mit zehn Elektronen, die sich nach Pauli so auf die Energieniveaus verteilen, daß die 1S-, 2S- und 2P-Schalen abgeschlossen sind. Wir verstehen daher, warum Neon — wie Helium — chemisch inaktiv ist und warum sich diese spezifische Eigenschaft der Edelgase mit steigendem Atomgewicht wiederholt. Aus dem Energieniveau-Schema in Abbildung 6.7 können wir ersehen, daß das nächste chemisch inaktive Element auftreten müßte, wenn der 3S- und der 3P-Zustand beide vollständig besetzt sind. Da in einer S-Schale höchstens zwei Elektronen Platz finden und in einer P-Schale maximal sechs, landen wir bei einem Element mit der Ordnungszahl Z = 18 – beim Edelgas Argon. Auf diese Weise läßt sich das gesamte Periodensystem der Elemente ableiten, wobei sich herausstellt, daß Elemente immer dann ähnliche chemische Eigenschaften aufweisen, wenn sie die gleiche Anzahl von „äußeren" Elektronen in ihren nicht abgeschlossenen Schalen haben. Lithium verbindet sich daher mit Sauerstoff auf genau dieselbe Weise zu „Lithiumoxid" (Li_2O) wie Wasserstoff mit Sauerstoff zu Wasser.

Metalle, Isolatoren und Halbleiter

Einer der großen Erfolge der Quantenphysik besteht darin, daß man mit ihrer Hilfe das elektrische Verhalten der verschiedenen Arten von Festkörpern verstehen gelernt hat. Ein elektrischer Strom in einem Festkörper ist nichts anderes als ein Fluß von Elektronen. Die unterschiedliche Beweglichkeit der Elektronen, die den Ausschlag dafür gibt, ob ein Material ein Metall, Isolator oder Halbleiter ist, läßt sich mit der Quantenmechanik erklären. Man kann tatsächlich ohne Übertreibung sagen, daß die Quanten-

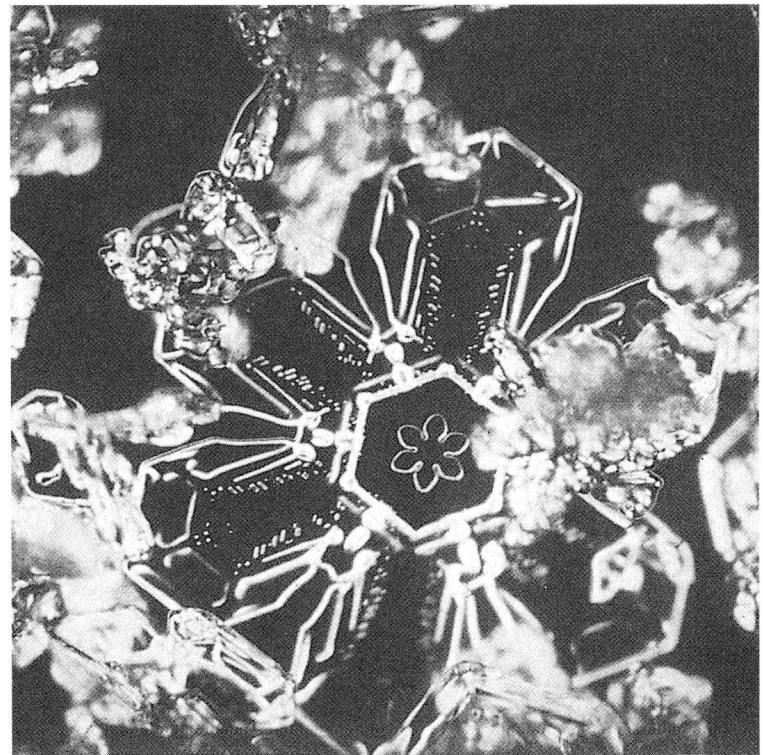

6.12 Die hexagonale Symmetrie dieser Schneeflocke spiegelt die Bindungsstruktur der Wassermoleküle wider, die den Eiskristall bilden.

mechanik der Festkörper direkt zu einer technologischen Revolution geführt hat, die eine Flut neuer und preiswerter elektronischer Geräte wie Transistorradios, Stereoanlagen, Farbfernseher und Computer mit sich brachte.

Es gibt viele Eigenschaften von Festkörpern, die man vom Standpunkt der Quantentheorie aus verstehen kann – Farbe, Härte, Gestalt und so weiter –, doch wollen wir uns hier auf die elektrische Leitfähigkeit beschränken. Ein guter Leiter wie beispielsweise Kupfer muß viele „Leitungselektronen" haben, die relativ frei beweglich sind und daher einen elektrischen Strom transportieren können, wenn man eine elektrische Spannung an den Kupferdraht anlegt. Ein Isolator wie Glas oder Polyethylen hingegen besitzt offenbar überhaupt keine Leitungselektronen, da bei angelegter Spannung in ihm praktisch kein Strom fließt. Zu einer dritten Kategorie von Materialien rechnet man schließlich Festkörper, die elektrische Ströme zwar viel besser leiten als Isolatoren, aber lange nicht an die Leitfähigkeit der Metalle herankommen. Diese Materialien nennt man deswegen „Halbleiter". Beispiele dafür sind Germanium und Silicium, deren große Bedeutung für die Elektronik Ihnen bekannt sein dürfte; die Gegend um San Jose in Kalifornien, ein Ballungszentrum der Halbleiterindustrie, wurde sogar in „Silicon Valley" umbenannt.

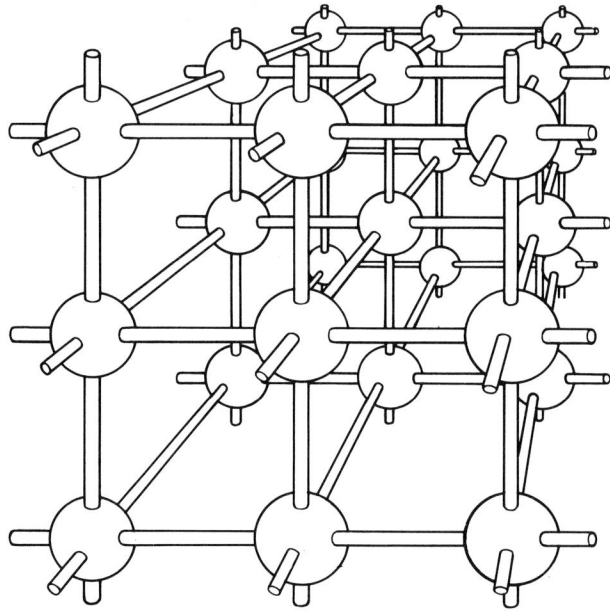

6.13 Anordnung der Atome in einem kubischen Kristallgitter. Die Kugeln repräsentieren die Orte der Atome, und die sie verbindenden Röhren symbolisieren die Richtungen der Bindungskräfte, die die Atome an ihrem jeweiligen Ort halten.

6.14 Gewöhnliches Kochsalz in 50facher Vergrößerung unter einem Elektronen-mikroskop. Die deutlich erkennbaren Würfelformen weisen auf die zugrundeliegende Gitterstruktur.

Die Eigenschaften eines Festkörpers hängen nicht nur davon ab, woraus er besteht, sondern auch davon, wie die Atome und Moleküle geometrisch angeordnet sind. Bei vielen Materialien, insbesondere Kristallen, entspricht der atomare Aufbau einem regelmäßigen, dreidimensionalen Gitter, dem „Kristallgitter", und Substanzen mit einer solchen Gitterstruktur bezeichnet man als „kristalline Festkörper". Andere Substanzen wie etwa Glas haben dagegen keine kristalline Struktur, besitzen allerdings dennoch eine gewisse Stabilität und Härte. Solche „amorphen" Festkörper zeigen eine weitaus größere Vielfalt an Eigenschaften als die regelmäßig aufgebauten kristallinen Festkörper, mit denen wir uns in diesem Abschnitt beschäftigen wollen. Wie wir gleich sehen werden, wirkt sich die regelmäßige Anordnung aller Atome in einem Kristallgitter geradezu dramatisch auf die Energieniveaus der atomaren Elektronen aus.

Eine Vorstellung von der Energieniveau-Struktur eines Atomgitters können wir uns verschaffen, indem wir zunächst die Energiezustände zweier Atome betrachten, die wir einander annähern. Am Beispiel Wasserstoff sahen wir, daß sich wegen Paulis Ausschließungsprinzip zwei Atome nur dann zu einem Molekül verbinden, wenn die Spins ihrer beiden Elektronen entgegengesetzt gerichtet sind. Sind die Spins hingegen parallel, verbietet das Pauli-Prinzip eine zu große Annäherung. Was dies für die Energieniveaus des Gesamtsystems aus zwei Wasserstoffatomen bedeutet, können wir uns anhand von Abbildung 6.8 klarmachen: Im Fall entgegengesetzter Spins besitzen die beiden Elektronen in einem bestimmten Abstandsbereich eine geringere Energie als in den isolierten Atomen — was auf die Bildung eines Wasserstoffmoleküls durch kovalente Bindung hinausläuft —, im Fall paralleler Spins jedoch besitzen sie bei kleiner werdendem Atomabstand stets eine größere Energie, so daß keine Bindung zustandekommt. Durch die Kopplung der Elektronenspins werden also aus zwei energetisch gleichen Niveaus in den beiden isolierten Atomen zwei energetisch verschiedene Zustände eines gebundenen Moleküls.

Ähnliches passiert mit dem 3S-Niveau des Natriums — auf dem sich ebenfalls ein einzelnes äußeres Elektron befindet —, wenn wir zwei Natriumatome zusammenbringen. Nehmen wir immer mehr Natriumatome hinzu, so werden sich die energetisch gleichen 3S-Niveaus immer weiter auffächern, bis man schließlich ein ganzes „Band" sehr eng benachbarter Energiezustände erhält. Dieses Energieband nennt man „3S-Band", da alle seine Energieniveaus aus dem 3S-Zustand der Natriumatome hervorgegangen sind.

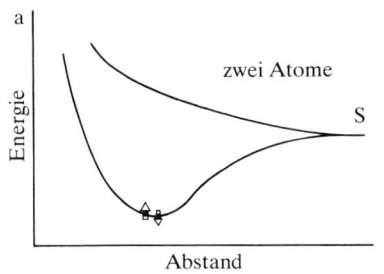

Aufspaltung des S-Niveaus bei
Annäherung von zwei Atomen

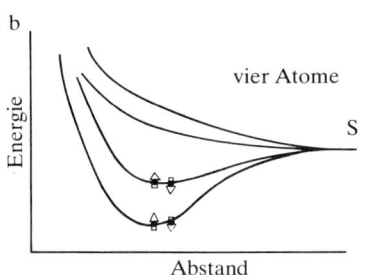

Aufspaltung des S-Niveaus bei
Annäherung von vier Atomen

halbvolles Leitungsband
in einem Metall

6.15 Niveauaufspaltung für ein Element wie Natrium mit einem einzelnen S-Elektron in seiner äußeren Energieschale. Wenn zwei Atome einander näherkommen, spaltet sich der äußere S-Zustand in zwei energetisch verschiedene Zustände auf (a). Bei Annäherung von vier Atomen entstehen aus dem vierfach vorhandenen S-Zustand entsprechend vier verschiedene Energiezustände (b). In einer Ansammlung vieler Metallatome bildet sich wegen der Aufspaltung der S-Niveaus ein halbgefülltes „Leitungsband" (c).

Das 3S-Band besteht bei N gekoppelten Atomen aus N Niveaus, von denen jedes maximal zwei Elektronen aufnehmen kann — eines mit Spin aufwärts, das andere mit Spin abwärts. Die energetisch tieferliegenden Zustände entsprechen stärker gebundenen Elektronen, deren Wellenfunktionen weniger ausgedehnt sind und sich nicht so weit überlappen wie die der 3S-Elektronen; die daraus resultierenden Energiebänder sind daher viel schmaler. 1S- und 2S-Band von N beteiligten Atomen bieten jeweils Platz für $2N$ Elektronen, das 2P-Band für $6N$ Elektronen (drei verschiedene P-Zustände mal zwei mögliche Spinzustände für jedes der N Atome); diese drei Bänder sind beim Natrium vollständig besetzt. Im 3S-Zustand des Natriumatoms befindet sich jedoch bloß ein Elektron, so daß das 3S-Band in einem Natriumkristall aus N Atomen N Elektronen enthält und damit nur halbgefüllt ist. Diese 3S-Elektronen sind die „Leitungselektronen": Legen wir eine elektrische Spannung an einen Natriummetalldraht an, so können diese Elektronen Energie aus dem elektrischen Feld aufnehmen und in Richtung auf den positiven Spannungspol beschleunigt werden — quantenmechanisch bedeutet dies, daß sie auf leere höherliegende Energieniveaus des 3S-Bands springen.

Die Vorstellung solcher Energieniveaus für Leitungselektronen in einem Metall erinnert an das einfache Modell der „Elektronen in einem Kasten", das wir in Kapitel 4 besprochen haben und mit dem sich tatsächlich bereits viele Festkörpereigenschaften erklären lassen. Außerdem haben wir früher gesehen, daß in der kovalenten Bindung eines Wasserstoffmoleküls sich die zwei Wasserstoffatome ihre beiden Elektronen sozusagen teilen. Ganz analog dazu können wir sagen, daß sich die Metallatome ihre Leitungselektronen teilen, denn die Leitungselektronen bewegen sich zwischen *allen* Gitteratomen relativ frei hin und her, die dadurch genaugenommen zu „Ionen" — positiv geladenen Atomrümpfen — werden. In diesem Sinne kann man Metalle als einen Extremfall kovalenter Bindung auffassen.

Die Situation, die wir gerade beschrieben haben, entspricht dem niedrigsten Energiezustand eines Natriummetalls. Bereits bei Raumtemperatur besitzen die Gitterionen jedoch eine gewisse „thermische" Energie, die in den Schwingungen der Ionen um ihre Gleichgewichtslage zum Ausdruck kommt. Die Leitungselektronen können daher bei Kollisionen mit Gitterionen wie auch untereinander Energie austauschen und in die obere Hälfte des 3S-Bands gelangen. Eine Konsequenz daraus ist, daß diese „thermisch angeregten" Elektronen leere Plätze in der unteren Bandhälfte zurücklassen. Einige Elektronen können sogar aus dem 3S-Band in das darüberliegende, zunächst leere 3P-Band angehoben werden, da der Abstand zwischen den Energiebändern in einem Natriummetall relativ klein ist; der Energiebetrag, der in einer typischen Kollision bei Raumtemperatur übertragen wird und nur den Bruchteil eines Elektronenvolts ausmacht, reicht dafür gelegentlich aus.

Durch die thermische Anregung der Elektronen wird unser Bild von Leitungselektronen in Metallen zwar etwas komplizierter, bleibt aber in seinen Grundzügen unverändert. Allerdings erweist sich diese Komplikation als entscheidend für das Verständnis von Isolatoren und Halbleitern. Überlegen wir uns als erstes, wie dieses einfache Energieband-Modell zusammen mit dem Pauli-Prinzip das elektrische Verhalten von Isolatoren plausibel macht. Wir betrachten dazu ein Material, dessen Grundzustand aus einem vollständig besetzten Energieband besteht; das darüberliegende Band soll dagegen völlig leer sein. Wenn die Energielücke zwischen diesen beiden Bändern sehr groß ist, werden nur wenige Elektronen in ihren Kollisionen genügend Energie gewinnen, um in das leere Band hinaufspringen zu können. Innerhalb des unteren Bands kann ein Elektron aufgrund des Pauli-Prinzips seinen Platz nicht wechseln, da alle Zustände schon belegt sind — die Elektronen sitzen sozusagen fest! Legen wir nun eine elektrische Spannung an

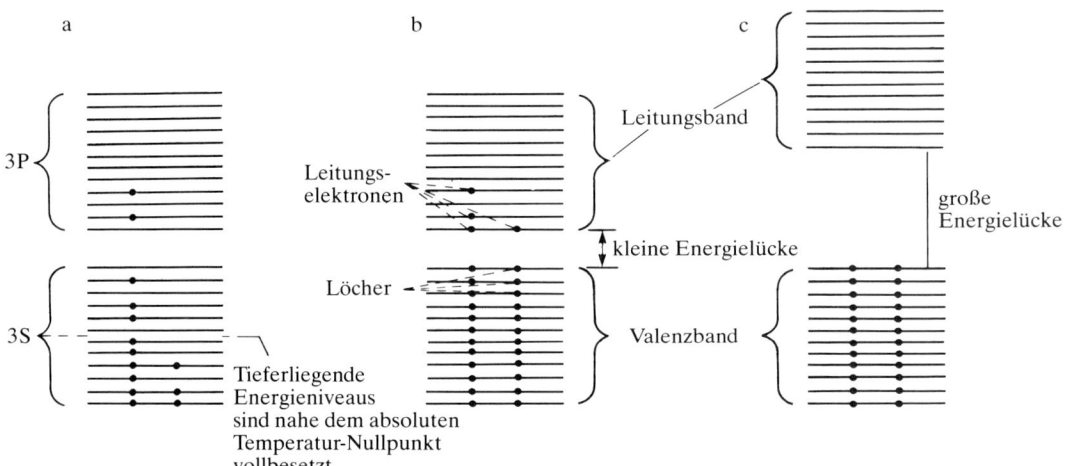

6.16 Energiebänder bei Metallen, Halbleitern und Isolatoren. In einem typischen Metall wie zum Beispiel Natrium gibt es viele unbesetzte Energiezustände, in die die Elektronen hineinspringen können (a). Bei Raumtemperatur befinden sich nur wenige der Elektronen im nahezu leeren 3P-Band. In einem Halbleiter (b) ist das Valenzband vollständig besetzt und die Energielücke zum darüberliegenden leeren Leitungsband relativ klein. Eine beachtliche Anzahl von Elektronen besitzt daher bereits bei Raumtemperatur genügend Energie, um diese Lücke zu überspringen. In einem Isolator (c) ist die Energielücke zwischen den beiden Bändern zu groß, um von einer merklichen Anzahl Elektronen übersprungen werden zu können. Aus diesem Grund leitet ein Isolator den elektrischen Strom sehr schlecht oder gar nicht.

das Material an, kann daher kein nennenswerter Ladungstransport stattfinden. In einer solchen Situation — wenn das untere Band aufgefüllt und der Energiesprung in das höhere, leere „Leitungsband" zu groß ist — hat man es also mit einem Isolator zu tun: In ihm gibt es praktisch keine frei beweglichen Leitungselektronen.

Wie verhält es sich aber nun bei einem Halbleiter? Die Energiebänder liegen hier ähnlich wie bei einem Isolator, aber die Energielücken zwischen den Bändern sind bei einem Halbleiter wesentlich kleiner. Bei Raumtemperatur befindet sich daher bereits eine beachtliche Anzahl von Elektronen im Leitungsband. Legen wir nun eine elektrische Spannung an, so finden diese Elektronen genügend leere Zustände, in die sie unter Aufnahme von Energie hineinspringen können. Im unteren Band gibt es somit leere Zustände, sogenannte „Löcher", die von den angeregten Elektronen zurückgelassen wurden und ebenfalls zum elektrischen Strom beitragen; doch darüber mehr im nächsten Abschnitt. Halbleiter besitzen also eine einigermaßen gute elektrische Leitfähigkeit, die allerdings, im Unterschied zu Metallen und Isolatoren, empfindlich von der Temperatur abhängt.

In unserem Bild von Energiebändern in Festkörpern spielen die Energieniveaus der einzelnen Atome offenbar eine grundlegende Rolle. So würde man erwarten, daß Metallatome eine ungerade Anzahl von Elektronen besitzen, während Isolatoren und Halbleiter aus Atomen mit geschlossenen Elektronenschalen bestehen sollten. Tatsächlich ist aber beispielsweise Magnesium trotz seiner vollständig besetzten 3S-Schale ein guter Leiter; Kohlenstoff dagegen, der nur zwei äußere Elektronen in seiner 2P-Schale hat, ist ein Isolator. Diese scheinbaren Ungereimtheiten klären sich auf, wenn wir uns genauer anschauen, wie bestimmte Energiebänder sich überlappen, so daß zwischen ihnen gar keine Lücke besteht. Beim Magnesium überlappen sich das 3S- und das 3P-Band, wodurch ein zusammenhängendes Band entsteht, das maximal $2N$ plus $6N$, also $8N$ Elektronen aufnehmen kann. Da nur $2N$ dieser Zustände besetzt sind, ist Magnesium ein guter Leiter. Bringt man andererseits N Kohlenstoffatome zusammen, überlappen sich die 2S- und 2P-Bänder und bilden ein Band mit $8N$ Zuständen, wie beim Magnesium. Kommen die Kohlenstoffatome einander jedoch nahe genug, spaltet sich dieses kombinierte Band in zwei Bänder mit je $4N$ Zuständen auf. Beim Kohlenstoff ist das untere Band dann vollständig besetzt, das obere hingegen völlig leer — das charakteristische Merkmal eines Isolators. Ganz ähnlich verhalten sich die Energieniveaus von Germanium- und Siliciumkristallen; hier sind die beiden entsprechenden Bänder jedoch durch viel kleinere Energielücken voneinander getrennt, so daß beide Elemente zu den Halbleitern und nicht zu den Isolatoren gehören.

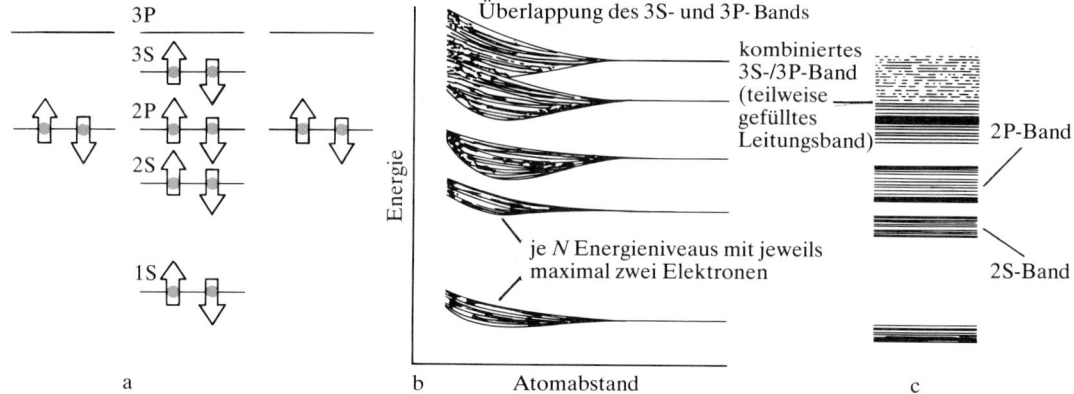

6.17 Die Energieniveaus und -bänder bei Magnesium. Isolierte Magnesiumatome (a) haben getrennte Energieniveaus, aber bei einem System aus N Atomen kommt es für geringe atomare Abstände zu einer starken Aufspaltung und Überlappung der Energieniveaus (b). Auf diese Weise entsteht eine Bandstruktur (c).

Die Theorie der Bandstruktur von Kristallen stammt von dem Schweizer Physiker Felix Bloch. Bloch löste die Schrödingergleichung für Elektronen in einem Potential regelmäßig angeordneter Gitterionen. Dies führt zu den oben beschriebenen Energiebandstrukturen und bildet die mathematische Grundlage für das quantenmechanische „Bändermodell" der Festkörper.

Transistoren und Mikroelektronik

Chemisch reine Halbleiter haben für sich genommen keine große praktische Bedeutung; denn von einer Milliarde Halbleiteratomen trägt gerade eines ein Elektron zum Stromfluß bei – in Metallen dagegen stellt nahezu jedes Atom ein oder sogar mehrere Elektronen zur Verfügung. Diese geringe „Eigenleitung" von Halbleitermaterialien ist aber andererseits von großem Vorteil, da man ihre Leitfähigkeit künstlich beeinflussen kann, indem man das Material gezielt mit einer geringen Anzahl von Fremdatomen – etwa im Verhältnis eins zu einer Million – „verunreinigt". Sowohl Germanium als auch Silicium besitzen vier äußere „Valenzelektronen", die bei Raumtemperatur fast alle $4N$ Zustände des „Valenzbands" auffüllen, das direkt unter dem nahezu leeren Leitungsband liegt. Wenn wir jetzt ein Fremdatom mit fünf Valenzelektronen in den Halbleiterkristall einschleusen – zum Beispiel Phosphor –, dann bleibt ein Elektron übrig, da ja für die kovalente Bindung des Kristalls von jedem Atom nur vier Elektronen benötigt werden; dieses überzählige Elektron kann durch eine angelegte Spannung leicht abgezogen werden und so zum Stromfluß beitragen.

Entsprechend können wir den Halbleiterkristall auch durch Atome mit nur drei Valenzelektronen, wie beispielsweise Bor, verunreinigen; in diesem Fall bleibt im Kristallgitter eine kovalente Bindung unvollständig. Diese „Fehlstelle" im Kristall neigt dazu, sich ein Elektron aus dem Valenzband als Bindungspartner einzufangen. Dadurch wird ein Zustand im Valenzband frei, ein „Loch" entsteht, was zur Leitfähigkeit des Materials ebenfalls beiträgt.

Die beiden Möglichkeiten sind in dem Energieniveau-Schema in Abbildung 6.18 dargestellt. Phosphoratome erzeugen mit ihrem überzähligen Elektron zusätzliche „Donator"- oder Spenderniveaus knapp unterhalb des Leitungsbands; den darin befindlichen Elektronen reicht bereits ein relativ kleiner Energiebetrag, um in das Leitungsband zu gelangen. Halbleiter, die mit solchen Fremdatomen „dotiert" wurden, nennt man „n-Leiter" – der Extrabeitrag zum Stromfluß kommt bei diesem Leitungstyp von den *negativ* geladenen Elektronen aus den Donatorniveaus. Zum sogenannten

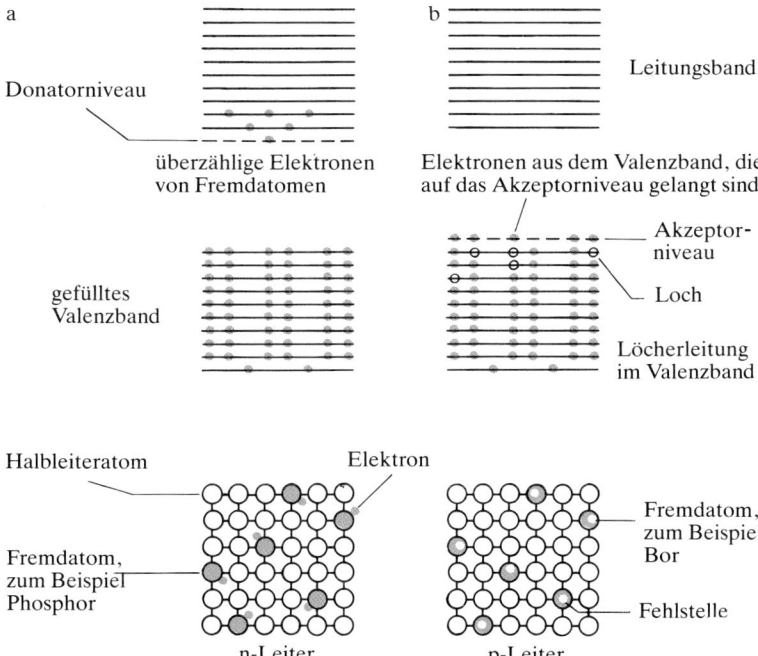

6.18 Halbleiter können mit Fremdatomen auf zwei Weisen dotiert werden: In einem n-Leiter besitzt jedes Fremdatom ein überzähliges Elektron (a); das resultierende Energieniveau-Schema ist über dem angedeuteten Kristallgitter dargestellt. Durch Dotieren mit Fremdatomen, denen jeweils ein Elektron fehlt, entstehen p-Leiter (b); an den Gitterplätzen mit diesen Fremdatomen hat der Kristall eine „Fehlstelle", die einem „Loch" im Valenzband entspricht. Das Energieniveau-Schema für diesen Leitungstyp ist rechts oben abgebildet.

„p-Typ" gehören indes Halbleiter, die mit Atomen wie Bor dotiert wurden — denen also ein Valenzelektron fehlt. Die Boratome erzeugen zusätzliche „Akzeptorniveaus", die knapp oberhalb des nahezu vollständig besetzten Valenzbands liegen und von den Valenzelektronen bereits bei Raumtemperatur erreicht werden können. Auf diese Weise entstehen Löcher im Valenzband, in die andere Valenzelektronen hineinspringen. Der Beitrag des Valenzbands zur Leitfähigkeit hängt direkt mit der Anzahl der Löcher zusammen; deshalb spricht man — anstatt von einem Fluß negativer Elektronen — von „positiven Löchern", die sich in Gegenrichtung bewegen. Für die Ladungsbilanz läuft es auf dasselbe hinaus, ob sich eine negative Ladung von rechts nach links bewegt oder eine positive Ladung von links nach rechts. In einem p-Leiter kommt der vermehrte Stromfluß also aufgrund der *positiven* „Löcherleitung" im Valenzband zustande.

Ihre immense praktische Bedeutung erlangen dotierte Halbleitermaterialien dadurch, daß man p- und n-Leiter miteinander verbinden und auf diese Weise einen „elektronischen Schalter" herstellen kann, mit dem sich der Stromfluß steuern läßt. Das einfachste Halbleiter-Bauelement dieser Art ist ein pn-Übergang, eine „Diode", die den Strom nur in einer Richtung durchläßt und es daher ermöglicht, aus einer Wechselspannung eine Gleichspannung zu machen. Diejenige Erfindung aber, die unser Alltagsleben am unmittelbarsten beeinflußt hat, ist der Transistor, der Ende der vierziger Jahre von John Bardeen, Walter Brattain und William Shockley in den Bell-Laboratorien in den Vereinigten Staaten entwickelt wurde. Der Transistor war das Ergebnis eines umfangreichen Forschungsprogramms. Wie Bardeen in seinem Nobelpreis-Vortrag erläuterte, »war es das übergeordnete Ziel des Programms, Halbleiterphänomene so vollständig wie nur möglich verstehen zu lernen, und zwar nicht von der empirischen Seite her, sondern auf der Grundlage der Atomtheorie!« Eine Nachbildung des ersten sogenannten „Spitzentransistors" aus dem Jahre 1947 ist auf Farbtafel 12 (a) zu sehen; bald darauf (1951) folgte der nicht gerade glanzvoll aussehende, dafür aber zuverlässigere „pnp-Flächentransistor" (Farbtafel 12b), der aus zwei p-leitenden Schichten besteht, zwischen die eine dünnere n-leitende Schicht eingeschoben wird. Mit Hilfe äußerer elektrischer Spannungen wird einer der beiden pn-Übergänge, der „Emitter-Basis-Übergang", in Durchlaßrichtung gepolt, der andere, der sogenannte „Basis-Kollektor-Übergang", dagegen in Sperrichtung. Der Widerstand, den ein großer, durch den Transistor fließender Strom erfährt, läßt sich dann über einen vergleichsweise kleinen Basisstrom steuern. Das Wort „Transistor" leitet sich übrigens von den beiden englischen Wörtern „*trans*ferre*sistor*" ab, die sich auf die Wirkungsweise dieses Halbleiter-Bauelements beziehen.

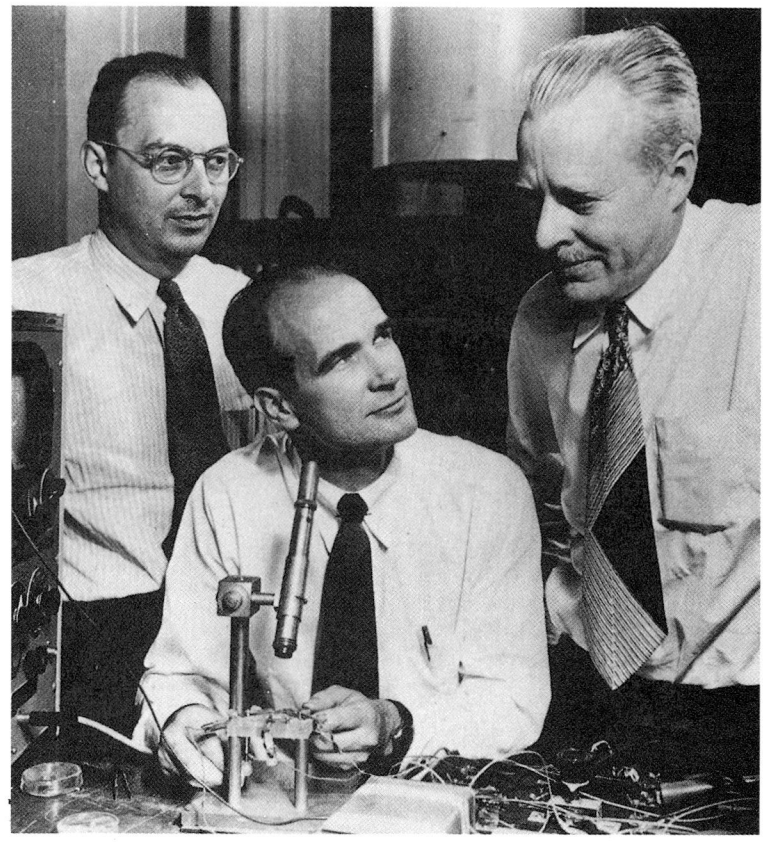

6.19 J. Bardeen, W. Shockley und W. Brattain (von links nach rechts) etwa zu der Zeit, als sie den Transistor erfanden.

Transistoren eignen sich hervorragend für die binäre (zweiwertige) „Ein-Aus-Logik", nach der Computer funktionieren. Darüber hinaus haben ihre Zuverlässigkeit, ihr geringer Stromverbrauch sowie eine ganze Reihe enormer herstellungstechnischer Vorzüge sie mittlerweile zu dem Grundbaustein der modernen Mikroelektronik gemacht. Die Schlüsselidee, die diesen neuen, aufstrebenden Industriezweig so erfolgreich werden ließ, wurde vermutlich erstmals von dem britischen Ingenieur G. W. A. Dummer formuliert, der damals beim Royal Radar Research Establishment in Malvern im mittelenglischen Worcestershire arbeitete. Dummer war Experte in Fragen der Zuverlässigkeit von elektronischen Bauteilen und beschäftigte sich insbesondere mit der Funktionstüchtigkeit von Radarkomponenten unter extremen Bedingungen. Dabei erkannte er, daß die Bestandteile eines elektronischen Schaltkreises – Transistoren, Widerstände und Kondensatoren (Ladungsspeicher) – nicht unbedingt getrennt hergestellt und dann einzeln verdrahtet werden müssen; sein Vorschlag war, alle diese Bauelemente statt dessen in ein und demselben Stück Halbleiter unterzubringen, was den

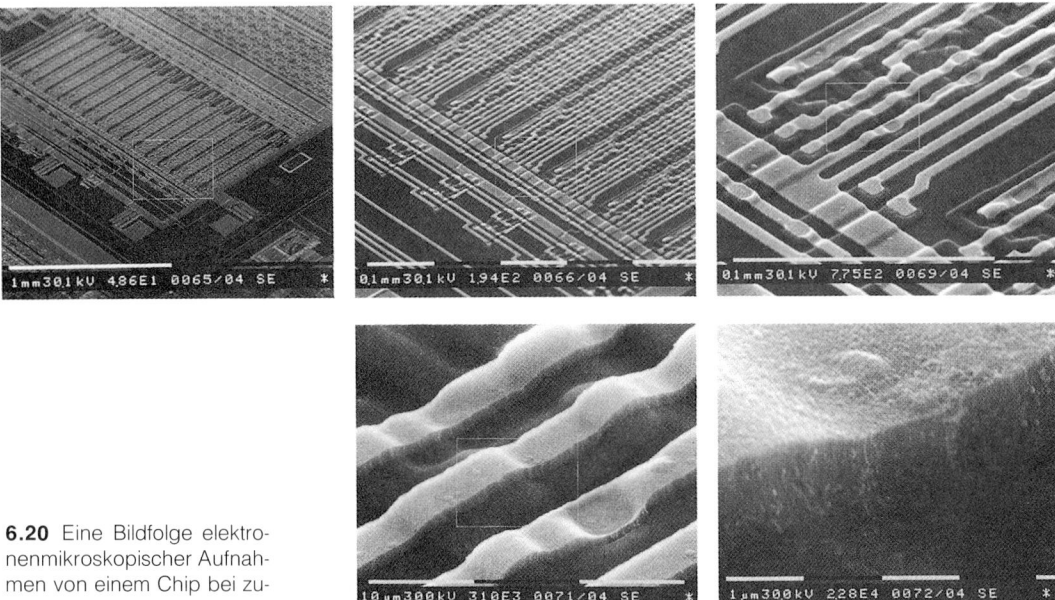

6.20 Eine Bildfolge elektronenmikroskopischer Aufnahmen von einem Chip bei zunehmender Vergrößerung.

Schaltkreis wesentlich kleiner und robuster machen würde. Im Mai 1952 schrieb Dummer: »Mit dem Aufkommen des Transistors und der Halbleitertechnik im allgemeinen scheint es nunmehr möglich, elektronische Bauelemente in einem Festkörperblock ohne Verbindungsdrähte zu realisieren. Der Block könnte aus verschiedenen Materialschichten bestehen, die elektrisch isolierend, leitend, verstärkend oder wie ein Gleichrichter wirken, wobei die elektrischen Funktionselemente direkt, durch Aussparen entsprechender Bereiche in den verschiedenen Schichten, miteinander verknüpft würden.«

Hier ist bereits verblüffend genau das beschrieben, was wir heute unter einem „integrierten Schaltkreis" verstehen. In den fünfziger Jahren gab es allerdings noch eine Vielzahl schwieriger technischer Probleme zu lösen, bevor die Idee verwirklicht werden konnte. Dummer präsentierte 1957 zwar ein − nicht funktionstüchtiges − Modell eines solchen „Festkörper-Schaltkreises" aus Silicium; unglücklicherweise begriffen damals in Großbritannien aber nur sehr wenige Menschen, welche Möglichkeiten in dieser neuen Entwicklung steckten. So gelang der entscheidende Durchbruch in dieser Richtung dem Amerikaner Jack Kilby, der für Texas Instruments arbeitete und im Sommer 1959 den ersten funktionierenden integrierten Schaltkreis schuf. Da solche Schaltkreise heute aus winzigen Siliciumplättchen gemacht sind, nennt man sie in der Halbleiterbranche einfach „Chips" oder „Mikrochips".

Der volle Nutzen der integrierten Schaltkreise trat aber erst zutage, nachdem man einen völlig neuen Prozeß für die Herstellung sogenannter „planarer" Transistoren entwickelt hatte. Der Planar-Transistor war Ende 1958 von einem Physiker namens Jean Hoerni erfunden worden, einem gebürtigen Schweizer, der die Halbleiter-Firma Fairchild Semiconductor gründete. Damit gelang es Robert Noyce, einem Mitbegründer von Fairchild, einen überaus robusten Chip zu entwerfen und einen Prototyp zu bauen, der dann in Großserie produziert werden konnte. Mit diesen integrierten Schaltkreisen war Fairchild 1962 in der Lage, eine ganze Familie von „Logik-Chips" auf den Markt zu bringen – Schaltelementen, mit denen Computer rechnen und arbeiten. Dieses Jahr markiert den Beginn der Massenproduktion von Chips mit integrierten Schaltkreisen.

Im selben Jahr gelang mit der Entwicklung eines neuartigen Transistors, der noch besser in massengefertigte Chips integriert werden konnte, ein weiterer technologischer Durchbruch. Die Erfinder dieses „MOSFET" genannten „Feldeffekt-Transistors" (*metal-oxide-semiconductor field effect transistor*) waren zwei junge Ingenieure, Steven Hofstein und Frederic Heiman vom RCA-Forschungslaboratorium in New Jersey. Seitdem schritt die Chip-Entwicklung rasch voran und brachte immer kleinere und zugleich komplexere Bausteine hervor. 1967 konnte man bereits Tausende von Transistoren auf einem einzigen Chip unterbringen.

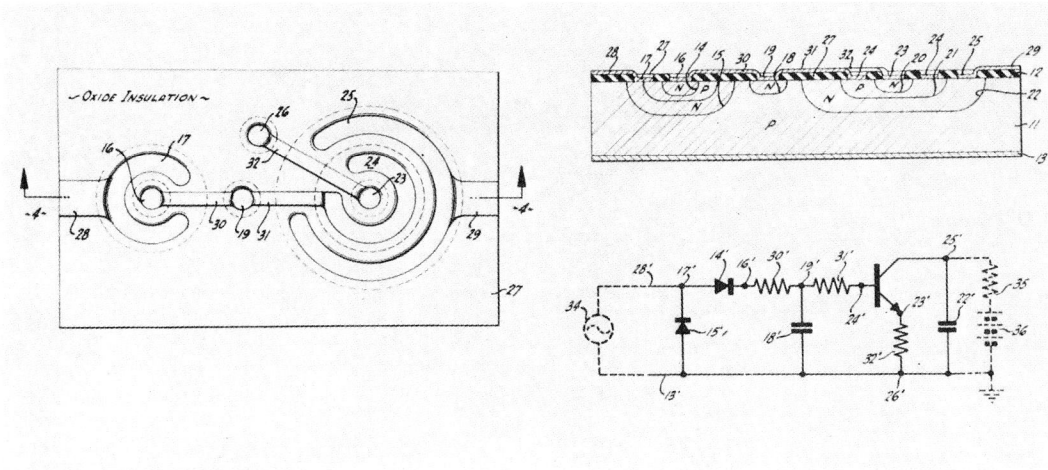

6.21 Diagramme aus der Patentschrift von Robert Noyce. Darin beschreibt er, wie integrierte Schaltkreise mit Hilfe einer „Planar"-Technologie hergestellt werden können. Dieses Verfahren bedeutete den entscheidenden Durchbruch für die Chip-Produktion.

Die verschiedenen Entwicklungsstadien von Computern kann man grob in aufeinanderfolgende „Generationen" einteilen. Die erste Computergeneration kam in den fünfziger Jahren auf mit der UNI-VAC 1, dem ersten kommerziellen Computer, der noch mit Elektronenröhren arbeitete. Der erste IBM-Computer, die IBM 701, wurde 1953 ausgeliefert. 1956 war IBM bereits zum größten und gewinnträchtigsten Computerhersteller der Welt avanciert, dessen Produktionszahlen in die Hunderte gingen. Bald konnten die neuen Transistoren die kostspieligen und unzuverlässigen Röhren problemlos ersetzen, was um etwa 1959 die zweite Computergeneration hervorbrachte. Parallel zu diesen Fortschritten in der „Hardware", den elektronischen Bestandteilen eines Computersystems, verbesserte man natürlich auch die „Software" − die Computerprogramme. Um etwa 1966 folgte die dritte Generation von Computern, die als wichtigste Neuerung integrierte Schaltkreise enthielten; sie machten die Computer kleiner, billiger und weitaus zuverlässiger. Die raffiniertesten hochintegrierten Schaltkreise bestanden aus Zehntausenden von Transistoren; diesen hohen Grad an Komplexität auf kleinstem Raum bezeichnet man als *large scale integration* oder kurz LSI.

Der Hauptunterschied zwischen Computern der dritten und vierten Generation läßt sich wahrscheinlich am besten mit der Einführung des „Mikroprozessors" charakterisieren. 1968 hatte Robert Noyce Fairchild verlassen und die Firma Intel gegründet. Ein Mitarbeiter von Intel, Ted Hoff jr., kam auf die glänzende Idee, einen Chip zu entwerfen, der programmierbar sein sollte. Statt für jede auszu-

6.22 Der erste Mikroprozessor wurde von dem Ingenieur Ted Hoff erdacht. Seine Idee war es, alle Bauelemente eines programmierbaren Computers auf einem Chip zu vereinen. Der abgebildete Chip ist ungefähr drei mal vier Millimeter groß und enthält über 2000 Transistoren.

6.23 Robert Oppenheimer (links) und John von Neumann bei der offiziellen Einweihung des Computers für das Institute for Advanced Studies in Princeton (1952). Oppenheimer war während des Zweiten Weltkriegs wissenschaftlicher Leiter des Manhattan-Projekts in Los Alamos, New Mexico, das den Bau der ersten Atombombe zum Ziel hatte. Von Neumann, ein brillanter ungarischer Mathematiker, der vor dem Zweiten Weltkrieg in die Vereinigten Staaten ausgewandert war, führte mit dem ersten größeren Röhrencomputer ENIAC entscheidende Berechnungen für die Konstruktion der Atombombe durch. Er entwickelte maßgeblich das Bauprinzip moderner elektronischer Computer, unter anderem die Idee der Steuerung durch ein gespeichertes Programm.

führende Funktion einen speziellen Chip zu entwickeln, kann man einen Mikroprozessor-Chip für den jeweiligen Anwendungszweck immer wieder neu programmieren. Ursprünglich nur für den Einsatz in Rechnern und Kleincomputern bestimmt, findet der Mikroprozessor heute Anwendung in allen Arten von elektronischen Geräten, zum Beispiel in Waschmaschinen, Schreibmaschinen, Heizthermostaten, Videogeräten, Personal-Computern, um nur einige zu nennen. Der erste Mikroprozessor kam 1971 auf den Markt; er enthielt rund 2000 Transistoren. Mittlerweile gibt es sogar schon Mikroprozessoren mit über einer Million Transistoren. Einen so hohen Integrationsgrad bezeichnet man als VLSI (*very large scale integration*). VLSI-Chips finden in den Computern der vierten Generation Verwendung, deren Entwicklungsmöglichkeiten bis heute noch nicht ausgeschöpft sind.

Lassen Sie uns am Ende dieses Kapitels noch kurz einen Blick in die Zukunft werfen. Laut Carver Mead, einem führenden Experten in Sachen VLSI am California Institute of Technology, gibt es keine unüberwindlichen technischen oder physikalischen Hindernisse mehr auf dem Weg zur Herstellung von Chips, die viele Millionen von Transistoren enthalten. Inzwischen (1990) ist zum Beispiel schon ein Speicherchip auf dem Markt, der vier Millionen Informationseinheiten („Bits") speichern kann, und ein 64-Megabit-Chip ist in Planung. Mit derart komplexen Chips könnte man außerordentlich leistungsfähige Computer konstruieren. So ist es das Ziel eines ehrgeizigen japanischen Projekts, Computer einer fünften Generation zu bauen, die über tausendmal schneller sind als die heute schnellsten Supercomputer. Die Japaner möchten diese unglaubliche Prozessorgeschwindigkeit für die Konstruktion von Maschinen nutzen, die rasch riesige Datenbanken und „Wissensspeicher" nach Informationen durchforsten können, aufgrund derer sie dann logische Entscheidungen treffen. Ob es diese „intelligenten" Computer einmal geben wird oder nicht: Sicher ist, daß solche Computer den parallelen Einsatz vieler einander unterstützender Computer benötigen würden. Die Computerwissenschaftler werden also lernen müssen, solche „Multi-Computer" so zu organisieren, daß man ihre gesamte potentielle Leistungsfähigkeit effektiv ausnutzen kann. Dies könnte zum Beispiel mit einem „Transputer" (ein Kunstwort aus *Trans*istor und Com*puter*) zu bewerkstelligen sein, einem Gerät, das von der Firma INMOS hergestellt wird (siehe Farbtafel 14). Der Transputer ist ein ganzer Computer auf einem VLSI-Chip, an dem sich vier Anschlüsse befinden, damit er leicht mit anderen Transputern verbunden werden kann. Eine neuartige Programmiersprache namens Occam macht es möglich, die Lösung eines Problems auf viele Transputer zu verteilen, so daß man diesen VLSI-Chip vielleicht einmal wie eine Art Lego-Baustein in Maschinen der fünften Computergeneration einsetzen wird.

7. Tod eines Sterns

Eine besonders eindrucksvolle Entdeckung war die Energiequelle der Sterne. Einer der Entdecker ging am Abend, nachdem er erkannt hatte, daß Kernreaktionen für das Leuchten der Sterne verantwortlich sein müssen, mit seiner Freundin aus. Sie sagte: »Sieh doch, wie schön die Sterne leuchten!« Darauf er: »Ja, und ich bin in diesem Moment der einzige Mensch auf der Welt, der weiß, warum sie leuchten.« Sie lachte nur darüber und zeigte sich wenig beeindruckt, mit dem Mann auszugehen, der zu jenem Zeitpunkt als einziger wußte, warum die Sterne leuchten. Nun ja, Alleinsein schmerzt − aber so ist die Welt.

Richard Feynman

Ein verhinderter Stern

Im vorangegangenen Kapitel haben wir gesehen, wie die Quantenmechanik und insbesondere das Pauli-Prinzip die physikalische Grundlage bilden, auf der wir die verschiedenen Materieformen verstehen können. Überraschender ist vielleicht, daß Quantenmechanik und Pauli-Prinzip ebenso den Schlüssel liefern, um die Sternentwicklung und die Vielfalt der Sterne zu verstehen. Zum Auftakt dieses Kapitels über Sterne schauen wir uns aber zunächst einen Planeten an, der es gewissermaßen nicht ganz geschafft hat, ein Stern zu werden − den Jupiter.

Jupiter ist der weitaus größte Planet in unserem Sonnensystem, rund elfmal größer und über 300mal schwerer als die Erde. Im Vergleich zur Sonne, unserem Zentralgestirn, ist er dennoch sehr klein. Trotz des enormen Größenunterschieds sind sich Jupiter und Sonne in zweierlei Hinsicht recht ähnlich: Beide bestehen überwiegend aus Wasserstoff, und beide haben eine mittlere Dichte, die nur geringfügig über der von Wasser liegt. Warum aber ist der Jupiter dann nicht, wie die Sonne, ein glühender, feuriger Gasball?

Wir unternehmen nun in Gedanken eine Reise durch die Wolkendecke des Jupiter hindurch zum Zentrum des Planeten. Während wir immer tiefer vordringen, steigt nach und nach der Druck, der aus dem Gewicht der über uns liegenden Gasschichten resultiert. Bald ist der Druck so groß, daß sich das Wasserstoffgas verflüssigt. Wenn wir in diesen Ozean aus flüssigem molekularem Was-

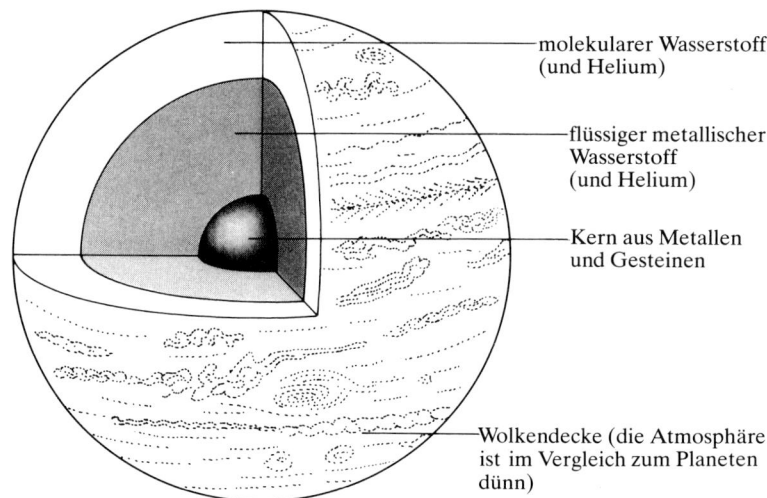

7.1 Der Aufbau des Jupiter. Im Kern des Planeten ist der Druck 36millionenmal höher als der gewöhnliche Atmosphärendruck auf der Erde, und die Temperatur beträgt dort etwa 20 000 Grad Celsius. Dennoch sind diese Bedingungen nicht extrem genug, um aus Jupiter einen Stern zu machen. Solche „verhinderten" Sterne wie Jupiter nennt man „Braune Zwerge".

molekularer Wasserstoff (und Helium)

flüssiger metallischer Wasserstoff (und Helium)

Kern aus Metallen und Gesteinen

Wolkendecke (die Atmosphäre ist im Vergleich zum Planeten dünn)

serstoff hinabtauchen, steigt der Druck weiter; die Dichte dieser Flüssigkeit bleibt jedoch praktisch konstant, weil die Wasserstoffmoleküle eine bestimmte Größe haben und das Pauli-Prinzip ihnen verbietet, einander zu nahe zu kommen. Mit anderen Worten, die kovalenten Wasserstoff-Molekülbindungen sind stabil genug, um dem enormen Druck in den Tiefen dieses Wasserstoffozeans zunächst standzuhalten.

Nähern wir uns weiter dem Zentrum des Jupiter, dann wächst der Druck jedoch deutlich über alle jemals auf der Erde gemessenen Werte an. Die Molekülbindungen brechen auf, und der Ozean besteht nunmehr aus atomarem Wasserstoff. Die Wasserstoffatome sind jetzt so nahe beieinander, daß ihre Energieniveaus eine Bandstruktur entwickeln. Da Wasserstoff nur ein Elektron in seiner 1S-Schale hat, verhält sich dieses Wasserstoffmeer wie ein flüssiges Metall, vergleichbar etwa dem flüssigen Quecksilber. Daher können sich dort enorme elektrische Ströme gut ausbreiten, und man vermutet, daß hierin die Erklärung für die großen Magnetfelder des Jupiter liegt.

Je näher wir dem Zentrum des Jupiter kommen, desto höher wird der Druck. Doch die Wasserstoffatome widerstehen diesem extremen Druck: Die elektrische Anziehungskraft zwischen einem Elektron und einem Proton ist stark genug, um die auf das Wasserstoffatom wirkende Schwerkraft eines so riesigen Planeten wie des Jupiter auszugleichen! Wie verhält es sich nun bei Sternen? Sterne sind im Prinzip ganz ähnlich aufgebaut wie der Jupiter, sie haben lediglich mehr Masse. Als Folge davon wird der Druck im Zentrum eines Sterns noch größer sein als im Zentrum des Jupiter.

Tatsächlich sind dort die Gravitationskräfte so stark, daß die Atome regelrecht auseinandergequetscht werden. Die dabei entstehende Suppe aus einzelnen Elektronen und Protonen bildet ein sogenanntes „Plasma" – ein ionisiertes heißes Gas. Im Jupiter kommt ein solches Plasma nicht zustande, er ist sozusagen ein „verhinderter" Stern.

Planeten erhalten ihre Stabilität durch die Atome, aus denen sie bestehen. In Sternen hingegen ist die Gravitation so stark, daß die Atome nurmehr in ihren einzelnen Bestandteilen vorliegen. Von daher hat ein Stern die Tendenz, unter der Last seines eigenen Gewichts zusammenzubrechen – ihm droht der „Gravitationskollaps". Je stärker das Plasma komprimiert wird, desto schneller bewegen sich die Elektronen und Protonen darin, mit anderen Worten: Das Plasma heizt sich auf. Diese thermische Bewegung im heißen Plasma führt zu einem Gegendruck, der einem weiteren Kollabieren des Sterns entgegenwirkt. Da der Stern jedoch gleichzeitig leuchtet, das heißt Energie in Form von Photonen abstrahlt, beginnt sich das Plasma wieder abzukühlen. Der Gravitationskollaps läßt sich somit nur aufhalten, wenn im Sterninneren ständig Energie (Wärme) erzeugt wird. Fällt der Stern weiter in sich zusammen, wird die Materie in seinem Zentrum schließlich so dicht und so heiß, daß Kernreaktionen stattfinden können; dadurch kommt der Stern doch noch ins Gleichgewicht.

Wasserstoffbrennen

Jahrhundertelang rätselten Astronomen und Physiker darüber, was die Sterne zum Leuchten bringt. Bereits ganz einfache Rechnungen ergaben, daß die Energie, die bei einer gewöhnlichen chemischen Verbrennung freigesetzt wird, bei weitem nicht ausreicht, um einem Stern über Milliarden Jahre seine Leuchtkraft zu verleihen. Als einzige adäquate Energiequelle kamen eigentlich nur Kernreaktionen in Frage, doch leider gab es auch dagegen ein gutes Argument. Der berühmte britische Astronom Sir Arthur Eddington hatte nämlich gezeigt, daß die Temperaturen im Inneren der Sterne zu niedrig sind, um die für die Kernfusion nötige Annäherung der Protonen zu ermöglichen – die thermische Energie der Protonen reicht nicht aus, um die Potentialbarriere der sich abstoßenden Protonenladungen zu überwinden. Gleichwohl blieb Eddington bei seiner Überzeugung, daß die Kernenergie die einzig mögliche Energiequelle für die Sterne sei. Den Zweiflern hielt er entgegen: »Wir streiten uns nicht mit dem Kritiker, der einwendet, daß die Sterne für diesen Prozeß nicht heiß genug sind; wir sagen ihm, er möge sich doch auf die Suche machen und einen heißeren Ort finden!«

7.2 Sir Arthur Eddington (1882 – 1944) stammte aus einer Quäkerfamilie, deren Glaubenstradition er sein Leben lang treu blieb. Aufgrund seiner religiösen Überzeugungen verweigerte er während des Ersten Weltkriegs den Kriegsdienst. Eddington war einer der ersten Physiker, die die Bedeutung der Allgemeinen Relativitätstheorie erkannten. Im Jahre 1919 nahm er an der berühmten Sonnenfinsternisexpedition teil, die Einsteins Voraussage über die Ablenkung von Lichtstrahlen durch die Sonne bestätigte. In seinem Hauptwerk widmete Eddington sich der theoretischen Untersuchung des Sterninneren. Darüber hinaus machte er sich erfolgreich um die Popularisierung der Astronomie verdient. 1930 wurde er geadelt.

Eddington sollte recht behalten – allerdings brauchte es die Quantenmechanik, um eine Erklärung dafür zu finden. Mit Hilfe des Tunneleffekts, den wir in Kapitel 5 beschrieben haben, konnten der britische Astronom Robert Atkinson und der österreichische Physiker Fritz Houtermans das Problem der Energieerzeugung in Sternen lösen. Ihre Originalarbeit dazu begann mit den Worten: »Vor kurzem zeigte Gamow, daß positiv geladene Teilchen selbst dann in den Atomkern eindringen können, wenn nach der bisherigen Auffassung ihre Energie dafür eigentlich gar nicht ausreicht.« Sie schlugen als Erklärung vor, daß leichte Kerne wie eine Art Protonen-„Falle" wirken könnten. Vier Protonen sollten eingefangen und zwei davon in Neutronen umgewandelt werden, damit sich ein Alphateilchen (Heliumkern) bilden kann. Dieses würde dann aus dem leichten Kern herausgeschleudert werden und dabei eine große Menge Kernbindungsenergie freisetzen, die aus der Fusion der vier Wasserstoffkerne stamme. Für ihre Originalarbeit hatten sie ursprünglich den Titel „Wie kann man Heliumkerne in einem Potentialtopf kochen?" vorgeschlagen, aber der Herausgeber der Fachzeitschrift entschied sich anders. Sachlich bauen letztlich alle modernen Theorien „thermonuklearer" Reaktionen in Sternen auf diesem Artikel auf. Rund zehn Jahre später, 1938, entdeckten Hans Bethe und Carl Friedrich von Weizsäcker einen weiteren Brennstoffkreislauf, in dem Kohlenstoff die Rolle des Protonenfängers übernimmt, ganz ähnlich wie die leichten Kerne bei Atkinson und Houtermans.

Die Sonne besteht zum größten Teil aus Wasserstoff; ihre Energie muß sie daher aus der Fusion von Wasserstoff zu Helium und schwereren Elementen beziehen. Auch die in Wasserstoffbomben freiwerdende Energie resultiert aus der Verschmelzung von Wasserstoffkernen. Dennoch „explodiert" die Sonne nicht, da die Energieerzeugung dort viel langsamer vor sich geht als in einer Bombe. Eine auf menschliches Körpervolumen geschrumpfte Sonne würde ihren Kernbrennstoff sogar noch viel langsamer verbrennen, als der Mensch die von ihm aufgenommene Nahrung umwandelt. Der Grund für den großen Unterschied in den Energieproduktionsraten einer Bombe und eines Sterns liegt darin, daß beide Male verschiedene Wasserstoff-Fusionsreaktionen beteiligt sind. Ein Stern besteht überwiegend aus gewöhnlichen Wasserstoffkernen, die jeweils ein einzelnes Proton enthalten, wogegen die in Bomben ablaufende Fusionsreaktion nur in Gegenwart von zwei seltenen Wasserstoffisotopen stattfindet, nämlich Deuterium und Tritium, deren Kerne zusätzlich zum Proton ein beziehungsweise zwei Neutronen enthalten. Diese Wasserstoffisotope verschmelzen verhältnismäßig leicht miteinander; die Kernfusion zweier gewöhnlicher Wasserstoffkerne erfolgt hingegen so selten, daß sie noch niemals unter Laborbedingungen beobachtet worden ist. Man erklärt die Kernfusionen in der Sonne damit, daß die grundlegende Reaktion auf demselben Mechanismus beruht wie der Betazerfall: auf „schwachen" Wechselwirkungen, die sehr viel langsamer ablaufen als die „starken" Kernwechselwirkungen wie zum Beispiel die Deuterium-Tritium-Fusion.

Schwache Wechselwirkungen werden von derselben Kraft regiert, die auch für die Beta-Radioaktivität verantwortlich ist. Das einfachste Beispiel einer schwachen Wechselwirkung ist der Betazerfall des Neutrons. Neutronen sind etwas schwerer als Protonen und wandeln sich – wenn sie nicht gebunden sind – in ein Proton und ein Elektron um. Diese beiden Teilchen sorgen für den Ausgleich der Ladungsbilanz: Ausgehend von einem elektrisch neutralen Neutron erhalten wir zwei entgegengesetzt geladene Teilchen. Experimente zeigen aber, daß dabei Impuls und Energie nicht erhalten sein können – es sei denn, noch ein anderes, elektrisch neutrales Teilchen wäre an dieser Reaktion beteiligt. Ein solches Teilchen war bereits 1930 von Pauli im Zusammenhang mit dem Betazerfall von Kernen vorausgesagt worden – etwa ein Jahr, bevor Chadwick das Neutron entdeckte. Um Paulis hypothetisches Teilchen von Chadwicks Neutron zu unterscheiden, gab Fermi ihm den Namen „Neutrino" (was im Italienischen soviel wie „kleines Neutron" oder „Neutralchen" bedeutet).

Da diese merkwürdigen Teilchen keine elektrische Ladung tragen, lassen sie sich nicht durch elektrische Kräfte beeinflussen. Und da ferner alle Versuche, das Neutrino nachzuweisen, zunächst erfolglos blieben, war schon bald klar, daß es sich auch der Wirkung der starken Kernkraft entzieht. Neutrinos müssen aber zweifellos die „schwache Kraft" spüren – von der sie ja erzeugt werden – und über sie mit Kernmaterie in Wechselwirkung treten können. Die Hauptschwierigkeit beim Nachweis solcher Neutrinoreaktionen ist ihre verschwindend kleine Reaktionsrate – die Theorie sagt voraus, daß ein Neutrino eine viele Lichtjahre dicke Materiewand durchdringen müßte, bevor seine Chance für eine Wechselwirkung auch nur fünfzig zu fünfzig wäre. Ein Lichtjahr ist die Strecke, die das Licht in einem Jahr (rund 30 Millionen Sekunden) zurücklegt, wobei die Lichtgeschwindigkeit etwa 300 000 Kilometer pro Sekunde beträgt; man bräuchte also entweder eine geradezu phantastische Materiemenge oder aber eine enorme Anzahl Neutrinos, um überhaupt hoffen zu können, einer solchen Neutrinoreaktion jemals auf die Spur zu kommen. Daher ist es wohl nicht überraschend, daß es erst 1956 gelang, von Neutrinos ausgelöste schwache Wechselwirkungen nachzuweisen – 25 Jahre, nachdem Pauli das Neutrino erstmals postuliert hatte, und lange nachdem die meisten Physiker seine Existenz aus den oben erwähnten theoretischen Gründen bereits akzeptiert hatten.

7.3 Hans Bethe wurde 1906 in Straßburg geboren, das damals zu Deutschland gehörte. Als Hitler an die Macht kam, verließ Bethe seine Heimat und ging – nach einem kurzen Aufenthalt in England – an die Cornell-Universität in den Vereinigten Staaten. Dort war er an der Entwicklung der Kernwaffen maßgeblich beteiligt; später engagierte er sich als einer der Unterhändler bei den Genfer Verhandlungen für die Begrenzung von Atomtests. 1967 erhielt Bethe den Nobelpreis für seine Arbeit über die Kernprozesse, die für das Leuchten der Sterne verantwortlich sind.

Den Nachweis führten die beiden US-amerikanischen Physiker Frederic Reines und Clyde Cowan. Da jede Kernspaltung im Durchschnitt etwa sechs Betazerfallsprozesse einleitet, war ihre ursprüngliche Idee, sich die erforderliche Anzahl Neutrinos durch eine Kernexplosion zu beschaffen! Glücklicherweise sahen sie dann aber doch davon ab und begnügten sich statt dessen mit Neutrinos aus einem Kernreaktor. Von den Abermillionen Neutrinos, die aus dem Reaktor entkamen — in jeder Sekunde mehr als tausend Milliarden Neutrinos pro Quadratzentimeter —, lösten gerade etwa drei pro Stunde ein Neutrino-„Ereignis" im Detektor aus.

Den gewöhnlichen Betazerfall des Neutrons beschreiben die Physiker anhand der folgenden Reaktion:

$$n \rightarrow p + e^- + \bar{\nu}.$$

Dabei bezeichnet der überstrichene griechische Buchstabe $\bar{\nu}$ ein „Antineutrino", das Antiteilchen des Neutrinos. In einer solchen Gleichung kann man eines der beteiligten Teilchen auf die andere Seite bringen, wenn man statt dessen dort das zugehörige Antiteilchen einsetzt — allein schon, um weiterhin eine ausgeglichene Ladungsbilanz zu haben. Auf diese Weise erhält man einen weiteren möglichen Prozeß der schwachen Wechselwirkung:

$$n + e^+ \rightarrow p + \bar{\nu},$$

wobei e^+ das Antiteilchen des Elektrons ist — das Positron. Reines und Cowan suchten in Wirklichkeit nach Anzeichen für die umgekehrte Reaktion, nämlich

$$\bar{\nu} + p \rightarrow n + e^+.$$

Im Zeitalter der Großforschungseinrichtungen mit ihren riesigen Teilchenbeschleunigern haben diese eigenartigen Teilchen viel von ihrem ursprünglichen exotischen Reiz verloren. Künstlich erzeugte Neutrino- und Antineutrinostrahlen sind mittlerweile nichts Besonderes mehr; ebenso wie die obige Antineutrinoreaktion können wir heute auch Reaktionen mit Neutrinos beobachten, beispielsweise

$$\nu + n \rightarrow p + e^-.$$

In Kapitel 9 werden wir etwas ausführlicher auf Antiteilchen eingehen.

Wir können nun zum Thema der Energieerzeugung durch Fusionsreaktionen in Sternen zurückkommen. Wie wir gesehen haben, liegen in der Sonne einzelne Protonen vor. Freie Protonen können sich jedoch nicht „von selbst" in Neutronen umwandeln, weil das

Proton leichter als das Neutron ist. Aus diesem Grund ist beispielsweise die Reaktion

$$p \to n + e^+ + \nu$$

nicht möglich. Innerhalb eines Atomkerns kann dieser „Betazerfall" des Protons jedoch sehr wohl stattfinden, wenn der dabei entstehende Kern stärker gebunden ist als der Ausgangskern und das
System also einen energieärmeren, das heißt stabileren Zustand erreicht; den vorübergehend benötigten zusätzlichen Energiebetrag
kann es sich aufgrund der Unschärferelation „leihen". Damit läßt
sich verstehen, wie die Sonne ihre Energie erzeugt.

Betrachten wir die Kollision zweier Protonen im Inneren der Sonne. Die gegenseitige elektrische Abstoßung verhindert im allgemeinen, daß sich die beiden Protonen nahe genug kommen, um die
anziehende Wirkung der „starken Kraft" spüren zu können. Gelegentlich kann ein Proton diese Barriere aber durchtunneln und zusammen mit dem zweiten Proton einen instabilen Kern bilden. In
der Regel werden die beiden Protonen zwar innerhalb kürzester
Zeit wieder auseinanderfliegen, aber aufgrund der schwachen
Kraft — und der Möglichkeit einer kurzfristigen Energieanleihe —
gibt es eine sehr geringe Chance, daß sich eines der beiden Protonen über einen Betazerfall in ein Neutron umwandelt; dieses kann
dann mit dem anderen Proton einen energetisch günstigeren Kern
— ein Deuteron — bilden:

$$p + p \to d + e^+ + \nu.$$

Durchschnittlich dauert es 14 Milliarden Jahre, bis ein beliebig
herausgegriffenes Proton im Inneren der Sonne einen Betazerfall
durchmacht. Das extreme Zeitlupentempo dieses ersten Teilschritts
der Heliumsynthese erklärt, warum die Sonne so langsam brennt.
Sobald das Deuterium einmal entstanden ist, laufen die folgenden
Kernreaktionen der Heliumsynthese sehr viel schneller ab. Der
nächste Schritt besteht in einer Fusion zwischen einem Deuteriumkern und einem Proton, die sich unter Aussendung eines Gamma-
quants zu ^{3}He vereinigen:

$$p + d \to {}^3\text{He} + \gamma.$$

Während dieser zweite Fusionsschritt auf einer Kombination der
starken und der elektromagnetischen Wechselwirkung beruht, ist
der dritte Schritt eine rein starke Wechselwirkung; dabei entsteht
schließlich das ^{4}He:

$$^3\text{He} + {}^3\text{He} \to {}^4\text{He} + p + p.$$

Die beiden zusätzlich anfallenden Protonen stehen für einen erneuten Durchgang durch diesen sogenannten „Proton-Proton-Zyklus" zur Verfügung. Man nimmt an, daß diese Fusionsreaktionen die Hauptenergiequelle unserer Sonne sind. In vielen Sternen ist die Temperatur jedoch so hoch, daß die Energieerzeugung über den bereits erwähnten Bethe-Weizsäcker-Zyklus (der auch „Kohlenstoff-Stickstoff-Zyklus" genannt wird) erfolgen kann. Dieser Mechanismus braucht keine schwache Wechselwirkung als Initialzündung, aber er erfordert Kohlenstoffkerne, die bei der Heliumsynthese wie eine Art Katalysator wirken.

Ungeachtet des überwältigenden Erfolgs der Physiker, die Energieerzeugung in der Sonne erklären zu können, hat sich ein lästiges kleines Problem eingeschlichen, das sich bisher allen Lösungsversuchen hartnäckig entzogen hat und das wir hier wenigstens kurz erwähnen wollen. Es geht dabei um die Neutrinos, die durch Kernreaktionen im Proton-Proton-Zyklus entstehen. Diese Reaktionen glauben die Physiker gut zu verstehen, und man kann relativ leicht berechnen, wie viele Neutrinos von der Sonne auf der Erde ankommen sollten. In einem Experiment in der Homestake-Goldmine im US-Bundesstaat South Dakota hat man über mehrere Jahre hinweg die Zahl der eintreffenden Sonnenneutrinos gemessen.

7.4 Das große Neutrino-„Teleskop" von Raymond Davis in der Homestake-Goldmine in South Dakota.

Das Experiment wurde tief unter der Erde aufgebaut, um die Zahl der störenden kosmischen Teilchen möglichst klein zu halten, die beim Eindringen in die Apparatur ganz ähnliche Wechselwirkungen hervorrufen wie die Sonnenneutrinos und die Messung verfälschen können. Allerdings hat man trotz vieler sorgfältiger Nachprüfungen nur etwa ein Drittel – bei neueren Messungen etwa die Hälfte – der erwarteten Neutrinos registriert. Die Physiker rätseln gegenwärtig noch über die Ursachen.

Rote Riesen, Weiße Zwerge

Ein Stern wie unsere Sonne hat genug Brennstoff für mehrere Milliarden Jahre. Irgendwann jedoch wird der Wasserstoffvorrat zur Neige gehen. Der Kern, wo die Fusionen zuerst einsetzen, wird schließlich zum größten Teil aus Helium bestehen. Eine Fusion der Heliumkerne kann hier zunächst noch nicht einsetzen, da Temperatur und Druck dafür höher sein müssen als für das Wasserstoffbrennen. Der Stern wird somit immer weniger Energie erzeugen und wegen der nun überhand nehmenden Gravitationswirkung anfangen zu kollabieren. Als Folge davon steigt die Temperatur in seinem Inneren an, bis der erheblich schnellere Bethe-Weizsäcker-Zyklus in Gang kommen kann. Dessen vermehrte Wasserstoffusionen finden zunächst in einer dünnen Kugelschale um den Kern des Sterns statt. Mit zunehmender Temperatur aufgrund des Schalenbrennens dehnen sich die äußeren Gasschichten des Sterns aus, bis sein Radius auf das Hundert- oder gar Tausendfache angewachsen ist. Die vom Stern erzeugte Gesamtenergie verteilt sich jetzt über einen viel größeren Bereich, so daß die Oberfläche dieses Riesensterns kälter ist und daher rötlicher erscheint – der Stern ist zu einem „Roten Riesen" geworden. Unsere Sonne wäre in diesem Entwicklungsstadium groß genug, um sowohl den Merkur als auch die Venus zu „verschlingen".

Der Kern des Sterns stürzt inzwischen weiter in sich zusammen und wird um so kompakter, je mehr Helium in der darüberliegenden Schale durch das Wasserstoffbrennen entsteht. Wegen des anwachsenden Drucks werden die Elektronen mehr und mehr zusammengedrängt. Das Pauli-Prinzip verbietet den Elektronen jedoch, einander zu nahe zu kommen. Der Minimalabstand, den sie einhalten müssen, ist im wesentlichen durch die de-Broglie-Wellenlänge des Elektrons bestimmt, die mit wachsendem Elektronenimpuls kleiner wird: Bei zunehmender Verdichtung werden die Elektronen also beschleunigt; dies erfordert Energie, die sich als Gegendruck bemerkbar macht – der Prozeß verlangsamt sich. Für einen Stern mit der Masse unserer Sonne, in dem die Elektronen beinahe Lichtgeschwindigkeit erreichen, ist die Wirkung des Pauli-Prinzips

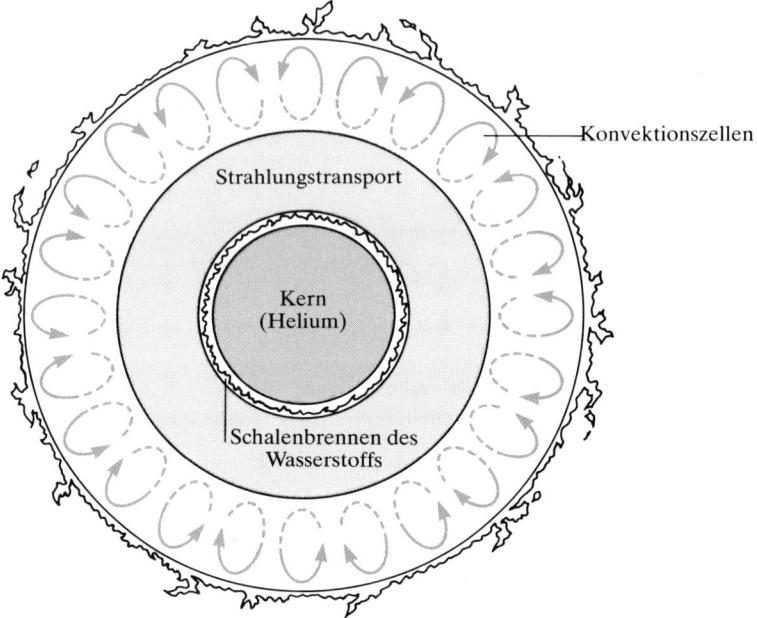

Konvektionszellen

Strahlungstransport

Kern
(Helium)

Schalenbrennen des
Wasserstoffs

7.5 Der innere Aufbau eines Roten Riesen ist hier schematisch — und nicht maßstabsgetreu — dargestellt. Der sehr dichte Heliumkern des Sterns erscheint im Vergleich zu den äußeren, extrem dünnen Gasschichten, deren Ausdehnung mehr als das Hundertfache des Sonnendurchmessers beträgt, viel zu groß.

für die Elektronen ausreichend, um ein weiteres Kollabieren des Kerns zu verhindern. Ein ähnlicher, auf das Pauli-Prinzip zurückzuführender Effekt wird auch bei den Protonen und Neutronen im Kern des Sterns wirksam. Da Proton und Neutron jedoch eine viel größere Masse als das Elektron besitzen, sind ihre de-Broglie-Wellenlängen entsprechend kleiner; für die Stabilisierung des Sterns spielen sie daher erst bei deutlich höherem Druck eine Rolle.

Mittlerweile hat sich die Materie im Kern des Sterns unglaublich verdichtet — ein Teelöffel dieser Materie würde mehrere Tonnen wiegen! Bei einem Stern in der Größenordnung unserer Sonne werden Temperatur und Dichte im Kern schließlich soweit ansteigen, daß Heliumbrennen einsetzen kann. Die Heliumfusionen laufen verhältnismäßig rasch ab, bis sich ein heißer Kern aus Kohlenstoff entwickelt hat und die äußeren Gasschichten des Sterns in den Weltraum hinausgeschleudert werden. Farbtafel 15 zeigt einen solchen abgestoßenen planetarischen Nebel; die Strahlung des zentralen Sterns regt die sich ausdehnende Gashülle zum Leuchten an. Der Stern kühlt nun allmählich ab und wird zu einem „Weißen Zwerg" — einem hochverdichteten, heißen Ball, der durch seine Elektronen im Gleichgewicht gehalten wird. Ein typischer Weißer Zwerg ist so groß wie die Erde, besitzt aber etwa die Masse unserer Sonne. Er ist immer noch so heiß, daß er sichtbares Licht aller Wellenlängen abstrahlt und daher weiß erscheint. Kernreaktionen können in ihm jedoch nicht mehr stattfinden, so daß er langsam kälter und lichtschwächer wird und schließlich als „Schwarzer Zwerg" endet. Man nimmt an, daß dieser Abkühlungsprozeß durchaus tausend Milliarden Jahre dauern kann und in jedem Fall eine erheblich längere Zeitspanne umfaßt als das gegenwärtige Alter des Universums. Tatsächlich wurde auch noch nie ein Schwarzer Zwerg beobachtet.

Weiße Zwerge können kompliziertere Entwicklungen durchmachen, wenn sie zu einem Doppelsternsystem gehören. Sirius zum Beispiel, der hellste Stern am Nachthimmel, wird von einem Weißen Zwerg begleitet. Bei diesem Doppelsternsystem vermutet man, daß vom Weißen Zwerg in dem Stadium, als er noch ein Roter Riese war, Materie zu seinem Begleiter abströmte. Ein solcher Materietransfer kann aber auch von einem Roten Riesen zu einem Weißen Zwerg ablaufen, vorausgesetzt, die beiden Sterne sind sich nahe genug. In der Atmosphäre des Zwergs reichert sich dann Wasserstoff aus der Gashülle des Riesen an und heizt sich dabei so stark auf, daß es zu einer gewaltigen Kernexplosion kommt. Für kurze Zeit kann die Helligkeit des Doppelsternsystems auf mehr als das Zehntausendfache ansteigen. Bevor man Teleskope zur Verfügung hatte, schien es daher, als wäre ein neuer Stern entstanden, der innerhalb weniger Wochen verblaßte und schließlich wieder verschwand. Ein solches Ereignis nennt man eine „Nova", nach dem lateinischen Wort für „neu".

Ein Weißer Zwerg in einem Doppelsternsystem kann auch für den Ausbruch einer „Supernova" verantwortlich sein, der heftigsten Form einer Sternexplosion. In diesem Fall leuchtet der „neue" Stern möglicherweise so hell wie eine ganze Galaxie. Zwar wurde seit der Erfindung des Teleskops keine Supernova mehr in unserer eigenen Galaxie beobachtet, aus alten chinesischen Schriften weiß man aber zum Beispiel von der Erscheinung eines „Gaststerns" im Jahre 1054, der so hell leuchtete, daß er während einiger Wochen selbst am Taghimmel sichtbar war. An der angegebenen Stelle können wir heute mit dem Fernrohr den spektakulären „Krebsnebel" ausfindig machen, der tatsächlich wie der Überrest einer enormen Sternexplosion aussieht.

Wenn der Stern massiv genug ist, können Supernovae auch ohne die Hilfe eines Begleiters stattfinden, und man nimmt an, daß die von den Chinesen beobachtete Supernova von 1054 von diesem Typus war. Im nächsten Abschnitt werden wir sehen, daß die Quantenmechanik und das Pauli-Prinzip uns noch mehr Einblick gewähren in die Entwicklung solcher sehr massereicher Sterne, wobei noch exotischere Objekte als Weiße Zwerge zum Vorschein kommen — der Anwendungsbereich der Quantenmechanik ist einfach atemberaubend!

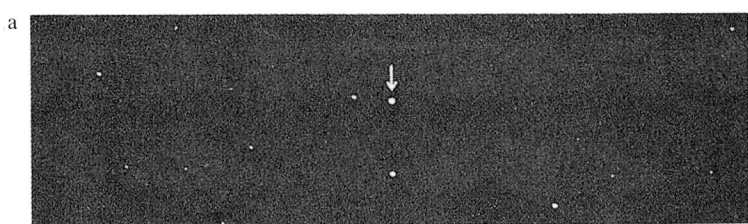

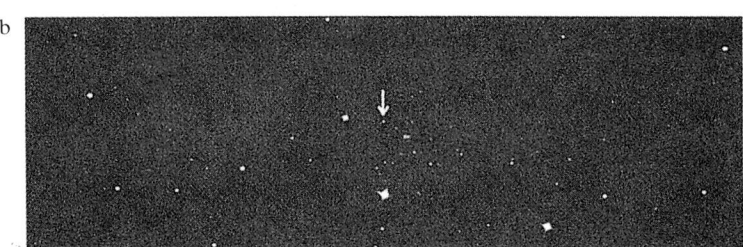

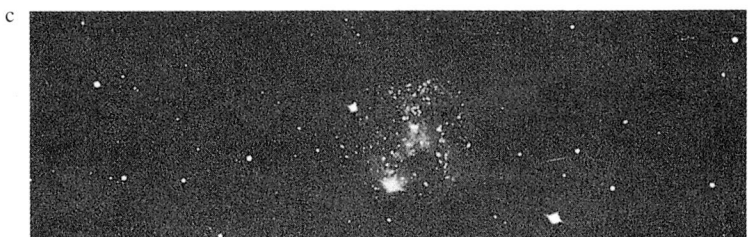

7.7 Fred Hoyles Vorstellungen über die Sternentwicklung, die er 1957 zusammen mit Geoffrey und Margaret Burbidge und William Fowler entwickelte, begründeten die Theorie der Supernovae. Er war ein prominenter Verfechter eines „stationären Modells" vom Universum, das in den fünfziger und sechziger Jahren die Hauptalternative zur inzwischen weitgehend akzeptierten Urknalltheorie darstellte. Hoyle schrieb auch mehrere ausgezeichnete populärwissenschaftliche Bücher über Astronomie sowie einige ebenso unterhaltsame wie scharfsinnige Science-fiction-Romane. Immer an kontroversen Themen interessiert, richtet sich sein gegenwärtiges Forschungsinteresse vor allem auf die Idee, daß Leben und Krankheiten ihren Ursprung im Weltraum haben. Hoyle lebt und arbeitet jetzt im Lake District im Norden von England.

7.6 Drei Aufnahmen von einer Supernova in der Galaxie IC4182. Am 23. August 1937 (a) war die Supernova in einer Aufnahme, die mit einer Belichtungszeit von 20 Minuten gemacht wurde, deutlich zu erkennen; die Galaxie, in der sie sich abspielte, blieb hingegen wegen ihrer vergleichsweise geringen Helligkeit bei dieser Aufnahme unsichtbar. Etwa 15 Monate später, am 24. November 1938, hatte die Helligkeit der Supernova bereits stark abgenommen (b). Infolgedessen wird die Galaxie bei der hier verwendeten Belichtungszeit von 45 Minuten allmählich sichtbar. Bei der Aufnahme vom 19. Januar 1942, die 85 Minuten belichtet wurde (c), war die Supernova schon so lichtschwach, daß man sie in der nun deutlich erkennbaren Galaxie nicht mehr identifizieren konnte. Diese Folge von Aufnahmen demonstriert die enorme Leuchtkraft von Supernovae. Bisher hat man über 400 solche Sternexplosionen registriert; die letzte Supernova in unserer Galaxie wurde 1604 von Kepler beobachtet.

Zum Ende dieses Abschnitts wollen wir der Vollständigkeit halber noch die „Braunen Zwerge" erwähnen, die man ebenso wie den Planeten Jupiter als verhinderte Sterne betrachtet, in denen Kernreaktionen niemals richtig in Gang gekommen sind. Die Braunen Zwerge rufen bei den Astronomen gegenwärtig besonders reges Interesse hervor.

Neutronensterne und Schwarze Löcher

In sehr massereichen Sternen ist das Heliumbrennen, also der Aufbau von Kohlenstoff, noch nicht das letzte Glied in der Kette der Kernreaktionen. Im Zentrum eines solchen Sterns herrschen so hohe Temperaturen, daß auch andere nukleare Prozesse stattfinden können; in komplizierten Reaktionsketten bilden sich dort nacheinander immer schwerere Elemente bis hin zu Eisen. Die Synthese noch schwererer Elemente als Eisen brächte keinen Energiegewinn mehr, da Eisen (^{56}Fe) von allen Elementen die höchste Bindungsenergie besitzt (siehe Abbildung 5.12). Deshalb wird sich im Stern schließlich mehr und mehr Eisen ansammeln. Wenn der nukleare Brennstoff dann endgültig zur Neige geht, gerät der Stern wiederum aus dem Gleichgewicht: Der Kern des Weißen Zwergs fällt in sich zusammen, bis die Elektronen aufgrund des Pauli-Prinzips sein weiteres Kollabieren verhindern.

Ob das Pauli-Prinzip für Elektronen den Gravitationskollaps eines Sterns stoppen kann, hängt aber davon ab, wie massereich der Stern ist. Es gibt eine kritische Masse, die sogenannte Chandrasekhar-Masse, oberhalb der das Pauli-Prinzip für Elektronen nicht mehr verhindern kann, daß sich der Weiße Zwerg in eine noch exotischere und kompaktere Form von Materie verwandelt. Wie ist das möglich? Wenn der Eisenkern eines sehr massereichen Sterns kollabiert, werden die Elektronen schließlich so stark zusammengepreßt, daß eine merkliche Anzahl von ihnen genügend Energie gewinnt, um die folgende Reaktion – eine schwache Wechselwirkung – einzugehen:

$$e^- + p \rightarrow n + \nu.$$

Diese Umwandlung der Protonen in Neutronen verbraucht Energie und bewirkt, daß die Zahl der Elektronen und Protonen im Eisenkern drastisch abnimmt. Außerdem strahlt der Stern jetzt Neutrinos ab, wodurch ihm noch mehr Energie entzogen wird. Die verbleibenden Elektronen können der Gravitationskraft nun nicht mehr standhalten – ein unglaublich rascher und heftiger Kollaps des Eisenkerns ist die Folge, der eine Supernova-Explosion auslöst. Wie dies im einzelnen abläuft, wird von den Astrophysikern zur Zeit noch diskutiert. Klar scheint zu sein, daß nach der Supernova-Explosion ein komprimiertes Materiepaket „heißer" (energiereicher) Neutronen übrigbleiben wird, ein sogenannter „Neutronenstern". Wenn der heiße Neutronenstern abkühlt, verhindert wiederum das Pauli-Prinzip – diesmal angewendet auf die Neutronen –, daß er völlig in sich zusammenfällt. Ein extrem massereicher Stern kann dann noch zu einem „Schwarzen Loch" werden; wir kommen darauf später zurück.

7.8 Subrahmanyan Chandrasekhar wurde 1910 in Lahore im heutigen Pakistan geboren und studierte an der Universität von Madras. Er promovierte bei Dirac im englischen Cambridge und arbeitete anschließend an der Universität von Chicago und am Yerkes-Observatorium. Chandrasekhar entwickelte das erste konsistente Modell für Weiße Zwerge. 1983 bekam er zusammen mit William Fowler den Nobelpreis.

Aus den Überresten eines Sterns von etwa der doppelten Masse unserer Sonne wird ein Neutronenstern mit einem Durchmesser von gerade noch 16 Kilometern! Dieser Stern ist aber mehr als 1000milliardenmal dichter als Wasser, was ungefähr der Dichte im Inneren eines Atomkerns entspricht! Im gewissen Sinne ist ein Neutronenstern daher so etwas wie ein gigantischer Atomkern.

Neutronensterne mögen Ihnen wie eine recht phantastische Ausgeburt der Quantenmechanik erscheinen, ihre Existenz wurde aber bereits vor nahezu 50 Jahren von dem Theoretiker J. Robert Oppenheimer vermutet. Oppenheimer war eine vielschichtige Persönlichkeit und spielte eine so zentrale Rolle bei den Ereignissen, die in unser heutiges Atomzeitalter führten, daß uns hier eine kurze historische Abschweifung gestattet sei. Während des Zweiten Weltkriegs war Oppenheimer wissenschaftlicher Leiter des Manhattan-Projekts in Los Alamos, New Mexico, das den Bau der Atombombe zum Ziel hatte. Derselbe Oppenheimer wurde 1954 zum „Sicherheitsrisiko" erklärt, nachdem er sich geweigert hatte, an der Entwicklung der Wasserstoffbombe mitzuwirken. Ein Untersuchungsausschuß befaßte sich mit Oppenheimers Loyalität als amerikanischer Staatsbürger und kam zu dem Schluß, er sei »ungeeignet, seinem Vaterland zu dienen«! Nicht ganz unschuldig an diesem Urteil war Edward Teller, ein Kollege Oppenheimers aus den Tagen in Los Alamos und später als „Vater der Wasserstoffbombe" bekannt geworden, der Oppenheimer in dem Anhörungsverfahren belastet und damit die Wissenschaftlergemeinde entzweit hatte. Zu jener Zeit erreichte die von Senator Joseph McCarthy initiierte Jagd nach Kommunisten gerade ihren Höhepunkt. 1950 hatte der britische Geheimdienst den Physiker Klaus Fuchs bei der Weitergabe von Informationen über die Atombombe an die Russen festgenommen. Fuchs war, zusammen mit von Neumann, Autor einer streng geheimen Studie, die eine Zusammenfassung aller nennenswerten Fortschritte auf dem Weg zur thermonuklearen Fusionsbombe enthielt. Zu alledem gelang es den Russen im August 1953, die erste Wasserstoffbombe zu zünden, die von einem Flugzeug abgeworfen werden konnte, und es war klar, daß die Vereinigten Staaten frühestens 1956 über eine militärisch einsetzbare Fusionsbombe verfügen würden. Nur langsam erholten sich die Amerikaner von diesem Schock. Am 22. November 1963 schließlich kündigte der Sprecher des Weißen Hauses an, Präsident Kennedy persönlich werde Oppenheimer den renommierten Fermi-Preis überreichen. Diese Geste war gedacht als erster Schritt zu einer öffentlichen Rehabilitierung der Opfer der Kommunistenhetze. Am Nachmittag desselben Tages wurde John F. Kennedy ermordet, und es blieb seinem Nachfolger Lyndon B. Johnson vorbehalten, Oppenheimer den Preis — entgegen den Warnungen seiner Berater — persönlich zu überreichen.

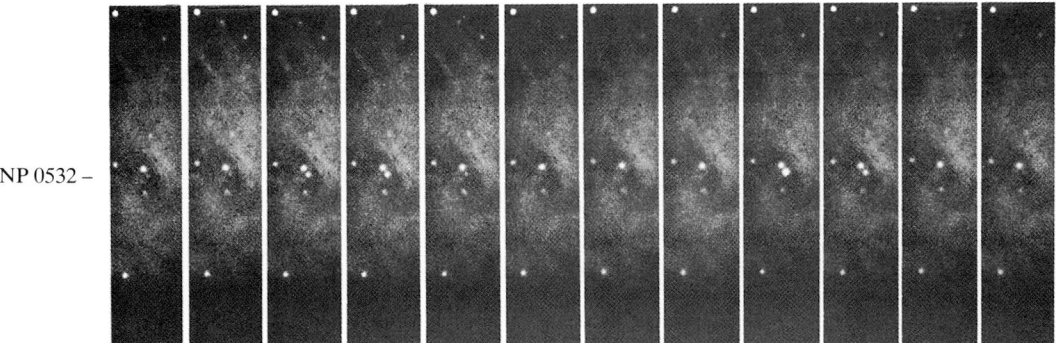

NP 0532 –

7.9 Dieser Aufnahmenzyklus zeigt das periodische Aufblitzen des Pulsars NP 0532 im Krebsnebel. Der gesamte Zyklus dauert nur etwa eine dreißigstel Sekunde, was der Rotationsperiode des Neutronensterns entspricht.

Nach diesem historischen Zwischenspiel kehren wir nun zu den Neutronensternen und zu der Frage zurück, warum die Astronomen davon überzeugt sind, daß solche Objekte existieren. Die Beobachtungen, auf die sie sich dabei stützen, stehen mit der Entdeckung der „Pulsare" in Zusammenhang. Im Jahre 1967 hatte Jocelyn Bell Burnell, eine Doktorandin von Anthony Hewish im englischen Cambridge, Quellen außerirdischer Radioimpulse ausfindig gemacht, wobei die Pulse rasch und bemerkenswert regelmäßig aufeinanderfolgten. Bald nachdem der erste Pulsar entdeckt war, wurde ein weiterer im Zentrum des Krebsnebels gefunden – genau dort, wo die von den Chinesen beobachtete Supernova-Explosion stattgefunden hatte. Dieser Pulsar blinkt etwa 30mal pro Sekunde auf und emittiert Energie aus beinahe dem gesamten elektromagnetischen Spektrum (siehe Anhang). Pulsare wurden anfangs auch mit Signalen von einer außerirdischen Zivilisation in Zusammenhang gebracht, aber die Wahrheit scheint weniger romantisch zu sein: Heute hält man diese merkwürdigen Objekte für schnell rotierende Neutronensterne!

Tommy Gold von der Cornell-Universität im US-Bundesstaat New York erkannte als erster, daß man Pulsare als rotierende Neutronensterne beschreiben kann. Aufgrund der hohen Pulsfrequenz müßte deren Rotationsgeschwindigkeit aber sehr viel größer sein als die von normalen Sternen. Doch geradeso, wie sich eine Schlittschuhläuferin schneller dreht, wenn sie ihre Arme zu sich heranzieht – eine elegante Art, die Erhaltung des Drehimpulses vorzuführen –, beschleunigt sich ja auch die Rotation eines Sterns, der zu einem Neutronenstern zusammenschrumpft. Außerdem wird sich das Magnetfeld des Sterns durch den Kollaps erheblich verstärken. Wie in Abbildung 7.11 schematisch dargestellt, fallen

7.10 Jocelyn Bell Burnell arbeitete als Doktorandin bei Anthony Hewish in Cambridge, England, als ihr erstmals die regelmäßigen Signale „pulsierender" Sterne auffielen. Ihre Doktorarbeit enthielt Angaben über die Winkeldurchmesser von ungefähr 200 szintillierenden Radioquellen; Pulsare werden nur nebenbei im Anhang erwähnt. Anthony Hewish, der die Szintillationstechnik entwickelt hatte und Burnells Arbeit betreute, erhielt 1974 den Nobelpreis.

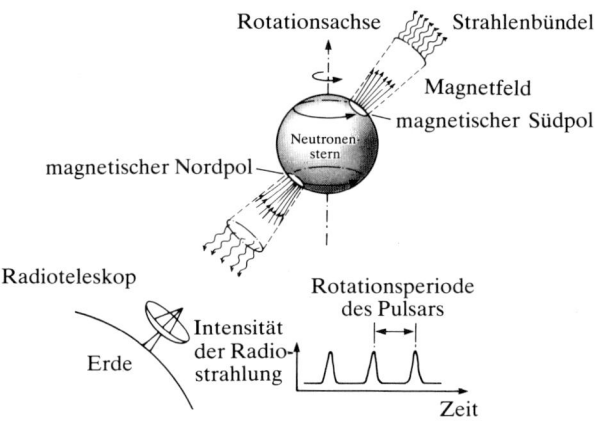

7.11 Ein Pulsar ist ein schnell rotierender Neutronenstern mit einem enorm starken Magnetfeld. Während der Stern rotiert, emittiert er ein schmales Strahlenbündel, das von seinen magnetischen Polen ausgeht. Sofern dieser Strahl die Erde überstreicht, kann der Pulsar durch die in regelmäßigen Abständen empfangenen Radioimpulse nachgewiesen werden.

dabei der magnetische Nord- und Südpol eines Neutronensterns für gewöhnlich nicht mit den Polen seiner Rotationsachse zusammen. Über einen ziemlich komplizierten Mechanismus, bei dem magnetische wie elektrische Felder des Neutronensterns eine Rolle spielen, wird nach Auffassung der Astrophysiker ein intensiver schmaler Strahl in Richtung der magnetischen Achse abgegeben. Dieses elektromagnetische Strahlenbündel des rotierenden Neutronensterns überstreicht in regelmäßigen Abständen die Erde und ruft beim Beobachter — ähnlich wie der rotierende Lichtstrahl eines Leuchtturms — den Eindruck hervor, der Stern würde „blinken".

Ein Neutronenstern ist ein außerordentlich kompaktes Materiepaket. Die Neutronen halten den enormen Gravitationskräften im Inneren eines solchen Objekts jedoch — dank des Pauli-Prinzips — stand. Besitzt der Stern allerdings eine hinreichend hohe Masse — vermutlich mehr als etwa drei Sonnenmassen —, dann können nicht einmal mehr die ebenfalls dem Pauli-Prinzip unterliegenden Bausteine der Neutronen, die Quarks (siehe Kapitel 10), verhindern, daß der Stern weiter kollabiert und zu einem „Schwarzen Loch" wird. Solche bizarren Gebilde sind nach Einsteins Allgemeiner Relativitätstheorie durchaus denkbar; sie entsprechen einer speziellen Klasse von Lösungen der Einsteinschen Feldgleichungen.

Die Bildung eines Schwarzen Lochs erfordert enorm hohe Dichten: Um beispielsweise aus unserer Sonne ein Schwarzes Loch zu machen, müßte man sie auf eine Kugel mit einem Durchmesser von rund sechs Kilometern komprimieren. Ein Stern muß dazu soweit zusammenschrumpfen, daß sein Radius einen bestimmten kritischen Wert, den sogenannten „Schwarzschild-Radius", unterschreitet; dann wird die Massenanziehung so stark, daß nichts – nicht einmal Licht – aus ihrem Wirkungsbereich entkommen kann. Was bleibt, ist im wahrsten Sinne des Wortes ein „Schwarzes Loch"!

Es gibt gegenwärtig noch keine umfassende Theorie, die die Quantenmechanik mit der Allgemeinen Relativitätstheorie in zufriedenstellender Weise vereinigen würde. Wir wissen daher weder genau, wie sich ein Stern in ein Schwarzes Loch verwandelt, noch sind wir absolut sicher, daß solche Objekte überhaupt existieren müssen. Wie sollte man auch ein Schwarzes Loch beobachten können, wo es doch niemals irgendeine Art von Strahlung freigeben kann?

Erfolgversprechend scheint zum Beispiel die Suche nach Doppelsternsystemen, die normalerweise aus zwei umeinander rotierenden Sternen bestehen. Wäre einer der beiden Sterne ein Schwarzes Loch, könnte man dessen Masse aus dem Verhalten seines sichtbaren Partners abschätzen. Außerdem würde das Schwarze Loch von seinem Partnerstern Materie „absaugen", die beim Sturz in das Schwarze Loch Röntgenstrahlen emittieren würde. Ein möglicher Kandidat für ein Schwarzes Loch wurde im Sternbild Schwan (Cygnus) ausfindig gemacht, doch konnte diese Vermutung bislang nicht eindeutig bestätigt werden. In Kapitel 9 werden wir noch mehr über Quantenmechanik und Schwarze Löcher erfahren.

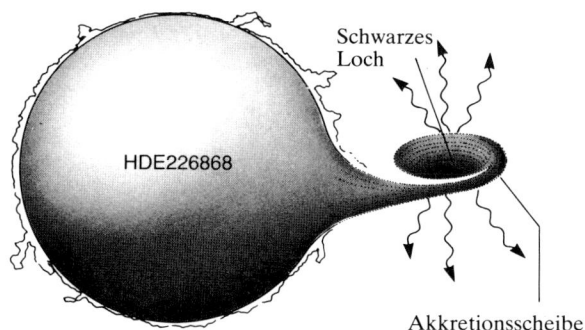

Schwarzes Loch

HDE226868

Akkretionsscheibe

7.12 Wie sich ein Schwarzes Loch in einem Doppelsternsystem bemerkbar macht, ist hier am Beispiel der Röntgenquelle Cygnus X1 im Sternbild Schwan dargestellt. Messungen der Rotationsperiode dieses Doppelsternsystems legen nahe, daß die Masse der unsichtbaren Röntgenquelle größer ist als die eines Neutronensterns. Man vermutet, daß vom Begleitstern Materie zum Schwarzen Loch strömt, die beim Aufprall auf die rotierende Materiescheibe in dessen Umgebung Röntgenstrahlen erzeugt, bevor sie schließlich für immer verschwindet.

8. Quanten schließen sich zusammen

*... es gibt bestimmte Situationen, in denen sich die Eigentüm-
lichkeiten der Quantenmechanik auf besondere Weise im großen
Maßstab zeigen.*

Richard Feynman

Laserlicht

Den meisten Menschen ist das Wort „Laser" heute ein Begriff.
Raffinierte Showeffekte mit Laserlicht gehören zum Standardreper-
toire von Rockkonzerten, und die vielfältigen Anwendungen von
Laserstrahlen reichen mittlerweile von der Astronomie bis zur

8.1 Ein Laser-Schweißgerät
bei Fiat in Turin. Der Laserstrahl tritt aus der kegelförmi-
gen Düse am unteren Ende
des Schweißkopfes aus, direkt über dem Schweiß-
punkt. Ein Kohlendioxidlaser
mit einer Leistung von 2,5 Ki-
lowatt erzeugt den Strahl.

155

Wasserstoffusion. Was ist das Besondere an Laserlicht, das es so vielfältig einsetzbar macht? Die Antwort auf diese Frage liegt im kollektiven Verhalten der Lichtphotonen, die auf spezifisch quantenmechanische Weise miteinander „kooperieren", oder – um es im Wellenbild auszudrücken – in der „Kohärenz" der Wellenbewegung. Auch das eigentümliche Verhalten der sogenannten „Supraflüssigkeiten" wird erst durch diese quantenmechanische Kooperation der Teilchen verstädlich. Die besonderen Eigenschaften von Laserlicht lassen sich jedoch am einfachsten mit dem Begriff der Kohärenz beschreiben, den wir nun als erstes einführen und erklären müssen.

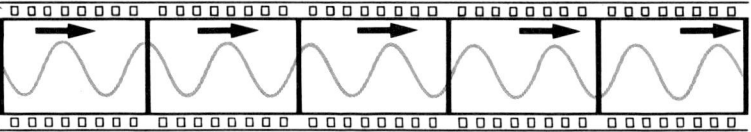

8.2 Eine laufende Welle, die mit einer ortsfesten Kamera mehrfach hintereinander aufgenommen wurde. Der Pfeil sitzt immer über demselben Wellenkamm und wandert mit der ganzen Welle nach rechts. In Abbildung 8.3 ist gezeigt, wie Wellenlänge und Amplitude einer solchen Wellenbewegung definiert sind.

Wir schauen uns dazu die einfache Wellenbewegung in Abbildung 8.2 an. Wie wir bereits gesehen haben, wiederholt sich das Wellenmuster nach jeweils einer „Wellenlänge", und die „Frequenz" der Welle entspricht gerade der Zahl der Wellenlängen, die pro Sekunde ausgesandt werden. Handelt es sich um eine Welle auf einer Saite, so bewegt sich jeder einzelne Punkt der Saite zwischen seinen Umkehrpunkten periodisch auf und ab; seine maximale Auslenkung aus der Ruhelage nennt man „Amplitude" der Welle. Mehr brauchten wir über Wellen bis jetzt nicht zu wissen.

Nun betrachten wir zwei parallel nach rechts laufende Wellen gleicher Wellenlänge, die wir zu jeweils verschiedenen Zeiten starten (Abbildung 8.3). In der Momentaufnahme links wurden beide Wellen gleichzeitig gestartet: Wellentäler und -kämme kommen überall gleichzeitig vorbei. Im zweiten Versuch wurde die gestrichelte Welle etwas später gestartet; sie hinkt der Referenzwelle um eine viertel Wellenlänge hinterher, so daß sie an jenen Stellen, wo die Referenzwelle ihren Kamm bereits erreicht hat, gerade aus der Ruhelage anzusteigen beginnt. Im dritten Fall wurde die untere Welle eine „halbe Wellenlänge später" gestartet. Bei diesem Extremfall fällt immer ein Wellental der einen Welle mit einem Kamm der anderen zusammen.

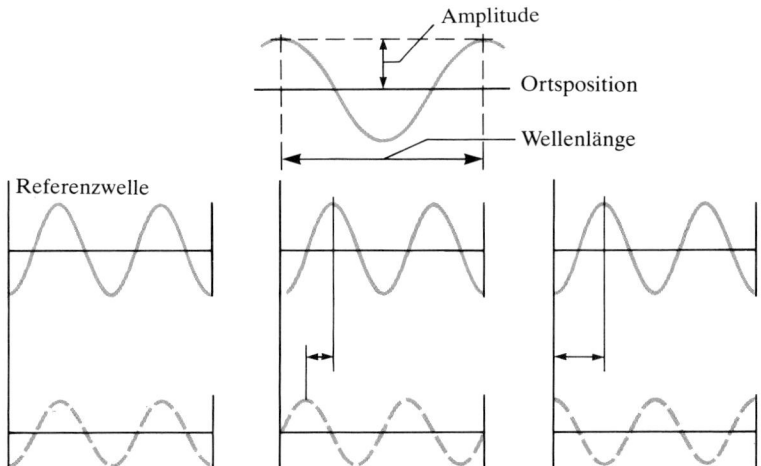

8.3 Momentaufnahme zweier parallel nach rechts laufender Wellen gleicher Wellenlänge, wobei die untere Welle jeweils zu einem anderen Zeitpunkt gestartet wurde. In a) ist die untere Welle mit der Referenzwelle in Phase, während sich bei b) eine Phasendifferenz von einer viertel Wellenlänge und bei c) eine halbe Wellenlänge Gangunterschied ergibt.

Die jeweilige Lage der beiden Wellen zueinander drückt man durch ihre unterschiedliche „Phase" beziehungsweise ihre „Phasendifferenz" aus. Die Phase einer Welle an einem bestimmten Ort gibt an, an welcher Stelle der periodischen Auf- und Abbewegung sie sich gerade befindet. In unserem ersten Beispiel aus Abbildung 8.3 sind die beiden Wellen überall und immer phasengleich oder „in Phase". Im zweiten Beispiel entspricht ihre Phasendifferenz gerade einer viertel Wellenlänge, im letzten Beispiel einer halben Wellenlänge. In allen drei Beispielen ist die Phasen*differenz* zwischen den beiden Wellen an allen Punkten der Saite die ganze Zeit über konstant, und wann immer zwei Wellen eine feste Phasendifferenz besitzen, bezeichnet man sie als „kohärent".

Die Interferenzeffekte, die wir im ersten Kapitel besprochen haben, setzen diese Kohärenzeigenschaft stillschweigend voraus: Interferenzmaxima und -minima treten ja gerade dort auf, wo die interferierenden Wellen entweder immer in Phase oder in Gegenphase (wie in Abbildung 8.3 ganz rechts) sind. Zwei gewöhnliche Lichtquellen wie zum Beispiel Glühbirnen sind jedoch normalerweise „inkohärent" und zeigen keinerlei Interferenzeffekte. Das liegt daran, daß das Licht in den beiden Quellen durch eine Vielzahl einzelner Atome erzeugt wird, die ihre Photonen unkoordiniert zu verschiedenen Zeiten abgeben. Jede Lampe sendet somit ein ungeordnetes Gemisch von Wellenzügen aus, die lauter verschiedene Phasen besitzen. Anders ausgedrückt, im allgemeinen existiert keine eindeutig definierte Phasendifferenz zwischen zwei Lichtwellen, die aus verschiedenen Quellen stammen, so daß Interferenzeffekte vollständig verwischen. Laserstrahlen hingegen zeichnen sich dadurch aus, daß alle Atome ihre Lichtquanten im Gleichtakt abstrahlen, das Wellenbündel also überall eine definierte

Phase besitzt. Diese außergewöhnliche Kohärenz macht es auch möglich, einen Laserstrahl auf einen winzigen Fleck zu fokussieren und so die Lichtenergie im höchsten Maße räumlich zu konzentrieren. Ein Laserstrahl, dessen Energie kaum dem Verbrauch einer gewöhnlichen Glühbirne entspricht, kann ohne weiteres ein Loch in eine Metallplatte brennen.

Laser ist eine Abkürzung für *Light Amplification by Stimulated Emission of Radiation*, zu deutsch „Lichtverstärkung durch induzierte Emission von Strahlung". Mit „induzierte Emission" ist ein Wechselwirkungsprozeß eines Atoms mit Licht gemeint, den wir noch nicht diskutiert haben. Wir hatten gesehen, daß ein Elektron dazu angeregt werden kann, auf ein höheres Niveau zu springen, wenn man Licht einstrahlt, dessen Photonenenergie genau dem Abstand der beiden beteiligten Energieniveaus entspricht. Man nennt diesen Prozeß, bei dem das Photon absorbiert wird, auch „induzierte Absorption". Außerdem wissen wir, daß ein Atom in einem angeregten Zustand irgendwann „spontan" ein Photon passender Energie abgeben wird, wobei das angeregte Elektron wieder in den Grundzustand (oder einen anderen tieferen Zustand) springt. Diesen „Zerfall" eines angeregten Atoms bezeichnet man als „spontane Emission". Eine dritte Form der Wechselwirkung zwischen Atomen und Photonen entdeckte Einstein bereits im Jahre 1916. Michele Angelo Besso, einem Freund, mit dem er sein Leben lang verbunden war, teilte er im November desselben Jahres mit: »Es ist mir ein prächtiges Licht über die Absorption und Emission der Strahlung aufgegangen.« (Als Besso 1955 starb, schrieb Einstein an dessen Familie: »Was ich am meisten an ihm als Menschen bewunderte, ist der Umstand, daß er es fertiggebracht hat, viele Jahre lang nicht nur in Frieden, sondern sogar in dauernder Konsonanz mit einer Frau zu leben – ein Unterfangen, in dem ich zweimal ziemlich schmählich gescheitert bin.«) Einstein hatte erkannt, daß man ein angeregtes Atom ebenso dazu bringen kann, in einen tieferen Energiezustand überzugehen, indem man Licht mit der passenden Photonenenergie einstrahlt. Das angeregte Elektron springt dann unter Aussendung eines Photons auf ein tieferliegendes Niveau. Es lag nahe, diesen Übergang als „induzierte Emission" von Strahlung zu bezeichnen. Natürlich wäre das Elektron früher oder später auch „spontan" in den unteren Zustand gesprungen; in Gegenwart eines Strahlungsfelds geschieht das allerdings viel früher. Über 35 Jahre lang war dies den Lehrbüchern der Quantenmechanik kaum mehr als eine flüchtige Bemerkung wert, da der Prozeß keinerlei praktische Anwendungen versprach. Übersehen hatte man allerdings, daß die auf diese Weise „induzierten" Photonen eine besondere Eigenschaft besaßen: Sie haben nämlich genau dieselbe Phase wie das „induzierende" Photon. Man kann sich den Vorgang so vorstellen, daß das hin- und herschwingende

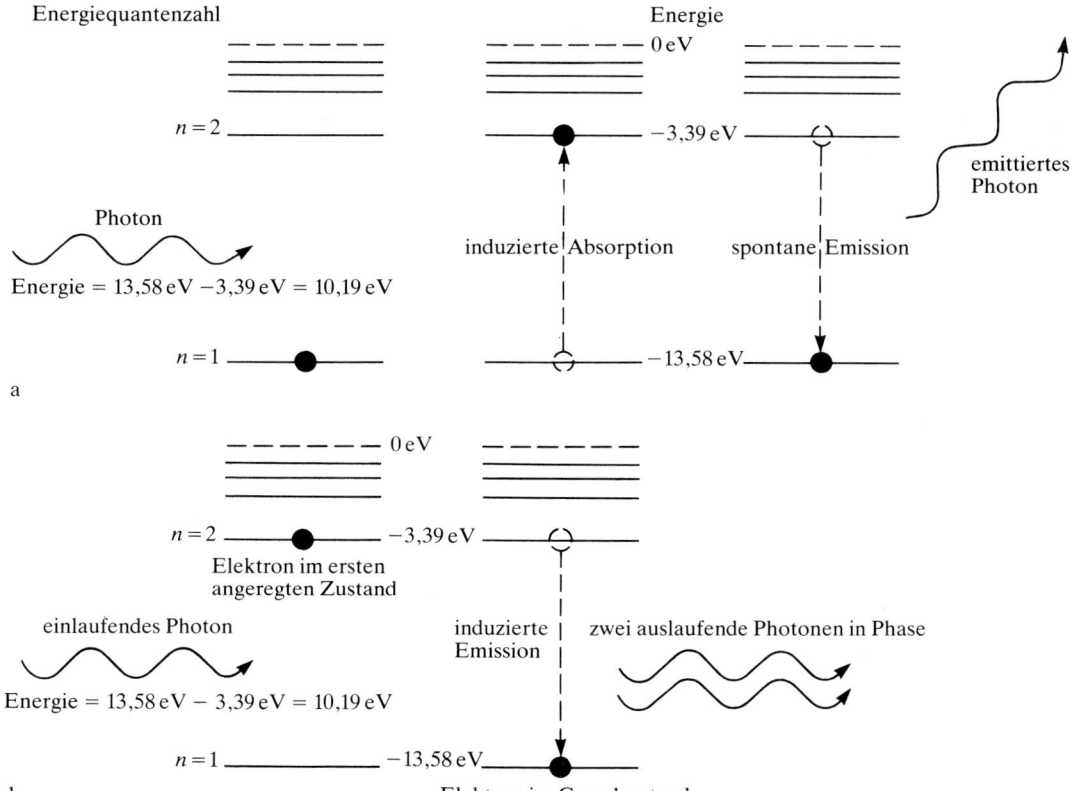

8.4 Die drei elementaren Wechselwirkungsprozesse von Lichtphotonen und Elektronen in einem Atom. Wird ein Photon passender Energie von einem Elektron im Grundzustand „absorbiert" (a), so springt das Elektron in einen angeregten Zustand höherer Energie (induzierte Absorption). Nach einer gewissen Zeit wird dieses Elektron spontan wieder auf das unterste Energieniveau zurückspringen und dabei ein Photon abgeben, das dieselbe Energie hat wie das zuvor absorbierte (spontane Emission). Wenn ein Photon in ein Atom eingestrahlt wird, das sich bereits in einem angeregten Zustand befindet (b), kann es zu einer induzierten Emission kommen. Das eingestrahlte Photon und das beim Elektronenübergang emittierte Photon haben dabei dieselbe Energie und Phase.

elektrische Feld der eingestrahlten Lichtwelle die Ladungsverteilung eines angeregten Atoms zwingt, phasengleich mitzuschwingen. Die emittierten Photonen sind dann alle in Phase und haben zudem dieselbe Ausbreitungsrichtung wie das ursprüngliche Photon, das heißt, sie sind kohärent.

So weit so gut, doch bevor man daran denken konnte, diesen Effekt zur Erzeugung intensiver Laserstrahlen zu nutzen, waren eine Reihe technischer Probleme zu lösen. Bei normalen Temperaturen befinden sich die bei weitem meisten Atome im Grundzustand:

Man muß also als erstes nach einer Möglichkeit suchen, Energie so in das Lasermaterial zu „pumpen", daß ein Großteil der Atome in einen angeregten Zustand versetzt wird. Solange die meisten Atome im Grundzustand sind, wird nämlich hauptsächlich induzierte Absorption stattfinden. Erst wenn wir es schaffen, das Besetzungsverhältnis der Energieniveaus umzukehren, wird die induzierte Emission gegenüber der induzierten Absorption überwiegen: Dann erhalten wir insgesamt eine Verstärkung des eingestrahlten Lichts. Mehr Atome im angeregten Zustand als im Grundzustand – das ist alles andere als der Normalfall in der Natur; man spricht hier von einer „Besetzungsinversion".

8.5 Charles Townes wurde 1915 im US-Bundesstaat South Carolina geboren. Während des Zweiten Weltkriegs arbeitete er in den Bell-Forschungslaboratorien an der Entwicklung von Radarsystemen. 1951 kam ihm – angeblich, als er gerade darauf wartete, daß das Restaurant seine Türen zum Frühstück öffnete – die Idee, Moleküle statt elektronischer Schaltkreise zur Erzeugung von Mikrowellen (kurzwelligen Radiowellen) zu verwenden. Bis 1953 hatte er seinen ersten „Maser" (ein Akronym für *Microwave Amplification by Stimulated Emission of Radiation*) aufgebaut, der mit Ammoniakmolekülen arbeitete. Townes überlegte auch schon, ob man ein ähnliches Gerät für sichtbares Licht konstruieren könnte.

Beim ersten Laser verwendete man einen Rubinkristall, das ist ein Aluminiumoxid, bei dem ein Teil der Aluminiumatome durch Beimischung von Chromatomen ersetzt wurde. Die Energieniveaus der in den Kristall eingebetteten Chromatome, die für den Prozeß relevant sind, zeigt Abbildung 8.7. Pumpt man Licht in das Material, dessen Photonenenergie dem Niveauabstand zwischen E_1 und E_3 entspricht, so gehen viele Chromatome in den oberen Zustand über, der in Wirklichkeit ein breites, kontinuierliches Energieband aus vielen kurzlebigen Einzelzuständen ist. Die angeregten Chromatome zerfallen rasch in den relativ langlebigen Zustand E_2, so daß für eine gewisse Zeit Besetzungsinversion vorliegt. Wenn dann einzelne dieser E_2-Atome spontan in den Zustand E_1 zurückkehren, haben die abgestrahlten Photonen die richtigen Energien, um in den anderen angeregten Atomen induzierte Emissionen auszulösen.

Der Aufbau eines Rubinlasers ist in Abbildung 8.8 dargestellt. Die im Rubinkristall spontan emittierten Photonen werden in alle Richtungen abgegeben; diejenigen, die schräg zur Längsachse des Rubinstabs laufen, treten so rasch an den Seiten des Kristalls aus, daß sie nur wenige Emissionsprozesse auslösen können. Die entlang der Achse ausgerichteten Photonen werden jedoch von den Spiegeln an den beiden Stabenden immer wieder hin- und herreflektiert und induzieren in den angeregten Atomen mehr und mehr Photonen gleicher Laufrichtung. So baut sich ein intensiver kohärenter Laserstrahl auf, der durch den halbdurchlässigen Spiegel an dem einen Ende des Kristallstabs austreten kann. Bei diesem ersten Laser erfolgte das Pumpen durch einen kurzen Lichtblitz, der die Besetzungsinversion erzeugte, und der spezielle langlebige („metastabile") E_2-Zustand der Chromatome sorgte dafür, daß die Inversion erhalten blieb. Moderne Laser werden kontinuierlich gepumpt und kommen ohne den metastabilen Zwischenzustand aus.

In einem Laserstrahl befinden sich im Idealfall alle Photonen im selben Quantenzustand: Feste Phase und Frequenz des Laserstrahls sind Ausdruck des aufeinander abgestimmten Verhaltens vieler einzelner Photonen im gleichen Zustand. Bei Elektronen hatten wir gesehen, daß es aufgrund des Pauli-Prinzips immer nur einem Elektron erlaubt ist, einen bestimmten Quantenzustand einzunehmen. Photonen gehören jedoch zur Klasse der „Bosonen", die sogar eher dazu neigen, sich in einen einzigen Zustand zu drängeln. Mehr darüber im nächsten Abschnitt, doch wollen wir zuvor noch zwei ganz verschiedene Laseranwendungen erwähnen.

Die einzigartigen Eigenschaften von Laserlicht versetzen uns in die Lage, Lichtenergie in einem sehr intensiven, scharf gebündelten und kurzen Impuls zu konzentrieren. Mit solchen Laserimpulsen kann man beispielsweise den Abstand Erde−Mond mit erstaunlicher Genauigkeit ausmessen. Dazu schickt man über ein großes Teleskop einen Laserimpuls zum Mond. Ein Teil des Impulses (der Laserstrahl hat sich bis zum Mond auf einen Durchmesser von etwa drei Kilometern aufgeweitet) wird durch einen Reflektor, den die Apollo-14-Astronauten auf dem Mond zurückgelassen haben, zur Erde zurückgeworfen (siehe Farbtafel 17). Aus der Flugzeit der reflektierten Photonen kann die Entfernung von der Erde zum Mond auf wenige Zentimeter genau bestimmt werden − und das bei einem Abstand von 400 000 Kilometern, was einer Laufzeit des Lichts von weniger als eineinhalb Sekunden entspricht!

8.6 Theodore Harold Maiman wurde 1927 als Sohn eines Elektroingenieurs geboren. In seiner Collegezeit verdiente er sich sein Geld mit dem Reparieren elektrischer Geräte. Später arbeitete er in den Forschungslabors von Howard Hughes, wo er auf Townes Erfindung, den Maser, aufmerksam wurde und sich für das Problem zu interessieren begann, wie man eine analoge Strahlungsquelle für Licht verwirklichen könnte. 1960 baute Maiman den ersten Laser.

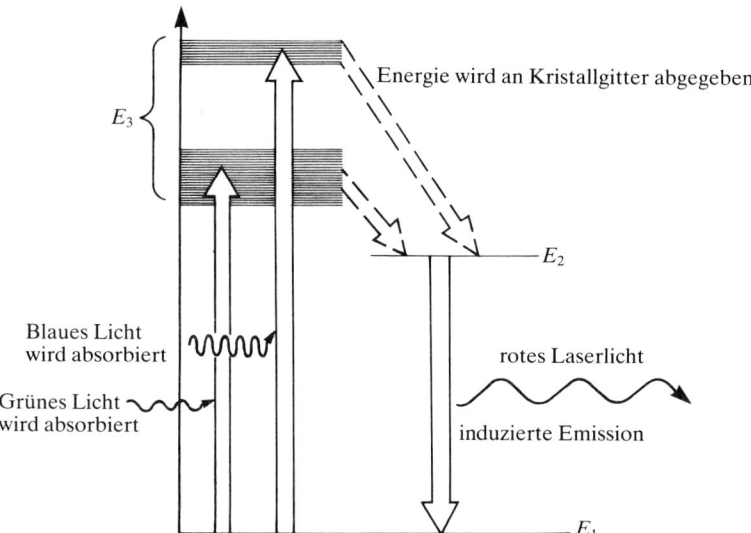

8.7 Das Energieniveau-Schema für den Rubinlaser. Durch die Absorption von grünem und blauem Licht werden die Elektronen der Chromatome in die beiden oberen, breiten Energiebänder „gepumpt". Rasch verlieren die angeregten Atome einen Teil ihrer Energie an das Kristallgitter, da die Elektronen in den langlebigen „metastabilen" Energiezustand E_2 herunterfallen. Nach und nach werden sich in diesem Niveau mehr Elektronen einfinden als im Grundzustand, so daß eine Besetzungsumkehr eintritt. Wenn die Elektronen durch induzierte Emission vom E_2-Niveau in den Grundzustand zurückkehren, strahlen sie rotes Laserlicht ab.

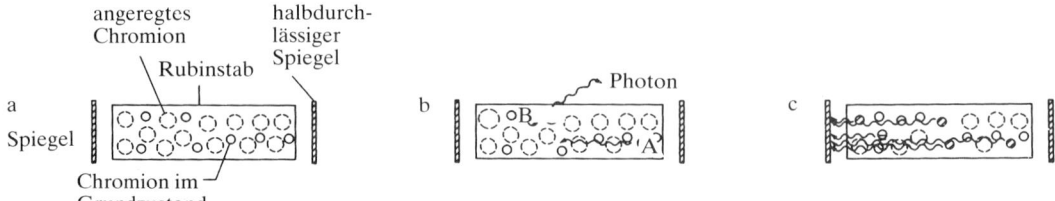

a

angeregtes Chromion

Rubinstab

halbdurch-lässiger Spiegel

Spiegel

Chromion im Grundzustand

b

Photon

A

c

8.8 Diese Bildfolge illustriert, wie sich ein Laserstrahl aufbaut. Zunächst wird durch „Pumpen" des Lasers eine Besetzungsinversion im Rubinkristall erzeugt (a); in der Schemazeichnung repräsentieren kleine Kreise Chromatome im Grundzustand und die größeren, gestrichelten Kreise angeregte Chromatome. Im späteren Stadium (b) sind zwei Atome spontan in den Grundzustand übergegangen. Im einen Fall verläßt das Photon den Rubinkristall an der Seite und kann keine weiteren Photonen induzieren. Das andere Photon jedoch läuft entlang der Stabachse und wird mehr und mehr Photonen freisetzen, die alle dieselbe Phase und Ausbreitungsrichtung besitzen. Durch wiederholte Reflexion an den beiden Spiegeln an den Stabenden (c) wird schließlich ein monochromatischer kohärenter Lichtstrahl parallel zur Stabachse aufgebaut. Einige Photonen werden gerade vom linken Spiegel in den Stab zurückgeworfen, wo sie bei ihrem Durchgang weitere Übergänge induzieren.

Eine andere interessante Anwendung des Lasers ist die dreidimensionale Photographie oder „Holographie". Dazu wird ein Laserstrahl über einen halbversilberten Spiegel in zwei Strahlen aufgesplittet. Einen der beiden Strahlen richtet man auf das aufzunehmende Objekt und plaziert eine Photoplatte so, daß das am Objekt gestreute Licht auf sie fällt. Der andere Strahl wird dagegen direkt auf die Photoplatte gelenkt, ohne vorher am Objekt gestreut zu werden. Da das Laserlicht kohärent ist, werden die beiden Strahlen an der Photoplatte miteinander interferieren; die Photoplatte

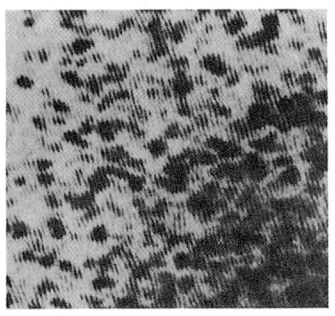

8.9 Die reichlich verschmiert aussehende Aufnahme links oben ist ein Hologramm; die drei anderen Photographien sind verschiedene Ansichten des Bilds, das aus diesem Hologramm erzeugt wurde. Nicht nur, daß man sich die Gegenstände im Bild von allen Seiten anschauen kann — das komplette Bild läßt sich, wenn auch in verminderter Schärfe, sogar aus einem beliebigen Bruchstück des Hologramms rekonstruieren! Hinter dieser optischen Zauberei steckt der Interferenzmechanismus der Holographie.

nimmt also das Interferenzmuster auf, das sich aus der Überlagerung der beiden Strahlen ergibt. Ein solches Interferenzbild nennt man ein „Hologramm" (von griechisch *holos*, „ganz"). Anders als eine gewöhnliche Photographie, die lediglich die Intensität des einfallenden Lichts festhält, ist im Hologramm auch die Information über die Phasen des gestreuten Lichts gespeichert, das heißt, die Information über die Verhältnisse der vom Licht zurückgelegten Wegstrecken, die das Interferenzmuster bestimmen. Es enthält somit die *ganze* optische Information (daher der Name), die vom Objekt an der Photoplatte ankommt. Das Hologramm selbst erinnert allerdings in nichts mehr an das aufgenommene Objekt, man sieht darauf lediglich willkürlich verteilte, verschmierte Punkte. Erst wenn man einen Laserstrahl darauf richtet, entsteht hinter dem Hologramm eine perfekte dreidimensionale Rekonstruktion des ursprünglichen Objekts. Man kann tatsächlich um das Bild herumlaufen und es von allen Seiten anschauen – die Perspektive verändert sich dabei genauso, als handele es sich um einen realen Gegenstand. Teile des Objekts, die aus einer Blickrichtung verdeckt sind, kann man sich von der anderen Seite aus unverstellt betrachten. Erfunden wurde die Holographie 1947 von dem gebürtigen Ungar Dennis Gabor, der damals im englischen Rugby arbeitete. Seine Entdeckung galt lange nur als wissenschaftliches Kuriosum. Erst 15 Jahre später, mit dem Aufkommen der kohärenten Laser, änderte sich dies, und seither ist aus seiner Idee ein umsatzstarker Industriezweig erwachsen, mit Anwendungen, die von der medizinischen Diagnostik bis zum Reifentest reichen.

8.10 Dennis Gabor (1900 – 1979) wurde in Budapest geboren, besuchte aber in Deutschland die Universität. Als Hitler an die Macht kam, ging er nach England, wo er als Forschungsingenieur bei dem Elektrokonzern Thompson-Houston in Rugby unterkam. Seine Originalarbeit über Holographie aus dem Jahre 1948 stand im Zusammenhang mit elektronenoptischen Untersuchungen; größere Beachtung fand seine Idee jedoch erst nach der Entdeckung des Lasers in der Lichtoptik. 1971 wurde ihm der Nobelpreis verliehen.

Supraflüssiges Helium: Die Bose-Einstein-Kondensation

In Kapitel 6 hatten wir gesehen, wie der Aufbau von Mendelejews Periodensystem verständlich wird, wenn wir das Pauli-Prinzip auf die Elektronen in den Atomen anwenden. Die drei grundlegenden „materieartigen" Teilchen – Elektronen, Protonen und Neutronen – gehorchen alle dem Pauli-Prinzip: Zwei identische „Fermionen", wie diese Teilchen genannt werden, können nie zusammen denselben Quantenzustand einnehmen. Steckt man daher in ein Kastenpotential mehrere Elektronen, so können die Elektronen nicht alle zugleich den untersten Energiezustand besetzen. Statt dessen füllen sie die einzelnen quantisierten Energieniveaus nacheinander paarweise – jeweils mit entgegengesetztem Spin – so auf, daß kein Elektron denselben Satz an Quantenzahlen hat wie irgendein anderes. Das gilt generell für materieartige Teilchen; „strahlungsartige" Teilchen wie beispielsweise Photonen verhalten sich jedoch ganz anders. Diese ziehen es vor, sich in ein und demselben Zustand einzufinden. Zu Ehren des indischen Physikers Satyendra Bose nennt man solche Teilchen „Bosonen".

8.11 Satyendra Bose (1894 – 1974). Nachdem seine Arbeit über die Quantentheorie des Lichts abgelehnt worden war, sandte Bose in seiner Verzweiflung eine Kopie an Einstein. Einstein selbst übersetzte Boses Arbeit aus dem Englischen ins Deutsche und sorgte für ihre Veröffentlichung. Bose, der bis dahin praktisch unbekannt gewesen war, wurde mit einem Schlag zu einem weltweit berühmten Physiker.

Bose, damals ein praktisch unbekannter junger Physiker aus Bengalen, hatte 1924 eine neue Ableitung für die berühmte Plancksche Strahlungsformel gefunden, mit der Planck seinerzeit die Energiequantisierung und seine Konstante h eingeführt hatte. Wie viele andere später berühmt gewordene physikalische Abhandlungen wurde seine Arbeit zunächst zurückgewiesen und nicht veröffentlicht. Bose hatte zum Glück Vorsorge getroffen und Einstein eine Kopie seiner Arbeit geschickt, mit der Bitte, ob er nicht dafür sorgen könnte, daß sie in einer deutschen Fachzeitschrift veröffentlicht würde – vorausgesetzt, er hielte sie für wichtig genug. Einstein war damals ganz von seiner Suche nach einer „vereinigten Theorie der Naturkräfte" in Anspruch genommen, doch brachte ihn Boses Brief eine Zeitlang von seinen hauptsächlichen Forschungsinteressen ab. Er selbst übersetzte Boses Arbeit ins Deutsche und reichte sie bei einer Zeitschrift ein, mit der beigefügten Notiz, er glaube, daß Boses Arbeit einen »wichtigen Fortschritt« darstelle. Im Laufe der folgenden Monate veröffentlichte Einstein mehrere Artikel, die Boses Ansatz vertieften und erweiterten.

Einstein bemerkte darüber hinaus als erster, daß Boses Teilchen – die späteren Bosonen – unter bestimmten Bedingungen in den niedersten Energiezustand „kondensieren" könnten. Was damit gemeint ist, erläutern wir wiederum an unserem Modell der Quantenteilchen in einem Kasten. Wenn wir statt Elektronen Photonen in den Kasten einbringen, dann hat jener Zustand des Systems die geringste Gesamtenergie, bei dem alle Photonen auf dem untersten Energieniveau sitzen. Bei normalen Temperaturen erhalten die meisten Bosonen jedoch durch thermische Stöße soviel Energie, daß sie praktisch alle in höheren Energiezuständen landen und sich kontinuierlich auf viele angeregte Zustände verteilen. Wird die Temperatur jedoch genügend abgesenkt, so begeben sich die Bosonen plötzlich kollektiv in den untersten Zustand. Einstein zeigte für dieses einfache Modell, daß quantenmechanisch die Moleküle »ohne Anziehungskräfte „kondensieren". Die Theorie ist hübsch«, schrieb Einstein, »doch ist auch etwas Wahres daran?« Das war im Dezember 1924; Bose hatte ihm im Juni desselben Jahres geschrieben.

Einsteins Annahme einer Kondensation von Bosonen („Bose-Einstein-Kondensation") hatte anfänglich den Ruf einer rein fiktiven Angelegenheit, die nichts mit beobachtbaren physikalischen Fakten zu tun habe. Erst 1938 kam Fritz London auf die Idee, daß gewisse seltsame Effekte, die man an flüssigem Helium beobachtet hatte, vielleicht als Folge einer Bose-Einstein-Kondensation der Heliumatome interpretiert werden könnten. Bevor wir uns diesen merkwürdigen Eigenschaften des Heliums zuwenden, müssen wir zunächst noch eine grundsätzliche Frage klären. Wir hatten gesagt, daß materieartige Teilchen wie Elektronen, Protonen und Neutronen allesamt Fermionen sind. Weshalb sollte sich also das Helium wie ein Boson verhalten? Gewöhnliches Helium (^{4}He) setzt sich aus je zwei Protonen und Neutronen im Kern und zwei atomaren Elektronen zusammen. Das Verhalten eines solchen zusammengesetzten Systems als Ganzem hängt aber davon ab, wie die einzelnen Teilchen aneinanderkoppeln. Aus Experimenten weiß man, daß Elemente mit einer geraden Zahl von Fermionen sich wie Bosonen verhalten können. Deshalb kann flüssiges ^{4}He bei tiefen Temperaturen in einen „supraflüssigen" Zustand kondensieren. Elemente mit einer ungeraden Anzahl von Fermionen hingegen verhalten sich wie ein Fermion und gehorchen dem Pauli-Prinzip. Flüssiges ^{3}He, das nur ein Neutron im Kern hat, hat also den Charakter eines Fermions und verhält sich — obwohl chemisch identisch mit ^{4}He — bei tiefen Temperaturen völlig anders; insbesondere findet man keine vergleichbare Bose-Einstein-Kondensation.

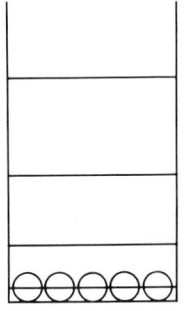 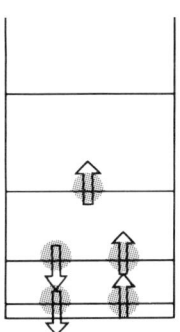

8.12 Bosonen und Fermionen in einer „Quantenbox". Physikalische Systeme neigen dazu, den Zustand mit der geringstmöglichen Energie einzunehmen. Bosonen erreichen dies, indem sie sich alle im gleichen Grundzustand mit der niedrigsten möglichen Energie einfinden. Ein Beispiel dafür sind Lichtphotonen. Fermionen dagegen gehorchen Paulis Ausschließungsprinzip. Deshalb können immer nur höchstens zwei Elektronen ein Energieniveau besetzen, das eine mit Spin oben, das andere mit Spin unten.

Helium besitzt von allen Gasen den niedrigsten Siedepunkt und war das letzte Gas, das verflüssigt werden konnte. In der Tieftemperaturphysik gibt man die Temperatur im allgemeinen in „Kelvin" (K) an, statt in Grad Celsius; die tiefstmögliche Temperatur überhaupt, der sogenannte „absolute Nullpunkt" der Temperaturskala bei etwa −273 Grad Celsius, ist als Nullpunkt der Kelvinskala definiert. Gegen Ende des 19. Jahrhunderts wetteiferten die Physiker in Paris, London und Krakau geradezu um den neuesten Tieftemperaturrekord. Lange Zeit schien es, als ob die Verflüssigung von Wasserstoff der letzte Schritt auf diesem Weg

8.13 Albert Einstein (1879 − 1955) auf dem Höhepunkt seiner Schaffenskraft im Jahre 1916. Er hatte damals gerade seine Allgemeine Relativitätstheorie zum Abschluß gebracht, ebenso seine wichtige Arbeit über die Absorption und Emission von Strahlung durch Atome, die in diesem Kapitel besprochen wird. Den Nobelpreis bekam Einstein 1921, allerdings nicht für die Relativitätstheorie, sondern für einen wesentlichen Beitrag zur Quantentheorie − seine Erklärung des photoelektrischen Effekts (1905). Obwohl Einstein an der Entstehung der Quantentheorie großen Anteil hatte, war er mit der später allgemein anerkannten und vor allem von Heisenberg und Bohr vertretenen „Kopenhagener Deutung" der Theorie unzufrieden. Einstein bestritt natürlich nicht, daß die Quantenmechanik gut „funktionierte", aber er hielt die Theorie wegen ihres Wahrscheinlichkeitscharakters zumindest für unvollständig − Ungewißheit durfte es in einer vollständigen Theorie seiner Meinung nach nicht geben. »Gott würfelt nicht«, Einsteins berühmt gewordener Ausspruch, stammt aus einem Brief an Max Born, der als erster eine Wahrscheinlichkeitsinterpretation der Schrödingerschen Wellenfunktionen vorgeschlagen hatte.

zum absoluten Nullpunkt sein würde. 1898 konnte dann Sir James Dewar die erste Wasserstoffverflüssigung vor der Royal Society in London verkünden; er hatte in seinen Experimenten etwa zwölf Kelvin erreicht. Etwa zur selben Zeit hatte man allerdings das seltene Heliumgas entdeckt und rasch erkannt, daß die Verflüssigung von Helium das eigentliche Ziel war. Dewar schätzte die dafür erforderliche Temperatur 1904 auf rund sechs Kelvin. Im Jahre 1908 gelang es schließlich dem holländischen Physiker Kamerlingh Onnes in Leiden, Helium zu verflüssigen. Tatsächlich stellte sich heraus, daß der Siedepunkt von Helium bei etwa vier Kelvin lag.

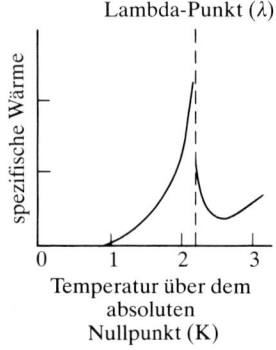

8.14 Das Diagramm zeigt den Lambda-Übergang von flüssigem Helium. Die eigenartige Veränderung, die bei einer Temperatur von 2,2 Grad über dem absoluten Temperatur-Nullpunkt auftritt, manifestiert sich besonders markant in diesem „lambdaförmigen" Verlauf der Meßwerte für die spezifische Wärme des Heliums.

Flüssiges Helium ist ein ausgesprochen faszinierender Stoff mit bemerkenswerten Eigenschaften. Man mag es noch so sehr bis in die Nähe des absoluten Nullpunkts abkühlen, es bleibt durchweg flüssig und bildet keinen kristallinen Festkörper. Schuld daran ist die beträchtliche „Nullpunktsenergie" der Heliumatome — die unvermeidliche Zitterbewegung, die ein Quantenteilchen selbst im untersten Energiezustand vollführen muß, um die Heisenbergsche Unschärferelation nicht zu verletzen (siehe Kapitel 2). Weiterhin tritt bei einer Temperatur von etwa zwei Kelvin eine abrupte Veränderung ein. Die Flüssigkeit hört plötzlich auf zu sieden und wird völlig ruhig. Auch andere Eigenschaften ändern sich schlagartig. Abbildung 8.14 zeigt den charakteristischen Temperaturverlauf für die „spezifische Wärme" — die Wärmemenge, die erforderlich ist, um ein Gramm Helium um ein Kelvin zu erwärmen. Die Form der Kurve erinnert ein wenig an den griechischen Buchstaben Lambda (λ), und man spricht deshalb auch von einem „Lambda-Übergang". Unterhalb des „Lambda-Punktes" verschwindet die „Zähigkeit" der Flüssigkeit praktisch völlig: Die Viskosität, wie die Physiker sagen, fällt plötzlich um den Faktor eine Million. Am verblüffendsten ist jedoch, daß flüssiges Helium unterhalb des Lambda-Punktes buchstäblich anfängt, an den Wänden hochzukriechen. Taucht man einen Becher in eine Wanne mit flüssigem Helium, so bildet sich über der gesamten Oberfläche des Bechers ein dünner Film aus Flüssighelium aus. Der Film wirkt dann wie ein Syphon, durch den das Helium praktisch viskositätsfrei fließen kann. Egal wie verschieden anfänglich die Füllhöhen im Becher und in der Wanne waren, das Helium fließt solange, bis die beiden Flüssigkeitsniveaus gleich hoch sind. Kurt Mendelssohn erinnert sich an die Entdeckung dieses „Filmtransfer"-Phänomens am Clarendon-Laboratorium im englischen Oxford:

»Zieht man den Becher ein wenig aus der Wanne heraus, dann sinkt der Spiegel darin solange, bis er wieder das Niveau der Wanne erreicht hat. Wird der Becher vollständig herausgezogen, fällt der Flüssigkeitsspiegel immer weiter, und man kann kleine Heliumtropfen beobachten, die sich unter dem Becherboden bilden und in die Wanne zurückfallen. Bei so etwas möchte man zweimal hinschauen und sich die Augen reiben, und man fragt sich, ob das wohl stimmen kann. Ich erinnere mich sehr gut an die Nacht, als wir diesen Filmtransfer das erste Mal beobachteten. Es war schon spät, und wir schauten im ganzen Gebäude herum, bis wir schließlich zwei Kernphysiker fanden, die noch bei der Arbeit waren. Als auch die beiden die Tropfen sahen, waren wir glücklicher.«

Die merkwürdigen Eigenschaften des flüssigen Heliums sind eine Folge der Kondensation vieler Heliumatome in einen einzigen Quantenzustand. Die Atome, die sich plötzlich in großer Zahl im Zustand niedrigster Energie einfinden, können darin miteinander kooperieren und bilden dadurch eine quantenmechanische „Supra-flüssigkeit". Wie Feynman in unserem Zitat zu Beginn des Kapitels sagt, ist dies ein Beispiel dafür, wie sich die quantenmechanischen Besonderheiten auch auf der makroskopischen Ebene manifestieren können. Ohne die Quantenmechanik könnten wir uns auf diese seltsamen Effekte absolut keinen Reim machen!

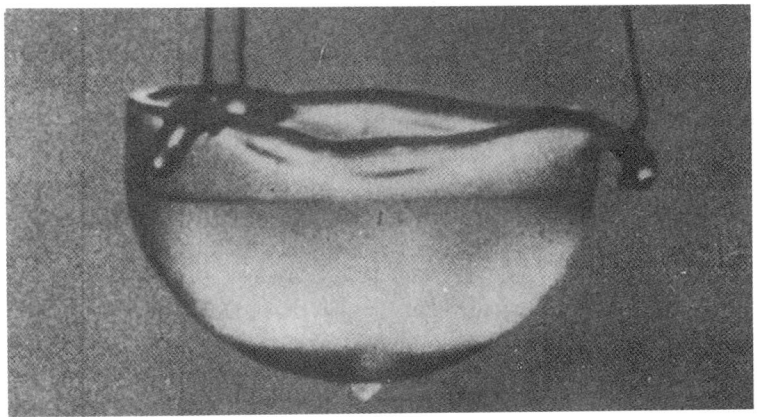

8.15 Flüssiges Helium hat unterhalb des Lambda-Punktes erstaunliche Eigenschaften: Es kriecht an den Innenseiten des Behälters hoch, fließt — über den Rand hinweg — an den Außenseiten herunter und sammelt sich in Tropfen unter dem Boden, wie auf dem Bild zu sehen ist.

Ein kurzer Nachtrag in Sachen Helium wird uns gleich auf unser nächstes Thema, die Supraleitung, hinführen. Flüssiges ^{3}He, so hatten wir gesagt, sollte sich völlig anders als ^{4}He verhalten und keine Bose-Kondensation zeigen, da seine Atome Fermionencharakter haben. Das Experiment bestätigt diese Erwartung, doch beobachtet man bei einer viel geringeren Temperatur, etwa bei 0,002 Kelvin, eine neue Art von Bose-Kondensation. Bei dieser extrem tiefen Temperatur spielen schwache Anziehungskräfte zwischen den ^{3}He-Atomen eine Rolle, die aber stark genug sind, um je zwei Atome zu Paaren aneinanderzubinden. Solche ^{3}He-Paare verhalten sich wie Bosonen und können entsprechend den einzelnen ^{4}He-Atomen kondensieren. Wie wir gleich sehen werden, beruht die Supraleitung auf einem ähnlichen Mechanismus der Paarbildung.

8.16 Kamerlingh Onnes (1853 – 1926) in seinem Tieftemperaturlabor im holländischen Leiden. Onnes gelang es als erstem, Helium zu verflüssigen; 1913 bekam er dafür den Nobelpreis. Ebenso war er der erste, der das Phänomen der Supraleitung beobachtete – das Verschwinden des elektrischen Widerstands von einigen Metallen bei sehr tiefen Temperaturen.

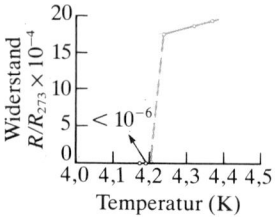

8.17 Im Jahre 1911 entdeckte Kamerlingh Onnes bei Widerstandsmessungen bei tiefen Teperaturen die Supraleitung. Der Verlauf der Meßwerte zeigt, wie der elektrische Widerstand des Quecksilbers mit einem Schlag verschwindet, sobald die Temperatur unter etwa 4,2 Kelvin abfällt.

Supraleitung

Schon bald nachdem das Elektron entdeckt war, erkannte man, daß sich viele Charakteristika der Leitfähigkeit von Metallen erklären ließen, wenn man den elektrischen Strom als eine Bewegung der Metallelektronen auffaßte. Der elektrische Widerstand etwa ist dann eine Folge der Streuung von Elektronen an Kristallgitterdefekten im Metall und der Wechselwirkung der Elektronen mit wellenförmigen Schwingungen der Gitterionen. Wenn man die Temperatur senkt, lassen diese Kristallschwingungen nach; man würde daher erwarten, daß der Widerstandswert des Metalls in der Nähe des absoluten Nullpunkts gegen einen festen Wert strebt, der nur noch von den Kristalldefekten herrührt. In der Tat beobachtet man dies bei vielen Metallen. Um so überraschender ist es, daß man bei bestimmten Metallen einen abrupten Abfall des elektrischen Widerstands auf Null findet, wenn sie unter eine bestimmte kritische Temperatur abgekühlt werden. In normalen Metallen verlieren die Elektronen durch den elektrischen Widerstand ihre Energie an den Kristall und heizen diesen auf; in den „supraleitenden" Metallen hingegen kann ein elektrischer Strom, einmal in Gang gesetzt, über Jahre hinweg weiterzirkulieren.

Das Phänomen Supraleitung wurde 1911 von Kamerlingh Onnes in seinem Laboratorium in Leiden entdeckt. Abbildung 8.17 zeigt ein Diagramm für den elektrischen Widerstand von Quecksilber, das Onnes' Originalarbeit entnommen ist. 1933 entdeckte man eine zweite faszinierende Eigenschaft: Supraleiter verdrängen von außen angelegte Magnetfelder vollständig aus ihrem Inneren. Magnetfelder induzieren in Supraleitern elektrische Ströme, die magnetische Gegenfelder aufbauen und das angelegte Magnetfeld im supraleitenden Metall restlos aufheben. In einem normalleitenden Metall wäre diese exakte Kompensation des Magnetfelds schon deshalb unmöglich, weil die Ströme im Metall durch den elektrischen Widerstand gedämpft werden. Der Effekt hat spektakuläre Folgen: Plaziert man einen kleinen Magneten über einer supraleitenden Platte, so bleibt dieser einfach in der Luft schweben, weil die elektrischen Ströme, die der Magnet in der supraleitenden Platte induziert, ein abstoßendes magnetisches Gegenfeld erzeugen (siehe Farbtafel 16). „Freies Schweben" mittels Supraleitung ist ein durchaus ernsthaft diskutiertes Verfahren, um Hochgeschwindigkeitszüge reibungsfrei auf Schienen aufzuhängen.

Natürlich suchte man nach einer Erklärung für die Supraleitung. Die Brüder Heinz und Fritz London in Oxford, auf die ein Großteil der frühen experimentellen und theoretischen Arbeiten über Supraleiter zurückgeht, erkannten schon 1935, daß es sich im Kern um ein quantenmechanisches Phänomen handeln müsse. Die bahn-

brechende Schlüsselidee, die der Theorie der Supraleitung den
Weg ebnete, hatte Leon Cooper im Jahre 1956. Zwei Elektronen,
die sich aufgrund ihrer gleichnamigen elektrischen Ladungen normalerweise heftig abstoßen, erfahren im Kristallgitter eines Metalls
auch eine leichte gegenseitige Anziehungskraft, die über die positiv geladenen Gitterionen vermittelt wird. Vereinfacht gesagt, ein
Elektron, das zwischen zwei benachbarten positiven Ionen des Git-
ters sitzt, bringt die beiden Ionen etwas näher zusammen, so daß
insgesamt ein leicht positives Ladungszentrum entsteht und benachbarte Elektronen angezogen werden. Cooper zeigte, daß es dann
für die beiden Elektronen energetisch von Vorteil sein kann, sich
zu einem Paar zusammenzuschließen. Solche „Cooper-Paare" sind
recht seltsame Gebilde. Sie bestehen aus zwei Elektronen mit entgegengesetzter Geschwindigkeit, so daß das Paar den Gesamtim-
puls Null hat. Da dieser Impuls recht scharf definiert ist, breitet
sich das Elektronenpaar wegen Heisenbergs Unschärferelation weit
im Raum aus und bedeckt ein Gebiet von vielen tausend Einzel-
atomen, in dem sich wiederum Millionen benachbarter Cooper-
Paare überlappen. Erinnern wir uns an die Bose-Kondensation von
^{3}He, so erwarten wir, daß sich die Cooper-Paare wie Bosonen
verhalten und in einen supraleitenden Zustand „kondensieren",
in dem sie miteinander kooperieren. Anschaulich ausgedrückt bedeutet dies, daß sich die überlappenden Wellenfunktionen aneinander „anschmiegen" und eine „kohärente" Gesamtwellenfunktion
bilden.

Es ist leicht, Supraleitung auf die Bose-Kondensation von Cooper-
Paaren zurückzuführen. Dies jedoch in einer quantitativen Theorie
zu formulieren, die umfassende Voraussagen liefert, erwies sich
als sehr schwierig. Dies gelang 1956 dem berühmten „BCS-Trio",
den drei Physikern John Bardeen, Leon Cooper und John Schrieffer. Alle drei arbeiteten an der Universität von Illinois; Bardeen
und Cooper teilten sich aus Raummangel ein Arbeitszimmer, während Schrieffer, Bardeens Doktorand, zusammen mit anderen Phy-

8.18 Das „BCS"-Trio. John
Schrieffer (links), John Bardeen (Mitte) und Leon Cooper (rechts) entwickelten gemeinsam die Theorie der Supraleitung und bekamen
dafür 1972 den Nobelpreis.
Bardeen (der mit Brattain
und Shockley zuvor bereits
den Transistor entdeckt hatte) wurde damit zum zweifa-
chen Nobelpreisträger im
selben Fach, was bislang
keinem anderen gelang.
Bardeen war Student bei
Eugene Wigner gewesen,
einem anderen großen Pio-
nier der Quantenphysik, der
1963 den Nobelpreis erhielt.
Solche Lehrer-Schüler-Ver-
hältnisse von Nobelpreisträ-
gern findet man häufig.

sikstudenten einen Arbeitsplatz in einem benachbarten Gebäude hatte. Sie versuchten, Coopers Ansatz für die Bildung eines einzelnen Elektronenpaares auf das ganze Kollektiv der Metallelektronen auszudehnen. Schrieffer beschrieb die Aufgabe, die sie sich gestellt hatten, einmal als die Suche nach einer »Wellenfunktion, die den Tanz von Abermilliarden Paaren choreographieren sollte«. Die Sache erwies sich als äußerst knifflig, und Schrieffer stand bereits kurz davor, das Thema seiner Dissertation abzuändern. Gerade zu diesem kritischen Zeitpunkt war Bardeen nach Stockholm eingeladen, um für seinen Beitrag zur Entwicklung des Transistors den Nobelpreis entgegenzunehmen; vor seiner Abreise bedrängte er Schrieffer, noch einen weiteren Monat durchzuhalten. Tatsächlich gelang es Schrieffer in dieser Zeit, einen handhabbaren Ansatz für die Wellenfunktion eines Bose-Kondensats von Cooper-Paaren aufzustellen, und in den darauffolgenden Monaten konnten die drei Wissenschaftler gemeinsam zeigen, daß ihre Theorie alle experimentellen Fakten reproduzierte. Eine paradoxe Folgerung der Theorie besagt, daß Metalle, die bei normalen Temperaturen gute elektrische Leiter sind und deren Elektronen wenig mit den Metallionen wechselwirken, bei tiefen Temperaturen nicht supraleitend werden. Es sind eher die bei Zimmertemperatur schlechten Leiter, die sich als potentielle Supraleiter entpuppen.

Die Anwendungen der Supraleitung sind zahlreich. Supraleitende Elektromagnete werden eingesetzt, um bei der Erzeugung starker Magnetfelder die enormen Energieverluste in den Drahtwicklungen gewöhnlicher Elektromagnete zu vermeiden. Bei sehr hohen Magnetfeldstärken stößt man allerdings auf ein Problem. Wie wir oben

8.19 Supraleiter drängen Magnetfelder aus ihrem Inneren heraus. In einem Typ-I-Supraleiter wie Blei oder Zinn wird das Magnetfeld von den kreisenden Supraströmen, die es induziert, vollständig aus dem Metall herausgedrängt (a). In einem Typ-II-Supraleiter kann das Magnetfeld wenigstens in dünnen Magnetfeldschläuchen durch das Material hindurchdringen (b).

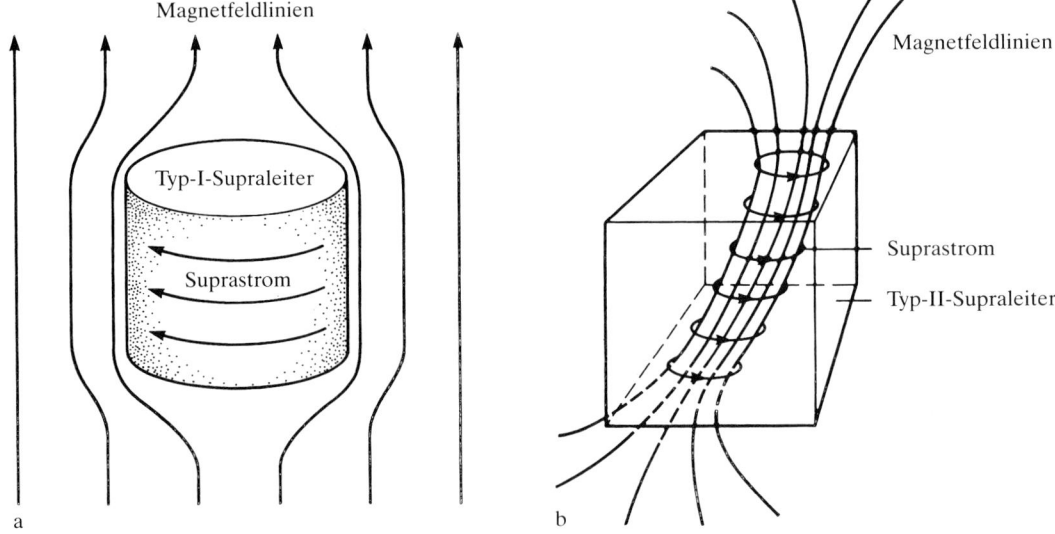

Magnetfeldlinien

Typ-I-Supraleiter

Suprastrom

Magnetfeldlinien

Suprastrom

Typ-II-Supraleiter

a

b

gesehen haben, sorgen die in einem Supraleiter induzierten Gegen-felder dafür, daß das angelegte Magnetfeld aus dem Inneren der supraleitenden Drähte herausgedrängt wird. Dieses Abdrängen des Magnetfelds kostet soviel Energie, daß ab einer bestimmten Feld-stärke der supraleitende Zustand zusammenbricht. Man kann das Problem allerdings durch den Einsatz spezieller Materialien, soge-nannter „Typ-II-Supraleiter", entschärfen, die dem äußeren Feld ein wenig „nachgeben" und den Magnetfeldlinien erlauben, in dünnen Feldschläuchen durch das Material hindurchzugehen. Da-mit lassen sich dann auch extrem hohe Magnetfelder erzeugen. Die Eigenschaft von Supraleitern, Magnetfelder zu kompensieren, kann man aber auch direkt ausnutzen, um magnetische Störfelder in Elektronenmikroskopen abzuschirmen.

Die bekanntesten Anwendungen von Supraleitern beruhen auf dem sogenannten „Josephson-Effekt", einer Entdeckung des Briten Brian Josephson, der damals noch Doktorand in Cambridge war. Philip Anderson, selbst Nobelpreisträger, erinnert sich an seine Vorlesung über Festkörperphysik 1962 in Cambridge, in der Jo-sephson als Zuhörer saß: »Ich kann Ihnen versichern, er brachte seine Dozenten wirklich in Verlegenheit; alles mußte hieb- und stichfest sein, andernfalls kam er nach der Stunde vor und erklärte es mir.« Josephson befaßte sich mit der Quantenmechanik eines „Sandwichs" aus zwei Supraleitern, die durch einen sehr dünnen Isolatorfilm voneinander getrennt sind. Er zeigte, daß Cooper-Paa-re durch die Isolatorschicht hindurchtunneln können, was zu eini-gen interessanten Effekten führen sollte. So sagte er voraus, daß sogar dann ein Tunnelstrom fließen kann, wenn überhaupt keine Spannung an den Übergang angelegt wird! Er überlegte sich wei-terhin, welchen Einfluß ein Magnetfeld oder ein hochfrequentes elektrisches Feld hat, wenn gleichzeitig eine konstante Gleichspan-nung angelegt ist. Letztere Kombination kann man beispielsweise für die derzeit präziseste Bestimmung des Verhältnisses von h zu e, der Planckschen Konstante zur Elementarladung des Elektrons, ausnutzen. Der Josephson-Effekt erlaubt aber auch, unglaublich kleine Spannungsdifferenzen zu messen oder sehr schwache Strah-lungsfelder aufzuspüren. Schaltet man mehrere „Josephson-Kon-takte" in einem elektrischen Schaltkreis zusammen, so kann man statische Magnetfelder mit äußerster Genauigkeit vermessen. Sol-che Geräte, die beispielsweise in der Medizin und der Geologie Verwendung finden, nennt man „SQUID" – ein Kürzel für *Super-conducting Quantum Interference Device*, zu deutsch „supraleiten-des Quanteninterferometer". Die Funktionsweise der SQUIDs be-ruht darauf, daß die „Kondensationswelle" der Cooper-Paare „ko-härent" ist, das heißt analog einem Laserstrahl eine feste Phase besitzt. Daher können mehrere solcher Kondensationswellen unter geeigneten experimentellen Bedingungen miteinander interferieren,

8.20 Brian Josephson war gerade 20 Jahre alt, als er seine berühmte Entdeckung machte, für die er zusammen mit zwei anderen Festkörper-physikern 1973 den Nobel-preis bekam. Josephson stu-dierte damals in Cambridge, wo ein weiterer großer Physi-ker und späterer Nobelpreis-träger, Philip Anderson, lehr-te. Nach der Vorlesung kam er einmal zu Anderson und zeigte ihm seine Berechnun-gen für einen Tunnelstrom supraleitender Cooper-Paa-re. Josephsons Ideen eröff-neten ein ganz neues Feld von Anwendungen: die Inter-ferometrie mit Supraleitern.

8.21 Querschnitte durch ein supraleitendes Stromkabel für den Transport sehr hoher Stromstärken. Das Bild links oben zeigt ein Stahlrohr mit vielen Hunderten supraleitenden Einzeldrähten. Zwischen den Drähten wird flüssiges Helium durch das Rohr gepumpt, um die für die Supraleitung notwendigen tiefen Temperaturen aufrechtzuerhalten. Rechts oben ist ein einzelner Draht vergrößert abgebildet: Tausende von supraleitenden Fäden sind darin zu sechseckigen Bündeln zusammengefaßt und von einem Kupfermantel umschlossen. Das Bild unten zeigt ein solches hexagonales Bündel von Metallfäden unter dem Elektronenmikroskop.

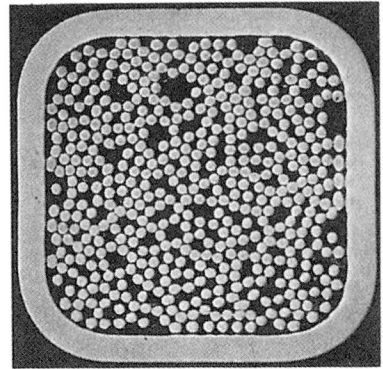
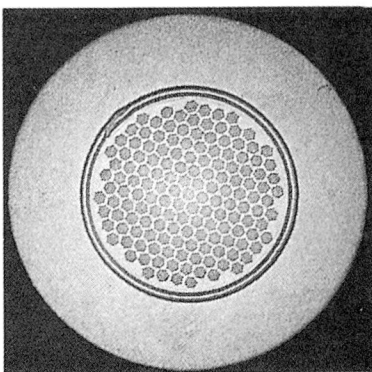
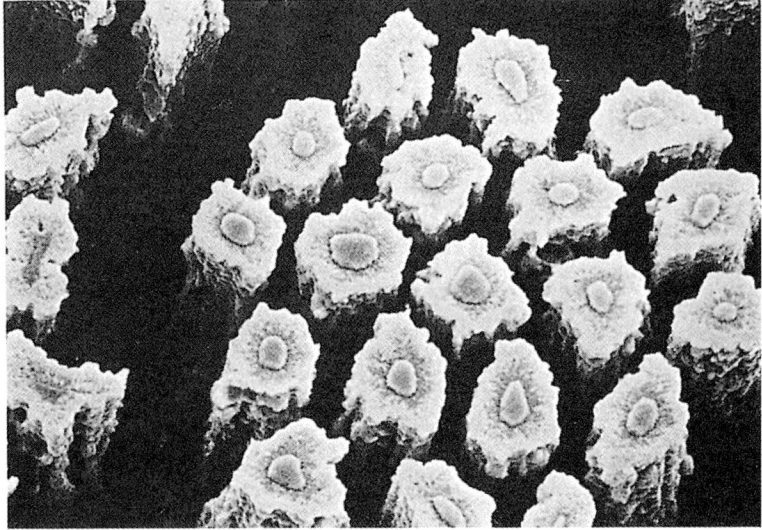

und da ein äußeres Magnetfeld auf die Phasen einwirkt (siehe dazu Kapitel 10), kann man aus den Interferenzerscheinungen auf die Feldstärke zurückschließen. Nun hatten wir Interferenz von Elektronen als typischen Quanteneffekt kennengelernt, der normalerweise auf die atomare Ebene beschränkt ist. Unter den besonderen Bedingungen eines Supraleiters jedoch, das heißt eines Bose-Kondensats von Cooper-Paaren, zeigen sich die Quantenphänomene ausnahmsweise auch einmal direkt im Makroskopischen.*

---

* Lange Zeit schien es, als träte Supraleitung nur bei sehr tiefen Temperaturen unter etwa 25 Kelvin auf, und das bedeutet im allgemeinen eine aufwendige Kühlung mit flüssigem Helium. In den letzten Jahren wurden jedoch neuartige Materialien entdeckt, die bereits bei rund 100 Kelvin (etwa −170 Grad Celsius) supraleitend werden und mit dem wesentlich billigeren flüssigen Stickstoff gekühlt werden können. Damit eröffnen sich ganz neue Anwendungsbereiche, und man hofft, eines Tages sogar „Hochtemperatur"-Supraleiter bei Zimmertemperatur zu finden. (Anmerkung der Übersetzer)

9. Feynmans Regeln

*Es ist, als würde ein Tiefflieger über einer Straße plötzlich drei
Straßen sehen, und erst in dem Moment, in dem zwei davon inein-
anderlaufen und wieder verschwinden, erkennen, daß er einfach
eine längere Weiche in einer einzigen Straße überflogen hat.*

Richard Feynman

Dirac und die Antiteilchen

In den vorangegangenen Kapiteln haben wir gesehen, daß die
Quantenmechanik, obwohl sie letztlich nur Wahrscheinlichkeiten
liefert, eine Fülle von Phänomenen präzise voraussagen kann. Es
steht heute außer Zweifel, daß die Newtonschen Gesetze der Klassischen Mechanik im mikroskopischen Bereich durch die Quantentheorie ersetzt werden müssen. Daneben zeigte sich aber auch in
einem anderen Bereich, daß Newtons Gesetze gewisser Modifika-
tionen bedürfen; dann nämlich, wenn die Geschwindigkeiten von
Objekten an die Lichtgeschwindigkeit herankommen. Da das Licht
fast 300 000 Kilometer in der Sekunde zurücklegt, treten die damit
zusammenhängenden Effekte, ähnlich wie die Quanteneffekte, in
unserer Alltagswelt für gewöhnlich nicht in Erscheinung. Die Physik bei solch hohen Geschwindigkeiten beschreibt Einsteins Spezielle Relativitätstheorie, nach der die Energie E und der Impuls p
eines Teilchens über folgende Gleichung miteinander verknüpft
sind:

$$E^2 = p^2 c^2 + m^2 c^4,$$

wobei c für die Lichtgeschwindigkeit steht und m für die Masse
des ruhenden Teilchens, die „Ruhemasse". Die klassische Beziehung zwischen Energie und Impuls

$$E = p^2/2m$$

folgt aus der relativistischen Gleichung für den Grenzfall „langsamer" Teilchen weit unterhalb der Lichtgeschwindigkeit. Zudem
läßt man in diesem nichtrelativistischen Ausdruck die der Ruhemasse des Teilchens entsprechende „Ruheenergie" mc^2 meist stillschweigend weg. (Die Äquivalenz von Masse und Energie war uns
bereits in Kapitel 5 begegnet.)

Einstein war technischer Experte „dritter Klasse" am Eidgenössischen Patentamt in Bern, als er die Spezielle Relativitätstheorie Anfang des Jahrhunderts entwickelte. Ausgehend von einer radikalen kritischen Analyse der Begriffe „Raum" und „Zeit", bei der ihm insbesondere seine Frau Mileva Marić sowie sein Freund und Arbeitskollege Michele Besso zur Seite standen, begründete er mit seiner berühmten, 1905 veröffentlichten Arbeit die relativistische Physik. In den zwanziger Jahren, als die Quantenmechanik Konturen annahm, hatte sich Einsteins Theorie in der Physikergemeinde bereits weitgehend durchgesetzt. So war es für Schrödinger selbstverständlich, die obige relativistische Energie-Impuls-Gleichung zum Ausgangspunkt seiner Quantenmechanik zu machen. Alle seine Versuche, eine mit den Experimenten im Einklang stehende relativistische Wellengleichung aufzustellen, blieben jedoch erfolglos. Enttäuscht griff Schrödinger dann doch auf den nichtrelativistischen Ausdruck für die Energie zurück – und fand die berühmte, später nach ihm benannte Gleichung, die er im Januar 1926 veröffentlichte. Ungeachtet des großen Erfolgs der Schrödingergleichung war klar, daß diese Version der Quantenmechanik nicht für sehr schnelle Teilchen gelten konnte. Auch mußte der Spin des Elektrons nachträglich in die Theorie eingebaut und dieser gewissermaßen übergestülpt werden, was man als ziemlich unbefriedigend empfand, kurzum – man brauchte eine relativistische Gleichung.

Eine solche Gleichung legte 1928 der englische Physiker Paul A. M. Dirac vor, über den Einstein einmal sagte: »Mit Dirac habe ich Schwierigkeiten zurechtzukommen. Diese schwindelerregende Gratwanderung zwischen Genie und Wahnsinn ist schrecklich.« Dirac wurde 1902 in Bristol geboren, wo er zunächst Elektrotechnik studierte, nach dem Abschluß 1921 aber zur Mathematik und zur theoretischen Physik überwechselte. 1933 erhielt er zusammen mit Schrödinger den Nobelpreis für ihre »Entdeckung neuer und fruchtbarer Formulierungen der Atomtheorie«; derweil hatte Dirac erfolgreich die Existenz von „Antimaterie" vorhergesagt. Dirac war ein höchst origineller Denker, dabei aber ziemlich verschlossen. Heisenberg erzählte einmal eine amüsante Geschichte über Dirac, die diese beiden Eigenschaften illustriert. Die zwei waren unterwegs auf einer Schiffsreise von den Vereinigten Staaten nach Japan, und Heisenberg genoß es, an den geselligen Veranstaltungen teilzunehmen. Eines Abends amüsierte er sich wieder einmal beim Tanzen, während Dirac wie gewöhnlich still dasaß und die Szene beobachtete. Als Heisenberg an seinen Platz zurückkam, fragte ihn Dirac: »Warum tanzt Du eigentlich?« Worauf Heisenberg antwortete: »Na ja, es bereitet mir halt Vergnügen, mit netten Mädchen zu tanzen.« Dirac dachte eine Weile darüber nach; fünf Minuten später fragte er dann: »Heisenberg, woher weißt Du im voraus, daß die Mädchen nett sind?«

9.1 Paul A. M. Dirac und Werner Heisenberg im Jahre 1933. Diracs Vater war Schweizer und emigrierte nach England, wo er sich in Bristol als Sprachlehrer niederließ. Dirac sprach neben Englisch fließend Französisch, blieb aber immer ziemlich wortkarg. Er heiratete die Schwester von Eugene Wigner, mit dem er gemeinsam in Göttingen und später in Princeton war. 1933 teilten sich Dirac und Schrödinger den Nobelpreis.

Eigenartigerweise ist Dirac in der breiteren Öffentlichkeit nach wie vor relativ unbekannt, obwohl er einer der hervorragendsten Physiker des 20. Jahrhunderts war, dessen Leistungen in einem Atemzug mit denen von Newton, Maxwell und Einstein zu nennen sind. Feynman meinte einmal: »Dirac kommt auf seine Antworten, indem er ... eine Gleichung errät«, und genau das tat er. Die von ihm vorgeschlagene relativistische Wellengleichung sieht in der üblichen, sehr kompakten mathematischen Schreibweise trügerisch einfach aus.

Die Diracgleichung für ein relativistisches Elektron

$$E\psi = (-i\alpha\nabla + \beta m)\psi$$

E ist die Gesamtenergie des Elektrons, m seine Masse und ψ seine Wahrscheinlichkeitsamplitude; α und ∇ sind komplexe mathematische Gebilde, i bedeutet die imaginäre Einheit $\sqrt{-1}$.

Wenn die Diracgleichung als Grundlage einer relativistischen Quantenmechanik dienen soll, muß sie die korrekte relativistische Energie-Impuls-Beziehung liefern. Nun gibt es aber zu jedem Impuls p stets zwei mögliche Energiewerte, nämlich

$$E = \pm\sqrt{(p^2 c^2 + m^2 c^4)},$$

und dementsprechend auch jeweils zwei verschiedene Lösungen der Diracgleichung zum selben Impuls: eine Lösung mit positiver Energie, wie zu erwarten, und eine zweite, überraschende Lösung mit negativer Energie. Machen jedoch Lösungen mit „negativer Energie" physikalisch überhaupt Sinn?

Diracs großes Verdienst war es, diese offensichtlich unerwünschten Lösungen ernstzunehmen; durch seine geniale Interpretation negativer Energien bereitete er der theoretischen Physik einen großen Triumph. Sein Vorschlag war, anzunehmen, daß die negativen Energieniveaus zwar existierten, normalerweise aber von Elektronen bereits vollständig besetzt seien. Dann aber könnte wegen des Pauli-Prinzips kein gewöhnliches Elektron mit positiver Energie in irgendeinen dieser Zustände gelangen. Ein scheinbar „leerer" Quantenkasten, der keine Elektronen positiver Energie enthält, birgt nach Dirac somit einen randvoll gefüllten „See" von Elektronen negativer Energie in sich. Diese Vorstellung ist nicht ganz so abwegig, wie es zunächst den Anschein hat; denn bringen wir jetzt Elektronen positiver Energie in den Kasten hinein, messen wir dessen Ladungs- und Energieinhalt ja immer nur in bezug auf den

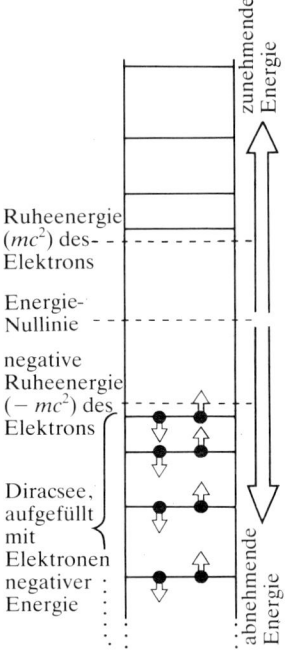

zunehmende Energie

Ruheenergie (mc^2) des Elektrons

Energie-Nullinie

negative Ruheenergie ($-mc^2$) des Elektrons

Diracsee, aufgefüllt mit Elektronen negativer Energie

abnehmende Energie

9.2 Diracs Vorstellung vom „Vakuum". Die Lösung der Diracgleichung für relativistische Elektronen in einem Quantenkasten führt sowohl zu positiven als auch zu negativen Energiezuständen. Dirac konnte dieses rein formale Ergebnis physikalisch deuten, indem er annahm, daß in einem „leeren" Kasten — dem Vakuumzustand — sämtliche negativen Energieniveaus mit Elektronen aufgefüllt seien. In diesem Fall verhindert das Pauli-Prinzip, daß ein in den Kasten eingebrachtes Elektron positiver Energie in einen der Zustände negativer Energie herunterfällt und Energie verliert.

„leeren" Kasten — die negative Ladung und Energie der leeren Box selber ist also gar nicht beobachtbar! Wäre das alles, so könnten Sie das Ganze noch als höchst abstruse theoretische Spekulation abtun.

Aber wie jede gute Theorie erlaubt auch Diracs Modell vom „Vakuum", wie man die Box im leeren Zustand oft nennt, einige aufregende und vor allem nachprüfbare Vorhersagen. Wir wissen bereits, daß ein Elektron in der Atomhülle Energie von einem eingestrahlten Lichtquant absorbieren kann und dadurch in einen höheren Energiezustand angeregt wird. Was aber passiert, wenn wir die „leere" Quantenbox mit Licht bestrahlen? Dirac zufolge müßte es möglich sein, in diesem Vakuum eines der Elektronen negativer Energie auf ein positives Energieniveau anzuheben (Abbildung 9.2). Dieses Elektron hätte dann eine positive Energie und würde ein „Loch" im Diracsee zurücklassen, was sich irgendwie bemerkbar machen müßte. Relativ zur normalen, leeren Quantenbox fehlten dem Kasten mit Loch nämlich negative Energie und negative Ladung (Abbildung 9.3). Ein Loch im See hätte deshalb gegenüber dem „leeren" Vakuumzustand positive Energie und eine positive Ladung, deren Betrag einer Elementarladung gleichkäme. Was wir soeben beschrieben haben, ist physikalisch nichts anderes

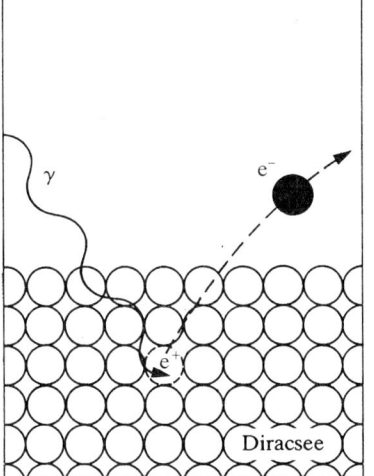

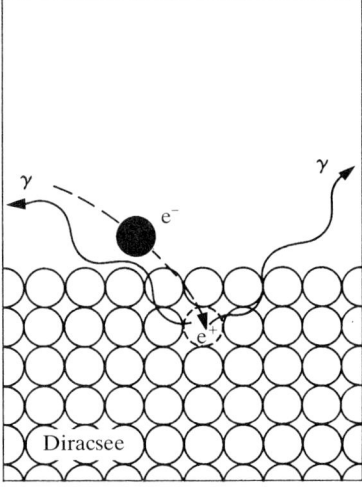

9.3 Der Diracsee aus Elektronen negativer Energie hat beobachtbare Konsequenzen. Ein hochenergetisches Photon — ein Gammaquant — kann ein Elektron aus einem negativen Energiezustand anregen (links), so daß es als gewöhnliches Elektron positiver Energie in Erscheinung tritt. Das dabei im See zurückbleibende „Loch" verhält sich in bezug auf den normalen Vakuumzustand wie ein Teilchen mit positiver Ladung und Energie — das Gammaphoton hat also ein Elektron-Positron-Paar erzeugt. Rechts ist der umgekehrte Prozeß gezeigt: Ein Elektron springt in ein „Loch" des Diracsees, was einer Elektron-Positron-Vernichtung entspricht, bei der zwei hochenergetische Photonen entstehen.

als die Erzeugung eines „Elektron-Positron-Paares" durch ein hochenergetisches Photon (Gammaquant). Das von Dirac voraus-gesagte „Lochteilchen" ist das Positron, das „Antiteilchen" des Elektrons; es besitzt dieselbe Masse wie das Elektron, aber eine entgegengesetzte, positive Ladung.

Wie immer in der Physik, ist eine Theorie nur so gut wie ihre Vorhersagen. Doch das Positron ließ nicht lange auf sich warten: 1932, vier Jahre, nachdem Dirac seine Gleichung niedergeschrie-ben hatte, fand Carl Anderson dieses Antielektron in der kosmi-schen Strahlung (Abbildungen 9.4 und 9.5). Das Antiproton hin-gegen, das Antiteilchen des Protons, wurde erst 1955 im kaliforni-schen Berkeley nachgewiesen (Abbildung 9.6). Man benötigte dafür nämlich einen Teilchenbeschleuniger, der genügend Energie für die Erzeugung von Proton-Antiproton-Paaren liefern konnte ge-mäß der Reaktion

$$p + p \rightarrow p + p + p + \bar{p}.$$

Auch der umgekehrte Prozeß zur Paarerzeugung — die „Paarver-nichtung" — wurde von Dirac vorausgesagt. Wenn in unserem Quantenkasten ein Elektron positiver Energie und ein Loch (ent-sprechend einem Positron) vorhanden sind, kann das Elektron in den Diracsee zurückspringen und den freien Energiezustand beset-zen, so daß schließlich ein „leerer" Kasten zurückbleibt samt zwei hochenergetischen Photonen (γ), die die „Vernichtungsenergie" abtransportieren (Abbildung 9.3, rechts):

$$e^+ + e^- \rightarrow \gamma + \gamma$$

Diracs Löchertheorie konnte zwar die Existenz und das Verhalten von Antimaterie erfolgreich voraussagen, aber sie führte die Anti-teilchen auf eine recht umständliche Art und Weise ein; außerdem möchte man eine Theorie haben, die Materie und Antimaterie völ-lig gleichberechtigt behandelt. Das Neue und Besondere an der re-lativistischen Quantenmechanik, das sowohl in der Paarerzeugung als auch in der Paarvernichtung zum Ausdruck kommt, ist die Möglichkeit der Umwandlung von Energie in Materie, die Einstein in seiner Speziellen Relativitätstheorie formuliert hatte. Das aber bedeutet, daß sich die Gesamtzahl der Teilchen eines Quantensy-stems ändern kann, was in der nichtrelativistischen Quantenmecha-nik von Schrödinger und Heisenberg unmöglich ist. Mit Diracs Bild eines mit Elektronen, Protonen und anderen Fermionen aufge-füllten Sees negativer Energie wird dieses Problem lediglich ge-schickt umgangen. Für Bosonen funktioniert der Kunstgriff über-haupt nicht, denn er steht und fällt mit dem Pauli-Prinzip, das Teilchen positiver Energie verbietet, in einen der vollbesetzten

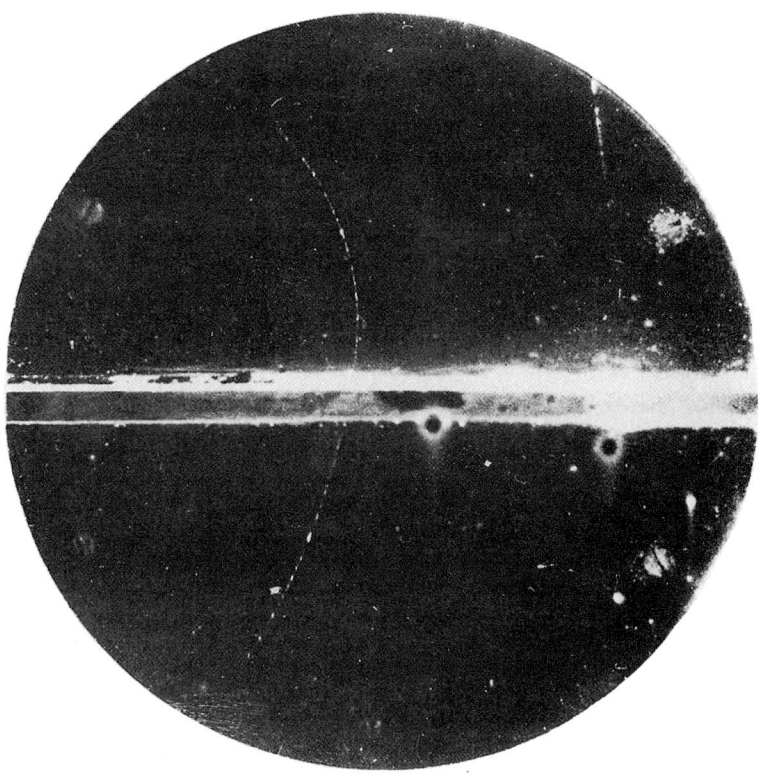

9.4 Die gekrümmte Spur in dieser Nebelkammeraufnahme, die von Carl Anderson gemacht wurde, lieferte den ersten eindeutigen Beweis für die Existenz von Antimaterie, wie sie Dirac vorausgesagt hatte. Die Spur des Positrons wird sichtbar, weil dieses Teilchen beim Durchgang durch die Nebelkammer eine Kette winziger Tröpfchen erzeugt, und sie ist gekrümmt, da in der Kammer ein Magnetfeld herrschte, das geladene Teilchen ablenkt. Der Spurabschnitt in der oberen Bildhälfte ist ein wenig stärker gekrümmt, weil das Positron abgebremst wurde, als es die Bleiplatte in der Mitte der Kammer durchschlug. Daher und aufgrund der Krümmungsrichtung wußte Anderson, daß die Spur von einem aufwärts fliegenden, positiv geladenen Teilchen stammte und nicht etwa von einem gewöhnlichen Elektron, das nach unten flog. Vorsorglich hatte sich Anderson vergewissert, daß ihm keiner am CalTech einen Streich gespielt und klammheimlich die Magnetfeldrichtung umgedreht hatte.

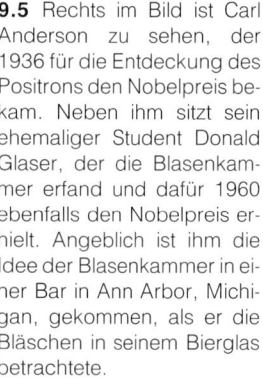

9.5 Rechts im Bild ist Carl Anderson zu sehen, der 1936 für die Entdeckung des Positrons den Nobelpreis bekam. Neben ihm sitzt sein ehemaliger Student Donald Glaser, der die Blasenkammer erfand und dafür 1960 ebenfalls den Nobelpreis erhielt. Angeblich ist ihm die Idee der Blasenkammer in einer Bar in Ann Arbor, Michigan, gekommen, als er die Bläschen in seinem Bierglas betrachtete.

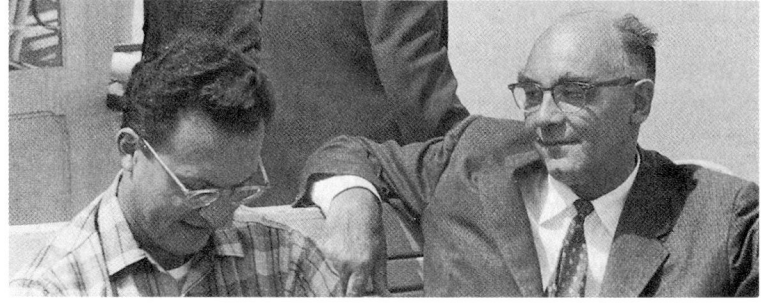

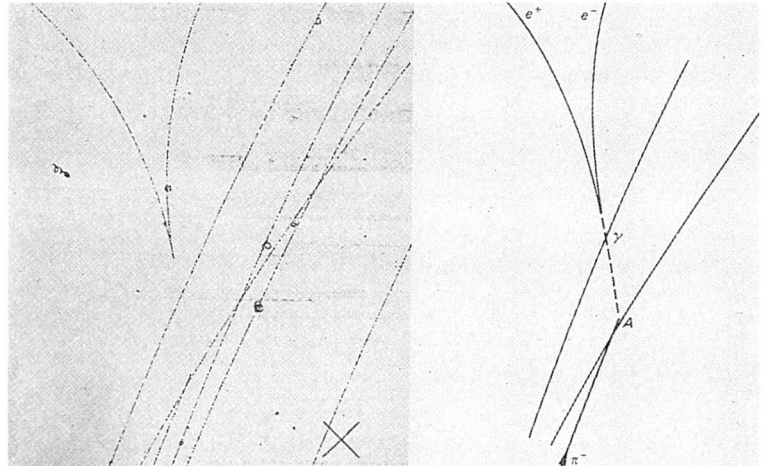

9.6 Diese Blasenkammeraufnahme dokumentiert die Erzeugung eines Elektron-Positron-Paares. Hier werden die Teilchenbahnen durch aneinandergereihte Dampfbläschen in einer Flüssigkeit sichtbar gemacht. Nur geladene Teilchen hinterlassen Spuren in der Blasenkammer, das Gammaphoton (γ) daher nicht — sein Weg muß indirekt erschlossen werden.

negativen Energiezustände zu springen. Wie wir im nächsten Kapitel sehen werden, gibt es jedoch beispielsweise zum „Pi-plus"-Teilchen (π^+), einem Boson, ebenfalls ein einwandfreies Antiteilchen, nämlich das „Pi-minus" (π^-).

In einer echten „Vielteilchen"-Quantentheorie mit variabler Teilchenzahl sind Prozesse wie Teilchenerzeugung und -vernichtung von Anfang an berücksichtigt; auf Hilfsvorstellungen wie den Diracsee mit seiner offenbar „unendlichen" Ladung und Masse braucht man dann nicht mehr zurückzugreifen. Solche Vielteilchentheorien nennt man „Quantenfeldtheorien", da sie die Teilchen als „Feldquanten" eines fundamentalen Felds beschreiben. Diejenige relativistische Quantenfeldtheorie, die die Elektronen und ihre Wechselwirkungen mit dem — ebenfalls quantisierten — elektromagnetischen Feld beschreibt, heißt „Quantenelektrodynamik" oder kurz „QED"; die Feldquanten des elektromagnetischen Felds sind die Photonen. Die QED verknüpft die Maxwellschen Gleichungen des Elektromagnetismus mit der Quantenmechanik und der Speziellen Relativitätstheorie. Sie ist die vielleicht erfolgreichste Theorie, die Physiker jemals konstruiert haben. Um zu demonstrieren, daß wir damit den Mund nicht zu voll genommen haben, wollen wir ein Beispiel im Zusammenhang mit dem Spin des Elektrons anführen, der Schrödinger so große Schwierigkeiten bereitet hatte.

Der Spin des Elektrons ruft — ähnlich wie eine auf einer Kreisbahn umlaufende elektrische Ladung — ein Magnetfeld hervor, so daß sich das Elektron wie ein kleiner Magnet verhält, den die Physiker durch sein „magnetisches Moment" charakterisieren. Die Stärke dieses magnetischen Moments kann man in der QED berechnen; das Ergebnis wird oftmals in Form des sogenannten „g-Faktors" für das Elektron ausgedrückt. Nach der Klassischen Elektrodynamik hat g den Wert

$$g_{\text{klassisch}} = 1.$$

Die QED hingegen sagt einen etwas mehr als doppelt so großen Wert voraus, nämlich

$$g_{\text{QED}} = 2,0023193048(8).$$

Vergleichen wir diesen Wert mit dem experimentellen Ergebnis

$$g_{\text{Experiment}} = 2,0023193048(4),$$

so zeigt sich in der Tat eine eindrucksvolle Übereinstimmung. (Die eingeklammerten Ziffern geben die theoretischen beziehungsweise experimentellen Unsicherheiten in der letzten Stelle an.)

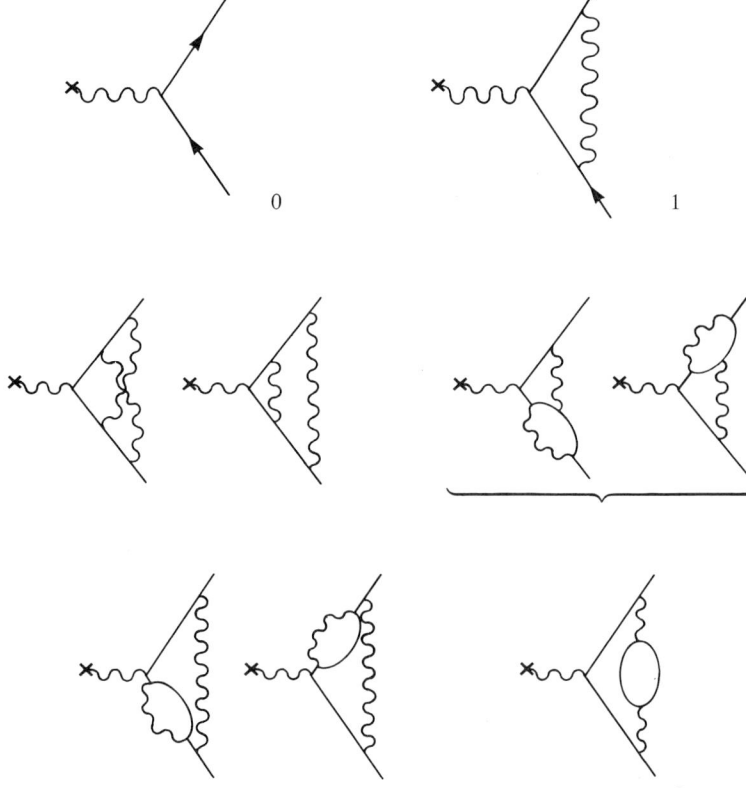

9.7 Diese neun Feynman-Diagramme braucht man, um das magnetische Moment des Elektrons zu berechnen. Die geraden Linien repräsentieren Elektronen, die Wellenlinien Photonen. Je mehr Photonenlinien ein Graph enthält, desto geringer ist sein Beitrag zum Endergebnis. Um diesen Beitrag für Diagramme mit einer geschlossenen Schleife zu berechnen, muß man ziemlich komplizierte Integrale lösen.

Leider erfordert jede detailliertere Beschreibung der Quantenfeldtheorie eine gehörige Portion Mathematik, die weit über den Rahmen dieses Buchs hinausführen würde. Zum Glück hat Feynman aber einen vergleichsweise leicht eingängigen, bildhaften Zugang zur Quantenfeldtheorie geschaffen, den wir uns im nun folgenden Abschnitt anschauen werden.

Feynman-Diagramme und virtuelle Teilchen

Feynmans Interpretation der negativen Energiezustände wirkt zunächst ein wenig fremd, und man muß sich daran gewöhnen, aber am Ende erweist sie sich als sehr hilfreich. Stellen wir uns ein „Streuexperiment" mit Elektronen vor: Wir verfolgen den Weg eines Elektrons, das zweimal mit anderen Teilchen kollidiert und dadurch jeweils von seiner ursprünglichen Flugrichtung abgelenkt wird. In der relativistischen Physik, in der die drei Raumkoordinaten und die Zeit gleichberechtigt behandelt werden, stellt man den Verlauf solcher Ereignisse oft in einem „Raum-Zeit-Diagramm" graphisch dar. Der Anschaulichkeit halber zeichnet man statt drei nur eine Raumrichtung − die Horizontale − und dazu senkrecht die Zeitachse. Die „Weltlinie" des Elektrons im Raum-Zeit-Diagramm würde dann etwa so aussehen wie in Abbildung 9.8a dargestellt. Das Elektron wird durch die beiden Kollisionen nacheinander zweimal abgelenkt, das heißt „in Zeitrichtung" gestreut; soweit verhält sich alles noch ganz normal. Feynman wies nun darauf hin, daß in der relativistischen Quantenmechanik ein Elektron „negativer Energie" gewissermaßen „rückwärts in der Zeit" gestreut würde (Abbildung 9.8b)! Das scheint physikalisch unsinnig, läßt sich aber wiederum als Erzeugung eines Elektron-Positron-Paares deuten (Abbildung 9.8c). Das rechte Streuzentrum, das negative Energie und Ladung eines Elektrons „aus der Zukunft" absorbiert, verringert dadurch ja seine Nettoenergie und Gesamtladung; dieselbe Energie- und Ladungsbilanz erhielte man auch, würde es ein Positron mit der entsprechenden positiven Energie und Ladung in die Zukunft emittieren. Mit anderen Worten, die rückläufige Elektronlinie entspricht einem in Zeitrichtung fliegenden Positron, das zuerst zusammen mit einem weiteren Elektron erzeugt wird (in Abbildung 9.8c rechts), bevor es sich mit dem ursprünglichen Elektron vernichtet.

Jetzt verstehen wir auch die Bedeutung des Feynman-Zitats zu Beginn dieses Kapitels, das übrigens aus seiner Originalarbeit stammt, die 1949 im *Physical Review* unter dem Titel *Space-Time Approach to Quantum Electrodynamics* erschien. Ähnlich wie der Pilot haben wir die verschiedenen Linien von auftauchenden und wieder verschwindenden Elektronen und Positronen im Raum-

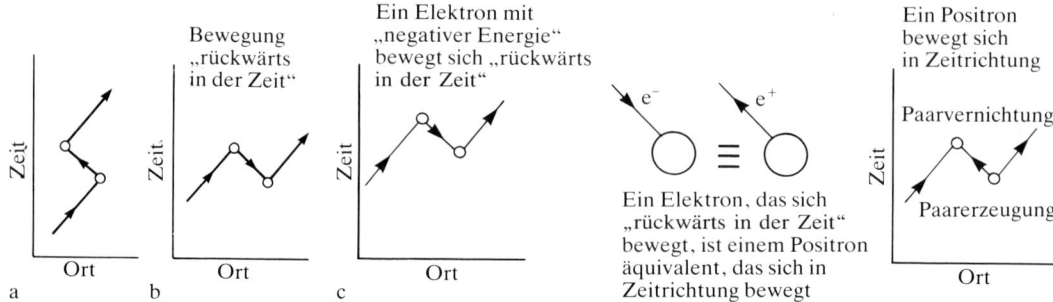

9.8 Zwei mögliche „Weltlinien" eines relativistischen Elektrons im Raum-Zeit-Diagramm. Ein gewöhnliches Elektron (a) wird zweimal durch Kollisionen von seinem Weg abgelenkt, fliegt dabei aber stets „vorwärts in der Zeit". Ein Elektron mit negativer Energie (b) bewegt sich zwischen zwei Kollisionen „rückwärts in der Zeit". Die ein- und auslaufenden Linien repräsentieren gewöhnliche Elektronen positiver Energie. Feynman interpretierte „rückwärts in der Zeit" laufende Elektronen negativer Energie als Positronen mit positiver Energie, die sich „vorwärts in der Zeit" bewegen (c). Auf diese Weise läßt sich der Vorgang als Erzeugung eines Elektron-Positron-Paares deuten, wobei das Positron sich anschließend mit dem von links einlaufenden Elektron vernichtet.

Zeit-Diagramm als Weltlinie eines einzigen Elektrons aufgefaßt. Dadurch konnten wir es vermeiden, den Prozeß der Paarerzeugung explizit als Vielteilchenproblem behandeln zu müssen. Feynmans Interpretation der negativen Energiezustände hat einen großen Vorteil: Sie gilt sowohl für Bosonen als auch für Fermionen. Demnach entsprechen generell Teilchen mit negativer Energie, die sich „rückwärts in der Zeit" bewegen, ihren „vorwärts in der Zeit" fliegenden Antiteilchen positiver Energie. Selbstverständlich ist das alles nur ein Hilfsmittel, um Wechselwirkungsprozesse schnell zu überschauen, ohne gleich die komplizierte mathematische Maschinerie der Quantenfeldtheorie darauf anwenden zu müssen. Nichts bewegt sich — soweit wir wissen — wirklich gegen den Zeitpfeil!

Auf unserem Streifzug durch die relativistische Quantenmechanik müssen wir Ihnen noch einen anderen Grundgedanken vorstellen. Als wir den Tunneleffekt diskutierten, zeigten wir, daß eine Erklärung des Quantentunnelns die Energie-Zeit-Unschärferelation

$$(\Delta E) \times (\Delta t) \approx h$$

zum Ausgangspunkt hat (siehe Kapitel 5). Danach darf sich ein Teilchen einen Energiebetrag ΔE „leihen", ohne daß dabei der Energieerhaltungssatz verletzt würde, vorausgesetzt, diese Energieanleihe wird innerhalb der Zeitspanne $\Delta t \approx h/\Delta E$ wieder zurückgezahlt. Zusammen mit der Möglichkeit der Teilchenerzeugung in der relativistischen Quantenmechanik bedeutet das, daß ein Teil-

chen nicht ewig ein und dasselbe Teilchen bleiben muß: Es kann
sich vorübergehend genügend Energie „borgen", um daraus ein
anderes Teilchen oder Teilchenpaar zu erzeugen, das aber nur für
eine dementsprechend kurze Zeit existieren wird (Abbildung 9.9).
Solche „virtuellen" Teilchen gehen in der Unschärfe der Quanten-
messungen unter und sind daher nicht beobachtbar. Ein Photon
zum Beispiel könnte genug Energie aufnehmen, um sich in ein virtuelles Elektron-Positron-Paar zu verwandeln; diese beiden virtuellen Teilchen würden sich im Nu gegenseitig vernichten und wieder
ein „reelles" Photon bilden. Ähnliche virtuelle Prozesse spielen
sich auch bei Elektronen ab; die Wahrscheinlichkeit für solche virtuellen Prozesse kann man in der QED berechnen.

Das Konzept der virtuellen Teilchen läßt sich nutzen, um Streupro-
zesse zwischen Teilchen zu beschreiben. Feynman hat dazu ein
System von Diagrammen eingeführt, das die Auswertung der
Wahrscheinlichkeitsamplituden erheblich erleichtert. Betrachten
wir beispielsweise die Streuung von Elektronen an Protonen. Das
entsprechende Feynman-Diagramm veranschaulicht diesen Streuprozeß als „Austausch" eines virtuellen Photons zwischen dem
Elektron und einem der Quarkbestandteile des Protons. Ihre große
Bedeutung erlangen die Feynman-Diagramme jedoch nicht nur dadurch, daß man sich sofort alle in einer physikalischen Situation
möglichen Prozesse bildlich vergegenwärtigen kann. Jedem Diagramm läßt sich nämlich direkt − mittels einiger weniger allgemeiner Regeln, die Feynman angegeben hat − ein mathematischer
Ausdruck für die Wahrscheinlichkeitsamplitude zuordnen. In Abbildung 9.7 sind einige der Graphen gezeichnet, die man benötigt,
um das magnetische Moment des Elektrons zu berechnen.

Feynman-Diagramme haben außerdem die angenehme Eigenschaft,
daß man ein und dasselbe Diagramm auch für einen Prozeß mit
den entsprechenden Antiteilchen verwenden kann. Abbildung 9.10

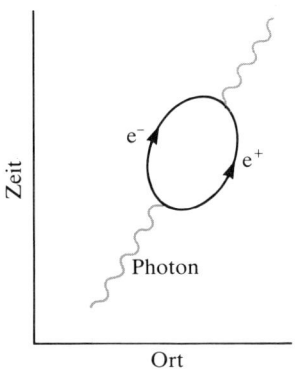

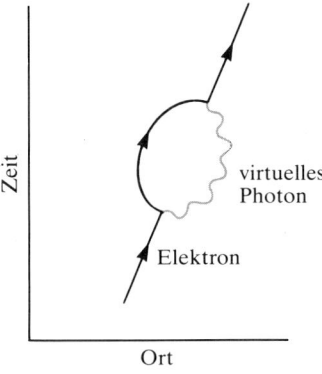

9.9 Zwei Feynman-Diagramme für „virtuelle" Prozesse.
Nach dem Unschärfeprinzip
kann sich ein Teilchen Energie „leihen" und ein „virtuelles" Teilchen beziehungsweise Teilchenpaar erzeugen,
vorausgesetzt, der geborgte
Energiebetrag wird schnell
genug wieder zurücker-
stattet.

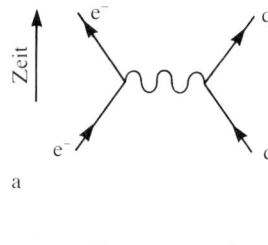

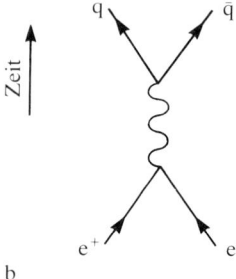

9.10 Das obere Feynman-Diagramm (a) entspricht einer Elektron-Quark-Streuung. Dreht man diesen Graphen um 90 Grad nach links, so erhält man das Diagramm für die Elektron-Positron-Vernichtung (b), bei der ein virtuelles Photon entsteht, das in ein Quark-Antiquark-Paar materialisiert.

zeigt das einfachste Diagramm für die Elektron-Quark-Streuung, wobei ein virtuelles Photon ausgetauscht wird; die Zeitachse weist wie üblich nach oben. Jetzt drehen wir den Graphen um 90 Grad nach links und erinnern uns, daß Linien, die rückwärts in der Zeit laufen, als in Zeitrichtung laufende Antiteilchen zu interpretieren sind. Das gedrehte Diagramm stellt nun einen anderen physikalischen Prozeß dar, nämlich die Elektron-Positron-Vernichtung in ein virtuelles Photon, das anschließend in ein Quark-Antiquark-Paar materialisiert.

Vakuumfluktuationen

Als wäre Diracs Vakuum nicht schon kompliziert genug, haben wir es nun offenbar mit einem noch viel komplizierteren Bild vom Vakuum zu tun. Nach Feynman herrscht in der „leeren" Quantenbox nicht etwa völlige Ruhe, sie gleicht eher einer brodelnden Suppe aus lauter virtuellen Teilchen-Antiteilchen-Paaren, die alle nur für einen flüchtigen Moment existieren, um sogleich wieder im „Energiepool" unterzutauchen.

Das Vakuum der relativistischen Quantenmechanik – genauer gesagt, der „Grundzustand" in der relativistischen Quantenfeldtheorie – hat noch andere interessante Konsequenzen, die beobachtbar sind. Wir illustrieren dies an einem etwas anschaulicheren quantenmechanischen Vielteilchensystem, einem Kristall. Aus der Festkörperphysik weiß man, daß die Atome eines Kristallgitters Schwingungen um ihre Gleichgewichtslage ausführen, die sich wellenartig durch den ganzen Kristall ziehen. Die quantenmechanische Behandlung ergibt, daß diese Wellenbewegung ähnlich den Lichtwellen auch Teilchencharakter besitzt und ihre Energie quantisiert ist. In Anlehnung an die Lichtquanten, die Photonen, nennt man die Energiepakete der quantisierten Gitterschwingungen „Phononen". Würde man nun den Kristall soweit abkühlen, daß alle Phononen im Grundzustand „eingefroren" sind, kämen die Atome trotzdem nicht zur Ruhe; sie wären aufgrund der Unschärferelation weiterhin zu einer „Zitterbewegung" gezwungen; die damit verbundene Bewegungsenergie ist die Nullpunktsenergie des Grundzustands (siehe Seite 71). Wie wir im vorangegangenen Kapitel gesehen haben, ist diese Zitterbewegung unter anderem dafür verantwortlich, daß flüssiges Helium selbst bei tiefsten Temperaturen nicht in den festen Zustand übergeht. Was aber für die Quanten der Kristallschwingungen gilt, trifft ebenso für die elektromagnetischen Feldquanten zu, das heißt: Auch für die Photonen muß es eine ähnliche Zitterbewegung geben. Merkwürdigerweise haben diese „Vakuumfluktuationen" des elektromagnetischen Felds sogar meßbare Auswirkungen.

Das wohl berühmteste Experiment in diesem Zusammenhang wurde 1947 von Willis E. Lamb und Robert C. Retherford durchgeführt. Sie untersuchten die Feinstruktur der Spektrallinien von Wasserstoff und fanden heraus, daß die beiden Energieniveaus mit den Quantenzahlen $n=2$, $l=0$ und $n=2$, $l=1$ nicht auf exakt gleicher Höhe liegen, sondern um einen winzigen Abstand gegeneinander verschoben sind — und zwar um einen Betrag, der mit der Dirac-Theorie nicht zu erklären ist. Erst die Quantenelektrodynamik bringt die Auflösung dieses Rätsels. So bewirken insbesondere die Vakuumfluktuationen des elektromagnetischen Felds eine winzige Störung der Elektronenbahn, die die Energieniveaus verschiebt. Der Effekt läßt sich im Rahmen der QED berechnen — Feynman-Graphen „höherer Ordnung" wie die in Abbildung 9.9 spielen dabei die entscheidende Rolle. Das Ergebnis der Rechnung stimmt bemerkenswert gut mit der gemessenen Lamb-Verschiebung überein. Dirac konnte seinerzeit auch bereits zeigen, daß die Nullpunktsenergie eine Erklärung für die „spontane Emission" liefert: Die Zitterbewegung des elektromagnetischen Felds kann ein angeregtes Elektron tatsächlich dazu bringen, in einen niedrigeren Energiezustand zu springen.

Ein anderer meßbarer und ziemlich kurioser Effekt, der von den Vakuumfluktuationen herrührt, macht sich in Form einer „Vakuumkraft" bemerkbar. Normalerweise sind im physikalischen Vakuum alle möglichen Schwingungsfrequenzen an den Fluktuationen beteiligt. Das Frequenzspektrum wird jedoch eingeschränkt, wenn wir in die Vakuumkammer zwei ungeladene Metallplatten einbringen, die wir parallel zueinander anordnen: Auf den leitenden Plattenoberflächen muß das Feld nämlich verschwinden, so daß dort — wie an den Endpunkten einer schwingenden Saite (Abbildung 4.8) — Schwingungsknoten auftreten. Erlaubt sind dann nur noch diejenigen Frequenzen, die diese Randbedingung erfüllen. Dadurch ändert sich die Nullpunktsenergie des elektromagnetischen Felds, und die genaue Rechnung zeigt, daß dies eine winzige Anziehungskraft zwischen den — wohlgemerkt ungeladenen — Metallplatten zur Folge haben müßte, die selbst am absoluten Temperatur-Nullpunkt nicht verschwinden würde. Dieses Phänomen ist als „Casimir-Effekt" bekannt, nach dem berühmten holländischen Physiker und Bohr-Schüler Hendrik Casimir, der den Effekt voraussagte. Die Existenz einer solchen Vakuumkraft wurde im Jahre 1958 experimentell bestätigt.

9.11 Hendrik Casimir wurde in den Niederlanden geboren und studierte bei Niels Bohr. Später wurde er Forschungsdirektor der Philips-Laboratorien in Eindhoven.

Hawking-Strahlung und Schwarze Mini-Löcher

Die Erzeugung von Teilchen-Antiteilchen-Paaren spielt seit kurzem
auch in der Theorie der Schwarzen Löcher eine wichtige Rolle.
Ein Schwarzes Loch, so sagten wir in Kapitel 7, ist das Endstadi-
um eines sehr massereichen Sterns. Es ist leicht einzusehen, daß
sich ein solches Objekt immer mehr Materie einverleiben kann. So
vermutet man heute gigantische Schwarze Löcher in vielen Galaxien ebenso wie in den merkwürdigen „Quasaren" – enorm starken „quasistellaren Radioquellen". Da Schwarze Löcher von sich
aus keinerlei Strahlung emittieren, können sie sich nur indirekt bemerkbar machen – durch die elektromagnetische Strahlung, die
geladene Teilchen in Sternen und anderer interstellarer Materie abgeben, wenn sie von einem Schwarzen Loch eingefangen und beschleunigt werden. Sobald Materie jedoch in den Bereich des
„Schwarzschild-Radius" eines Schwarzen Lochs hineingesogen
worden ist, schnappt die Schwerkraftfalle zu: Nicht einmal mehr
Strahlung kann von dort entkommen.

Bisher haben wir über Schwarze Löcher gesprochen, die mindе-
stens drei- oder viermal so schwer wie unsere Sonne sind, durchaus aber auch – wie ein Quasar – einige hundertmillionenmal
schwerer sein können. Die Bildung Schwarzer Löcher mit viel
kleineren Massen ist schon erheblich schwieriger zu verstehen.
Stephen Hawking schlug als Erklärung vor, daß solche Schwarzen
„Mini-Löcher" neben den schwereren Exemplaren in der Anfangs-
phase des Universums entstanden sein könnten. Um eine Vorstellung davon zu bekommen, welche physikalischen Bedingungen unmittelbar nach der Entstehung des Universums herrschten, müssen
wir einen kurzen Abstecher in die Kosmologie machen und einige
astronomische Beobachtungen anführen, die die von den meisten
Kosmologen vertretene „Urknalltheorie" stützen.

Die Urknalltheorie wurde gegen Ende der vierziger Jahre von
Georg Gamow und anderen entwickelt, um die beobachtete Expansion des Universums zu erklären, die sich aus der Bewegung der
Galaxien ablesen läßt. Unsere Milchstraße besteht, wie jede andere
Galaxie im Universum, aus Myriaden von Sternen. Diese Galaxien
zogen sich einst unter dem Einfluß der Gravitation zu Galaxienhaufen zusammen, die ziemlich gleichmäßig im ganzen Raum verteilt sind. Die Bildfolge 9.12 zeigt einige Galaxien, die zu verschiedenen Haufen in zunehmender Entfernung von der Erde gehören; daneben sind ihre jeweiligen Strahlungsspektren abgebildet.

Wie die Sonne emittieren Galaxien Licht aller Wellenlängen, also
ein „kontinuierliches Spektrum". Einige Photonen des Sonnenlichts
besitzen aber gerade die richtige Energie, um Elektronen in den

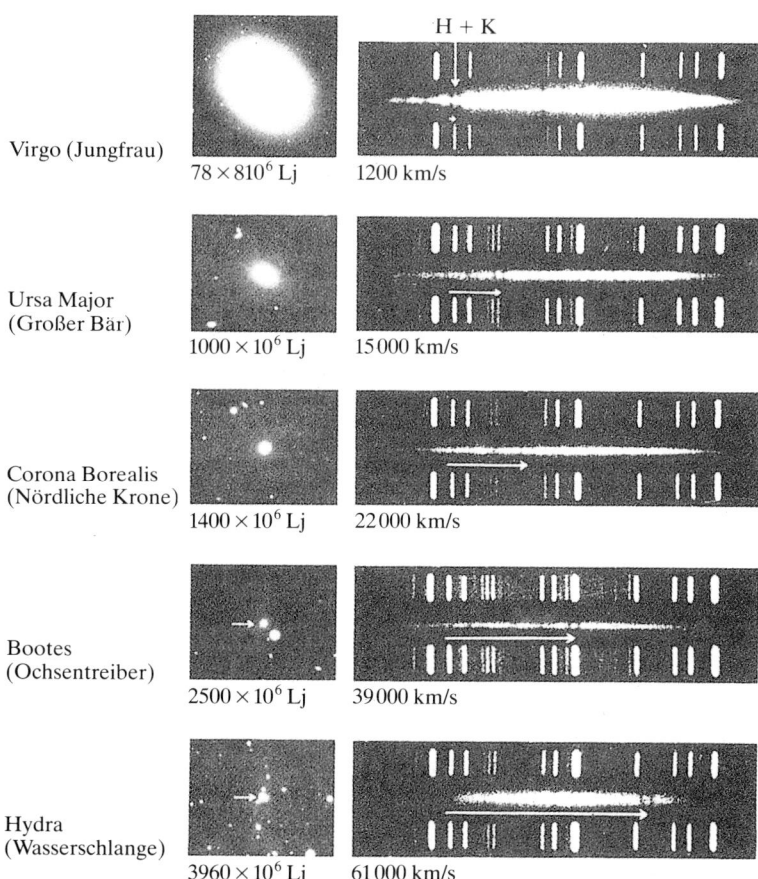

H + K

Virgo (Jungfrau)

78×810^6 Lj   1200 km/s

Ursa Major (Großer Bär)

1000×10^6 Lj   15 000 km/s

Corona Borealis (Nördliche Krone)

1400×10^6 Lj   22 000 km/s

Bootes (Ochsentreiber)

2500×10^6 Lj   39 000 km/s

Hydra (Wasserschlange)

3960×10^6 Lj   61 000 km/s

9.12 Fünf Galaxien und ihre Absorptionsspektren. Gegenüber den jeweils darüber und darunter abgebildeten Referenzspektren sind die Absorptionslinien um so mehr nach rechts verschoben, je weiter die Galaxie von uns entfernt ist. Führt man diese „Doppler-Verschiebung" auf die Fluchtgeschwindigkeit der Galaxie zurück, bedeutet dies, daß sich Galaxien um so schneller von uns fortbewegen, je weiter sie von der Erde entfernt sind. Das ist die fundamentale Grundaussage des Hubble-Gesetzes.

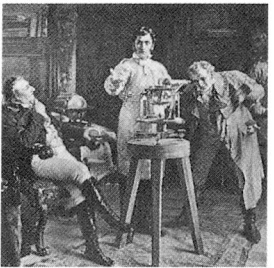

9.13 Joseph Fraunhofer (1787 – 1826) ist auf diesem Gemälde von Wimmer zusammen mit dem Spektroskop dargestellt, mit dem er die berühmten dunklen Linien im Sonnenspektrum entdeckte. Rund fünfzig Jahre später konnte Kirchhoff diese Fraunhoferschen Linien als Absorptionslinien deuten, deren Spektrum für die in der Sonnenatmosphäre vorhandenen Elemente charakteristisch ist. Fraunhofers Grabstein trägt die lateinische Inschrift *Approximavit sidera* („Er näherte sich den Sternen").

Gasatomen der äußeren Sonnenatmosphäre anzuregen. Solche Photonen, deren Wellenlängen für die Elemente in den Gasschichten der Sonne charakteristisch sind, tragen daher nicht zum aufgenommenen Lichtspektrum bei – statt dessen sehen wir bei diesen Wellenlängen dunkle „Absorptionslinien". Das resultierende „Absorptionsspektrum" kann man dazu verwenden, die in der Sonnenatmosphäre vorhandenen Elemente zu identifizieren.

In Abbildung 9.12 sind die Absorptionsspektren verschiedener Galaxien zu sehen. Ein Vergleich dieser Spektren mit geeigneten Referenzspektren zeigt, daß die charakteristischen Absorptionslinien

9.14 Edwin Hubble (1889 – 1953), hier abgebildet mit seinem Kater Nikolaus Kopernikus, wurde im US-Bundesstaat Missouri geboren und hatte in seiner Jugend erwogen, als Schwergewichtsboxer Karriere zu machen. Nachdem er zunächst ein Jurastudium begonnen hatte, wandte er sich der Astronomie zu. Später sagte er einmal: »Selbst wenn ich zweit- oder drittklassig gewesen wäre, was zählte, war die Astronomie.«

der vorhandenen Elemente durchweg bei größeren Wellenlängen auftreten — sie sind allesamt mehr oder weniger „ins Rote" verschoben (Pfeil). Diese „Doppler-Verschiebung" ist uns als akustisches Phänomen wohlvertraut: Der Sirenenton eines herannahenden Feuerwehrautos wird — abhängig von der Relativgeschwindigkeit — höher, bis es sich wieder entfernt und die Tonhöhe nun stetig sinkt. Entsprechend interpretiert man die Rotverschiebung der Spektrallinien als Beweis dafür, daß sich die Galaxien von uns entfernen.

Darüber hinaus zeigt ein Vergleich der Absorptionsspektren, daß sich ferne Galaxien nicht nur von uns, sondern auch voneinander entfernen — und zwar um so schneller, je weiter sie von der Erde entfernt sind (Pfeillänge). Diese für die moderne Kosmologie entscheidende Beobachtung findet ihren exakten Ausdruck im Hubbleschen Gesetz, das der berühmte amerikanische Astronom Edwin Hubble 1929 für die „Fluchtbewegung" der Galaxien formulierte:

$$v = H \times d$$

Fluchtgeschwindigkeit = Hubble-Konstante mal Entfernung.

Übrigens bedeutet diese Beobachtung nicht etwa, daß wir uns im Mittelpunkt des Universums befänden. Vielmehr spiegelt die Fluchtbewegung eine allgemeine Expansionsbewegung des Universums wider. Das läßt sich am Modell des Rosinenbrots verdeutlichen (Abbildung 9.15). Wenn Sie ein Rosinenbrot backen, wird beim Aufgehen des Teigs ja auch *jede* Rosine alle anderen von sich wegstreben sehen — und zwar um so schneller, je weiter die Rosinen voneinander entfernt sind.

Die Vorstellung eines expandierenden Universums schließt zwangsläufig mit ein, daß alle Galaxien und sonstige Materie zu einem früheren Zeitpunkt viel näher beieinander gewesen sein müssen. Wenn man immer weiter zurückrechnet, um frühere Expansionsstadien zu erfassen, führt dies schließlich zur Urknalltheorie. In ihr extrapoliert man die Expansion des Universums bis in jene Zeit zurück, als die gesamte Materie noch extrem komprimiert und deswegen unglaublich heiß und dicht war. Derart hohe Energiedichten würden die Materie so stark zusammenpressen, daß in den Anfangsmomenten des Universums eventuell auch Schwarze Löcher mit sehr kleinen Massen entstanden sein könnten. Diese Schwarzen „Mini-Löcher" — für Hawking die eigentlich „ursprünglichen" Schwarzen Löcher — könnten Massen von ein paar Gramm bis hin zu höchstens der Masse eines kleinen Planeten gehabt haben.

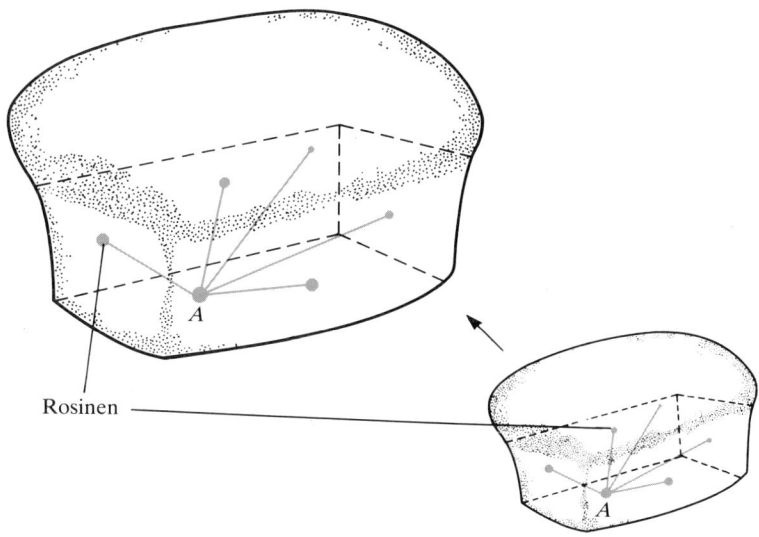

Rosinen

9.15 Ein aufgehender Rosinenbrotteig dient uns als Modell für die Expansion des Universums. Beim Backen dehnt sich der ganze Brotteig aus, und jede Rosine entfernt sich dabei von allen anderen.

Hawking beschreibt in seiner Theorie auch, was passieren kann, wenn Paarerzeugungsprozesse in der Nähe eines Schwarzen Mini-Lochs ablaufen. Erinnern wir uns dazu an unsere vorangegangene Diskussion über virtuelle Teilchen, in der wir uns das „Vakuum" als eine brodelnde Suppe aus virtuellen Teilchen-Antiteilchen-Paaren vorstellten. Hawking hatte nun die Idee, daß einer der Partner eines solchen Paares von dem benachbarten Schwarzen Loch eingefangen werden könnte, während der andere in den Raum entkäme. Es sähe dann so aus, als ob das Schwarze Loch Teilchen abstrahlen würde. Überraschenderweise ist der Mechanismus, der zu dieser „Hawking-Strahlung" führt, im wesentlichen derselbe wie bei den gewöhnlichen Gezeitenkräften, die den Wechsel von Ebbe und Flut verursachen.

Larry Niven, ein Science-fiction-Autor, der bei den angehenden Naturwissenschaftlern des MIT und am CalTech besonders beliebt ist, hat eine Kurzgeschichte mit dem Titel *Neutron Star* geschrieben. Darin erzählt er von außerirdischen Wesen mit Namen „die Puppenspieler", die mit ihren Raumschiffen in der Galaxie eine Vormachtstellung haben. Sie sind beunruhigt, da es eine unbekannte Kraft geschafft hat, in ihr angeblich uneinnehmbares Raumschiff „Nummer 2" einzudringen und die Insassen, die auf einer Forschungsreise zu einem Neutronenstern waren, zu töten. Die Puppenspieler – ausgesprochene Feiglinge – zwingen den Helden der Geschichte, Beowulf Schaeffer, die Reise zu wiederholen. Natürlich überlebt der Held. Im Verlauf der Geschichte findet er heraus, daß die geheimnisvolle Kraft nichts anderes ist als die gewöhnliche Gezeitenkraft. Da die Puppenspieler keine Ahnung haben, was

Gezeiten sind, schließt Schaeffer messerscharf, daß ihr geheimgehaltener Heimatplanet keinen Mond haben kann – worauf er den Spieß umdreht und sein Glück macht.

Das Zustandekommen der Gezeitenkräfte illustriert Abbildung 9.16, in der die Erde, bedeckt von einem zusammenhängenden Ozean, idealisiert dargestellt ist. Normalerweise halten sich bei einem System umeinander rotierender Körper wie Erde und Mond Anziehungs- und Fliehkraft die Waage; exakt richtig ist dies aber nur für die Schwerpunkte der beiden Körper. Auf der dem Mond zugewandten Seite der Erde ist die Gravitationswirkung des Mondes auf das Wasser am stärksten. Seine Anziehungskraft überwiegt dort gegenüber der Fliehkraft, die von der Rotation der Erde um den gemeinsamen Schwerpunkt des Systems Erde–Mond herrührt: Deswegen türmt sich das Wasser zu einem Flutberg auf, dem Mond entgegen. Auf der anderen, mondferneren Seite der Erde ist die Mondanziehungskraft kleiner als die Fliehkraft; folglich strebt das Wasser auf dieser Erdseite vom Mond weg, was ebenfalls zu einer Flutwelle führt. Daher haben wir bei einer vollen Erddrehung, das heißt jeden Tag, zweimal Flut und entsprechend zweimal Ebbe.

Wie aber wirkt sich die Gezeitenkraft der Erde auf den Mond aus? Da sich der Mond relativ zur Erde nicht dreht, uns also immer dieselbe Seite zeigt, spürt ein Stein auf der erdzugewandten „Vorderseite" des Mondes stets eine größere Erdanziehungskraft als ein Stein auf seiner „Rückseite"; beide Steine erfahren aber dieselbe Fliehkraft aufgrund ihrer gemeinsamen Rotation um den Schwerpunkt des Systems Erde–Mond. Daraus resultiert eine Gezeitenkraft der Erde, die den Mond auseinanderzureißen versucht. In ganz ähnlicher Weise würden an einem Astronauten in der Umlaufbahn eines Neutronensterns oder eines Schwarzen Lochs unglaubliche Gezeitenkräfte zerren, die ihn regelrecht in Stücke reißen könnten. Derartige Gezeitenkräfte sind stark genug, um ein

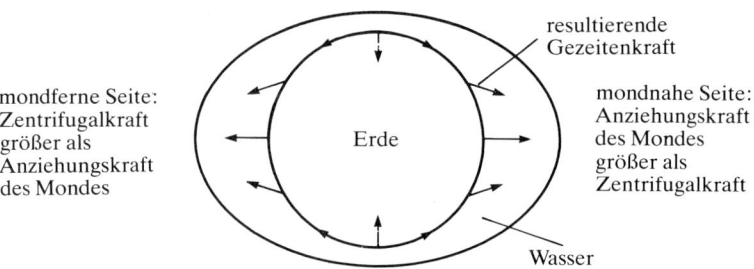

9.16 Dieses stark vereinfachte Schema für die Gezeitenkräfte illustriert, wie auf der Erde Ebbe und Flut zustandekommen.

Teilchen-Antiteilchen-Paar, das in dem enormen Gravitationsfeld eines Schwarzen Mini-Lochs erzeugt wurde, voneinander zu trennen. Nach Hawking könnte dann einer der Partner in das Schwarze Loch hineinfallen, während der andere in den Raum entkommen könnte.

Aufgrund der Hawking-Strahlung würde das Schwarze Mini-Loch also ständig Massenenergie an den Raum verlieren — es würde gewissermaßen „verdampfen" und letztlich in einer gewaltigen Energieexplosion enden, die beobachtbar wäre. Die meisten der beim Urknall erzeugten Mini-Löcher müßten allerdings längst explodiert sein; nur die schwereren von ihnen sollten erst in unserer Zeitepoche explodieren. Bis jetzt wurde aber noch keines beobachtet.

9.17 Stephen Hawking mit einem seiner Söhne. Hawking leistete und leistet — ungeachtet der körperlichen Beeinträchtigung durch eine fortschreitende Nervenlähmung — bedeutende Beiträge zu Atomphysik und Kosmologie. Er lebt in Cambridge, England.

10. Schwache Photonen und ein Superklebstoff

Heute sind wir in der Physik in einer Lage, die anders ist als alles, was wir bisher in der Geschichte hatten (es ist immer anders!). Wir besitzen eine Theorie ..., also warum überprüfen wir die Theorie nicht einfach und schauen, ob sie richtig oder falsch ist? Weil wir zuerst die Folgerungen aus der Theorie berechnen müssen, um sie testen zu können. Diesmal ist dieser erste Schritt das Problem.

Richard Feynman

10.1 James Clerk Maxwell (1831 – 1879) verdanken wir eigenständige Beiträge zu vielen Gebieten der Physik; so vermutete er als erster, daß die Saturnringe aus Myriaden winziger Teilchen bestehen könnten. Seine bedeutendste Leistung war eine Theorie des Elektromagnetismus, die Faradays Feldvorstellungen in eine präzise mathematische Form brachte und dabei Elektrizität und Magnetismus vereinigte. Die „Maxwellschen Gleichungen" wurden erstmals 1865 veröffentlicht und behielten trotz Relativitätstheorie und Quantenmechanik bis heute unverändert ihre Gültigkeit. Maxwell starb relativ früh an Krebs und erlebte nicht mehr, wie Heinrich Hertz die von ihm vorausgesagten elektromagnetischen Wellen entdeckte.

Noch ein Doppelspaltexperiment

In diesem Kapitel wenden wir uns den jüngsten Fortschritten bei der Beschreibung der fundamentalen Naturkräfte zu. Wir hatten bereits gesehen, daß man die elektromagnetische Kraft anhand einer Synthese aus klassischem Elektromagnetismus, Quantenmechanik und Relativitätstheorie erstaunlich gut verstehen kann. Die daraus hervorgegangene Theorie ist die Quantenelektrodynamik, kurz QED. Über 50 Jahre lang suchten die Physiker nach ähnlich erfolgreichen Theorien für die Grundkräfte innerhalb der Atomkerne: die schwache Kraft, auf die die natürliche Radioaktivität zurückgeht, und auch für die starke Kernkraft, die den Atomkern zusammenhält. Erst Mitte der siebziger Jahre gelang ihnen der Durchbruch; mit diesen neuen Erkenntnissen möchten wir uns im folgenden beschäftigen.

Mittlerweile verfügen die Teilchenphysiker über eine Theorie, die elektromagnetische und schwache Kräfte unter einem Dach vereint; erst kürzlich wurde sie in aufsehenerregenden Experimenten am CERN in Genf glänzend bestätigt. Wir werden weiter unten noch im einzelnen darauf eingehen. Damit nicht genug, die meisten Physiker glauben, endlich auch die richtige Theorie der starken Kraft gefunden zu haben − in Form einer Beschreibung von Teilchen wie Protonen und Neutronen anhand ihrer Quarkzusammensetzung (siehe Kapitel 3). Sicher ist man sich allerdings noch nicht, ob diese Theorie, die Quantenchromodynamik oder QCD, wirklich das letzte Wort sein wird. Wie wir dem obigen Eingangszitat von Feynman entnehmen können, fangen die Schwierigkeiten der Theorie bereits damit an, daß es sich als überaus kompliziert erweist, damit überhaupt etwas auszurechnen. Ein prinzipielles

10.2 Das Doppelspaltexperiment mit Elektronen in einer Neuauflage. Das gewöhnliche Interferenzmuster für Elektronen (a), wie wir es aus Kapitel 1 kennen, ergibt sich anhand der in den einzelnen Detektoren registrierten Elektronenanzahlen — wobei die Elektronen als schwarz-weiße Kreise dargestellt sind, um nochmals deutlich zu machen, daß sich über ihre jeweilige Herkunft vom einen oder anderen Spalt nichts aussagen läßt. Man beachte, daß am Detektor A in der Mitte die Ankunftswahrscheinlichkeit am größten ist. Bringt man nun eine dünne Platte zwischen Spaltebene und Detektorschirm (b), so ändert sich am Interferenzmuster nichts. Die Elektronenwellen aus den beiden Spalten erfahren bei ihrem Durchgang durch die Materie der Platte beide dieselbe Phasenverschiebung. Daher werden sie sich am Detektor an denselben Stellen zu Interferenzspitzen aufaddieren beziehungsweise zu Interferenzsenken kompensieren wie zuvor. Man spricht in diesem Fall von „globaler Phaseninvarianz", da das Interferenzbild unverändert („invariant") ist. Strenggenommen gilt dies aber nur, wenn sich die Platte über das ganze Gebiet hinter den beiden Spalten erstreckt. Deckt die Platte nur einen Spalt ab (c), so verändert sich das Bild. Detektor A, der bislang die meisten Elektronen zählte, registriert nun ein Minimum der Interferenzverteilung. Die Phasendifferenz und damit die Interferenzverhältnisse ändern sich, wenn man nur eine der beiden Elektronenphasen manipuliert. „Lokale" Phasenänderungen lassen das Interferenzmuster also nicht

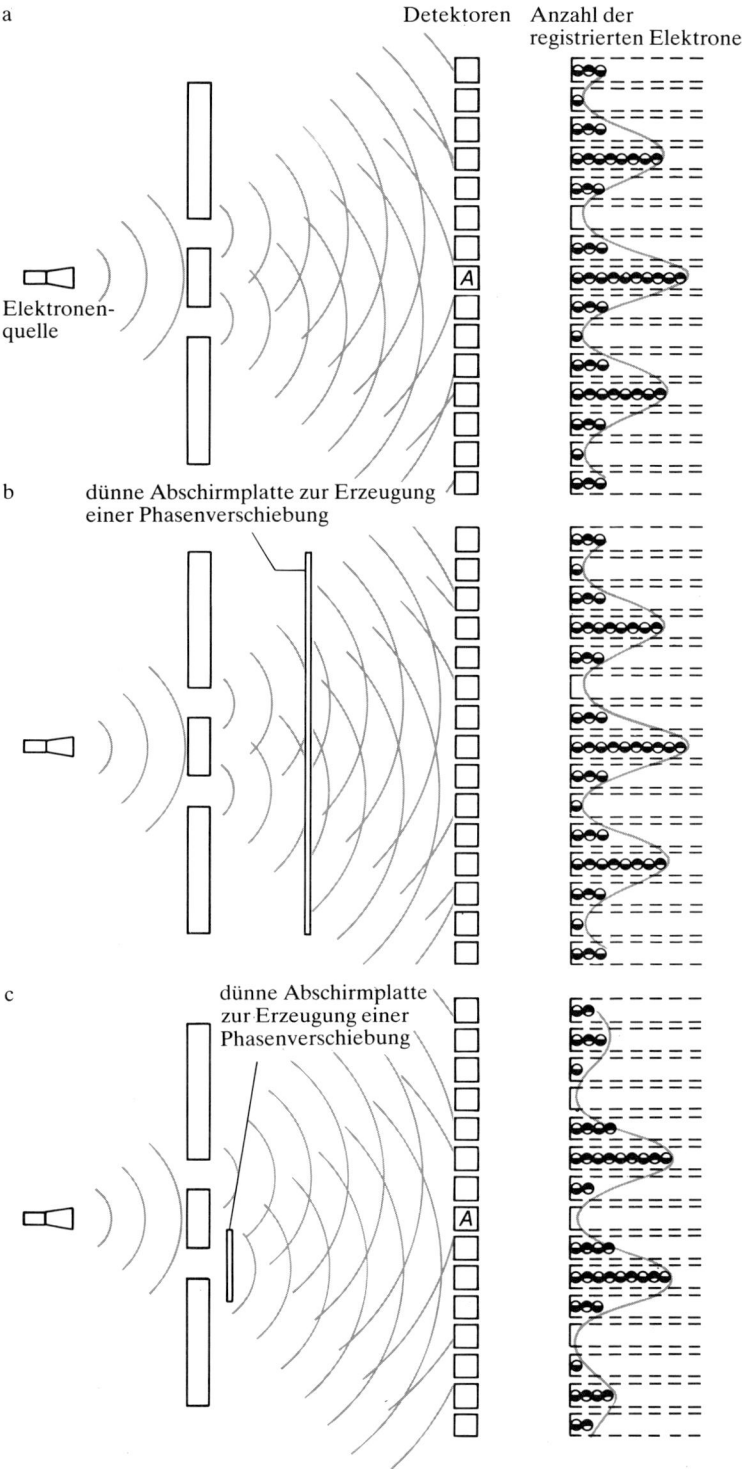

a

Detektoren   Anzahl der registrierten Elektronen

Elektronenquelle

b   dünne Abschirmplatte zur Erzeugung einer Phasenverschiebung

A

c   dünne Abschirmplatte zur Erzeugung einer Phasenverschiebung

A

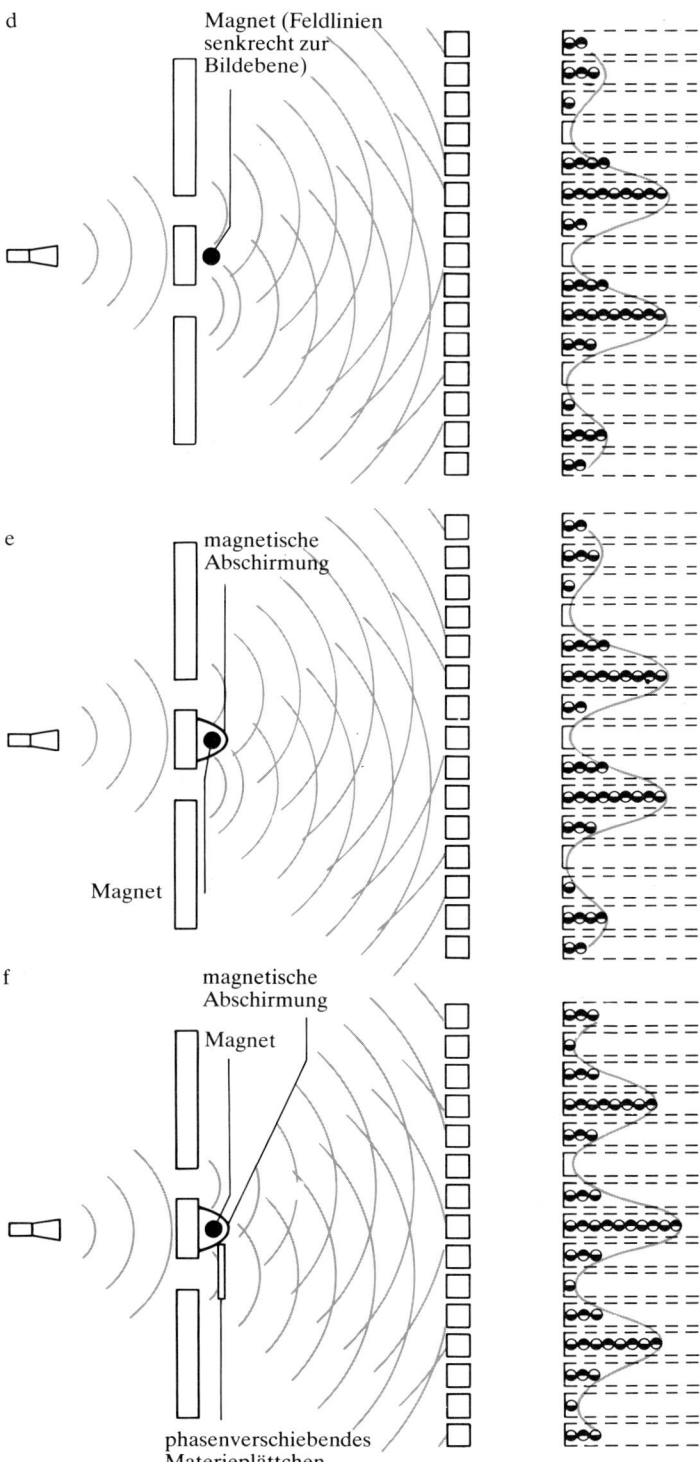

d   Magnet (Feldlinien senkrecht zur Bildebene)

e   magnetische Abschirmung

Magnet

f   magnetische Abschirmung

Magnet

phasenverschiebendes Materieplättchen

invariant. Auch die Anwesenheit eines Magnetfelds macht sich im Interferenzbild bemerkbar (d). Abgesehen davon, daß wir weiterhin nicht sagen können, welchen Spalt die Elektronen nehmen, entspricht diese Beobachtung mehr oder weniger dem, was man für ein klassisches Elektron erwarten würde, dessen Flugbahn in einem Magnetfeld gekrümmt wird. Allerdings zeigte das berühmte Bohm-Aharanow-Experiment, daß die Phasen auch dann beeinflußt werden, wenn man das Magnetfeld abschirmt, die Elektronen sich also nur im feldfreien Raum bewegen (e). In der Praxis realisiert man das Feld durch einen langen, hauchdünnen Draht — dünner als ein Menschenhaar —, der wie ein Elektromagnet wirkt. Aufgrund dieses Effekts kann man die Phasenverschiebung, die das Plättchen hinter einem der Spalte verursacht, durch ein entsprechend bemessenes Magnetfeld exakt aufheben — sogar ohne daß sich das Magnetfeld dabei im Ausbreitungsgebiet der Elektronenwellen bemerkbar machen müßte (f). Lokale Phaseninvarianz wird also dadurch erreicht, daß die Wechselwirkung zwischen Magnetfeldern und Elektronen eine ganz spezifische Form besitzt. Dies ist die Grundidee aller „Eichtheorien".

Problem ist, daß die Theorie von Wechselwirkungen zwischen Quarks ausgeht, einzelne Quarks jedoch bislang nie beobachtet werden konnten! Die Kräfte zwischen den Quarks scheinen so raffiniert ausgelegt zu sein, daß wir Quarks immer nur in gebundenen Zuständen, und zwar in Paaren oder Dreiergruppen, antreffen. So bestehen Proton oder Neutron aus drei Quarks, während Quark-Antiquark-Paare Teilchen mit dem Namen Mesonen ergeben, die wir im nächsten Abschnitt vorstellen werden. Die Tatsache, daß man keine einzelnen freien Quarks beobachten kann, bezeichnen die Physiker als „Quark-Einschluß" (englisch *quark confinement*), für den die Theorie allerdings bis heute keine endgültige Erklärung liefert; einige spekulative Ideen werden wir zum Schluß des Kapitels diskutieren.

Was hat das Doppelspaltexperiment mit alldem zu tun? Es scheint so, als habe es die Natur überraschend gut mit uns gemeint: Allen diesen Theorien liegt nämlich im Kern ein und dasselbe Prinzip zugrunde, das wir uns wiederum an unserem Doppelspaltexperiment mit Elektronen (siehe Kapitel 1 und 2) klarmachen können. Meist bezeichnet man dieses Prinzip etwas rätselhaft als „Eichinvarianz", aber die Grundidee des Ganzen ist in Wirklichkeit recht einfach und überzeugend.

Abbildung 10.2 zeigt noch einmal das Doppelspaltexperiment mit Elektronen. Im ersten Kapitel hatten wir gesehen, wie man die Ankunftswahrscheinlichkeit der Elektronen am Detektorschirm berechnet: Man nimmt an, daß von den beiden Spalten Elektronenwellen ausgehen, die sich auf dem Schirm überlagern und miteinander interferieren. Wie viele Elektronen an einer bestimmten Stelle ankommen, hängt dann von der Phasendifferenz der Wellen ab: Wenn sie dort in Phase sind, das heißt, wenn sie jeweils mit ihren Wellenkämmen aufeinandertreffen, zählen wir sehr viele Elektronen; sind die Wellen jedoch in Gegenphase, so daß stets ein Wellental auf einen Wellenberg trifft, werden gar keine Elektronen registriert. Nun schieben wir, wie im Bild angedeutet, zwischen Spaltblende und Schirm eine dünne Platte. Ähnlich wie beim Interferenzexperiment mit Neutronen (siehe Kapitel 3) werden die Elektronen mit der Materie der Platte wechselwirken, was die hindurchdringenden Elektronenwellen „verzögert", das heißt ihre Phasen verschiebt. Entsprechend verzögert kommen die Wellen dann auch am Schirm an — wo ursprünglich ein Wellenkamm war, ist nun beispielsweise ein Tal, und so weiter. Da beide Wellenzüge in ihren Phasen um jeweils denselben Betrag verschoben werden, ändert sich die Phasendifferenz nicht, und das Interferenzmuster bleibt erhalten: Wenn die zwei Wellen irgendwo in Phase waren, werden sie es dort auch in Anwesenheit der Platte sein, und im statistischen Mittel werden somit überall genauso viele Elektronen auftreffen wie zuvor. Da keinerlei Veränderung im Interferenzbild auszumachen ist, sprechen die Physiker von einer „Invarianz" des Doppelspaltexperiments, genauer von einer „Phaseninvarianz"; die einzig relevante Wirkung der Materie auf die Elektronen ist ja die Verschiebung ihrer Wellenphasen.

Es gibt noch einen anderen wichtigen Aspekt. Bei dieser Art von Phaseninvarianz war es wesentlich, daß sich die phasenverschiebende Platte über den ganzen Ausbreitungsbereich der Wellen erstreckte. Wenn wir jedoch nur ein kleines Plättchen hinter *einem* der beiden Spalte einschieben, dann verändert sich das Interferenzmuster. In diesem Fall wird nur die Phase einer der beiden interferierenden Wellen beeinflußt. Auf dem Schirm werden also an den Stellen, wo sonst immer zwei Wellenberge aufeinandertrafen, unter Umständen jetzt Wellentäler auf Wellenberge treffen. Wir fassen das Ganze nochmals zusammen. Wenn wir die Phasen der Elektronenwellen in einem kleinen, „lokalen" Gebiet manipulieren, verändert sich das Interferenzmuster — es ist dabei also nicht „invariant". Verschieben wir die Phase dagegen überall — „global" — um einen festen Betrag, dann bleibt die Verteilung der Elektronen bestehen, und es liegt „Invarianz" vor. Anders ausgedrückt, wir haben beim Doppelspaltexperiment mit Elektronen eine „globale Phaseninvarianz", aber keine „lokale Phaseninvarianz".

Feynman hat den Unterschied zwischen lokalen und globalen Effekten einmal an dem folgenden anschaulichen Beispiel illustriert. Angenommen, wir interessierten uns dafür, wie viele Katzen es zu einem bestimmten Zeitpunkt auf der Welt gibt. Wenn wir uns die Katzenpopulation nur kurz anschauen, so daß in der Zwischenzeit keine Katzen geboren werden oder sterben, dann wird die Gesamtzahl der Katzen konstant sein — die Katzenzahl ist sozusagen eine globale Erhaltungsgröße. Aber wir wissen noch mehr. Aller Erfahrung nach bleibt die Zahl der Katzen nämlich auch lokal erhalten. Würde es tatsächlich vorkommen, daß fünf Katzen in Pasadena verschwänden, um zum selben Zeitpunkt in Southampton wieder aufzutauchen, dann hätten wir es lediglich mit einer „globalen Erhaltung" der Katzen zu tun. Nun machen sich Katzen erfahrungsgemäß nicht einfach derart aus dem Staub, und so bleibt ihre Anzahl auch in jedem beliebigen kleinen („lokalen") Gebiet erhalten. Diese lokale Erhaltung hat zugleich die globale Erhaltung der Gesamtzahl an Katzen zur Folge.

Die Geschichte hat noch einen anderen, ernsthafteren Hintergrund. Wo immer die Physiker auf irgendeine Form von Invarianzprinzip stoßen (oft spricht man gleichbedeutend auch von einer „Symmetrie"), werden sie hellhörig. Umgehend versuchen sie dann herauszufinden, ob sich dieses Prinzip nicht allgemeiner formulieren

10.3 Hermann Weyl (1885–1955) war ein herausragender Mathematiker, der auch wichtige Beiträge zur Physik geleistet hat. 1933, auf dem Höhepunkt seiner Karriere, trat er aus Protest gegen die Entlassung seiner jüdischen Kollegen von seiner Professur an der Universität Göttingen zurück. Wie so viele andere deutsche Wissenschaftler ging er in die USA und schloß sich dem Institute for Advanced Study in Princeton (New Jersey) an. In den zwanziger Jahren hatte Weyl vergeblich versucht, Gravitation und Elektromagnetismus in einer Theorie zu vereinigen, und dabei einige grundlegende Ideen formuliert, die Eingang in die modernen Eichtheorien fanden. Die Bezeichnung „Eichtheorie" ist ein Relikt dieser frühen Versuche Weyls.

läßt. Im Falle des Doppelspaltexperiments hatten wir globale Phaseninvarianz gefunden. Die Phase der Wellenfunktion überall und gleichzeitig um denselben Betrag abändern zu müssen, scheint jedoch eine unnötig restriktive Forderung zu sein. Wäre es nicht natürlicher, wenn man die Phase in einer beliebigen lokalen Region abändern dürfte und sich nicht darum kümmern müßte, was anderswo geschieht? Anders gefragt: Ist es möglich, im Rahmen einer umfassenderen Theorie die ganze Sache so zu drehen, daß man die Phasen auch lokal verändern darf, ohne daß die Invarianz dabei verlorengeht? Es ist möglich – und die Theorie, die das leistet, ist keine geringere als die QED!

Um eine Vorstellung davon zu gewinnen, was die QED und die lokale Phaseninvarianz miteinander zu tun haben, schauen wir uns an, wie das Doppelspaltexperiment mit Elektronen in Gegenwart eines Magnetfelds abläuft. Abbildung 10.2d zeigt den experimentellen Aufbau mit einem kleinen Magneten hinter den Spalten. Aus der klassischen Theorie des Elektromagnetismus weiß man, daß magnetische Felder die Bahn eines geladenen Teilchens krümmen, und so überrascht es nicht, daß sich das Interferenzbild unter dem Einfluß des Magneten verschiebt. Wie das Magnetfeld – quantenmechanisch betrachtet – im einzelnen auf die Wellenfunktion eines Elektrons einwirkt, ist nicht so ohne weiteres ersichtlich. Da das Interferenzmuster aber einfach verschoben ist, würde man erwarten, daß das Magnetfeld im wesentlichen nur die Phase der Elektronenwelle verändert.

Die Beobachtung, daß Magnetfelder die Phase von Elektronenwellen beeinflussen, läßt erahnen, auf welche Weise wir eine lokale Phaseninvarianz der Theorie erreichen können. Der entscheidende Punkt dabei ist die spezielle Form der Wechselwirkung zwischen Magnetfeldern und Elektronenwellen. Im einzelnen ist das alles recht kompliziert, und eine detaillierte Erklärung würde an dieser Stelle zu weit führen; mit der folgenden Überlegung möchten wir aber wenigstens einen Hinweis geben, wie der Mechanismus der lokalen Phaseninvarianz funktioniert. Angenommen, wir setzen ein dünnes Plättchen hinter einen der beiden Spalte; wie wir gesehen haben, werden sich die Interferenzstreifen dadurch verschieben. Nun bringen wir zusammen mit dem Plättchen auch einen Magneten hinter den Spalten an. Zweifellos müßte es dann möglich sein, das Magnetfeld so auszulegen, daß die phasenverschiebende Wirkung des Plättchens genau kompensiert wird. Das ursprüngliche Interferenzbild bliebe dann unverändert erhalten. Das bedeutet, wir können die Phase einer der beiden Elektronenwellen lokal verändern und dennoch – durch die Einführung eines äußeren Magnetfelds – die Invarianz aufrechterhalten. In Wahrheit ist die Sache noch um einiges raffinierter, als aus diesem Argument ersichtlich

10.4 Chen Ning Yang bekam zusammen mit T. D. Lee 1957 den Nobelpreis für die Vorhersage, daß die schwache Kraft die fundamentale Links-Rechts-Symmetrie verletzt. Bereits 1954 hatte er gemeinsam mit Robert Mills das Eichprinzip des Elektromagnetismus auf eine verallgemeinerte Form gebracht, etwa zur selben Zeit übrigens wie ein Doktorand namens Robert Shaw in Cambridge (England), der unabhängig von den beiden darauf kam. Die „Yang-Mills-Theorien" waren die Prototypen der modernen Eichtheorien.

wird. Von einer wirklichen Invarianz kann man ja eigentlich nur dann sprechen, wenn diese ohne handfeste Manipulation durch ein Kraftfeld erreicht wird. Tatsächlich erreicht man in der QED die Kompensation der Phasenänderung denn auch durch eine Art „fiktives" Feld, das zwar mathematisch eng mit dem realen Magnetfeld verknüpft ist, selbst aber keine unmittelbare physikalische Kraftwirkung hat – es legt gewissermaßen nur dessen Nullpunkt fest. Lokale Änderungen der Elektronenphase können mit einem solchen „Eichfeld" kompensiert werden, ohne daß man davon physikalisch überhaupt etwas bemerken würde. Erst diese ganz spezifische Formulierung der elektromagnetischen Wechselwirkung ermöglicht eine echte lokale Phaseninvarianz der Theorie.

Dieser auf den ersten Blick etwas eigenartige „Eichmechanismus" läßt sich direkt im Experiment nachweisen. Das Eichfeld verrät sich nämlich unter bestimmten Bedingungen doch: Man schirmt bei entsprechenden Experimenten das Magnetfeld so ab, daß es nicht in den Bereich der beiden vorbeilaufenden Elektronenwellen eindringen kann (Abbildung 10.2e). Obwohl die Elektronen jetzt das „reale" Magnetfeld überhaupt nicht mehr spüren können, bleibt der Einfluß des Magneten auf das Interferenzbild dennoch erhalten! Dieser nach seinen Entdeckern benannte „Bohm-Aharanow-Effekt" war unter den Physikern zuerst lange umstritten, bis er 1960 endgültig im Experiment nachgewiesen wurde.

Die QED, die die Wechselwirkungen zwischen Elektronen und Photonen beschreibt, ist also gerade so gebaut, daß die Physik völlig unverändert bleibt, wenn man an den Phasen der Elektronenwellen in gewissem Rahmen lokal manipuliert. Daß die Physiker in diesem Zusammenhang von „Eichinvarianz" oder „Eichtheorie" sprechen, hat vor allem historische Gründe; gemeint ist damit aber einfach „lokale Phaseninvarianz". In dieser Beobachtung liegt nun der Schlüssel zur Konstruktion ähnlicher Theorien für die schwache und die starke Kraft. Dazu stellt man das obige Argument einfach auf den Kopf.

Angenommen, wir wüßten nicht, wie Elektronen und Photonen miteinander wechselwirken, und würden nur fordern, daß eine Theorie der Elektronen lokal phaseninvariant sein soll. Allein durch diese Einschränkung wären wir dann genötigt, magnetische Felder einzuführen. Wenn wir uns zudem noch auf die einfachste derartige Theorie beschränkten, dann landeten wir geradezu zwangsläufig bei der QED! Die Forderung der Eichinvarianz bestimmt hier die Form der Wechselwirkung – das ist der Inhalt des „Eichprinzips". Diese wunderbar einfache Idee macht man sich zunutze, um Eichtheorien für die anderen fundamentalen Kräfte der Natur aufzustellen.

Die Anfänge der Teilchenphysik

Bevor wir auf die Eichtheorien der schwachen und der starken Kraft eingehen können, müssen wir vorab einen kurzen Überblick über die wichtigsten Entdeckungen der Elementarteilchenphysik geben und einige Begriffe einführen. Im Jahre 1932 – dem Jahr, in dem Chadwick das Neutron entdeckte – war alles noch sehr einfach; die Materie schien aus lediglich drei elementaren Bausteinen aufgebaut, dem Proton, dem Neutron und dem Elektron. Proton und Neutron sind viel schwerer als das Elektron und werden daher als „Baryonen" bezeichnet, nach dem griechischen Wort *barys* für „schwer". Das Elektron dagegen ordnet man heute der Teilchenfamilie der „Leptonen" zu, was sich von *leptos*, „leicht", ableitet. Wir kennen bereits ein weiteres Lepton, das Neutrino von Pauli. In Kapitel 7 hatten wir das mysteriöse Teilchen, das beim radioaktiven Zerfall des Neutrons in ein Proton entsteht, vorgestellt. Für ganze vier Teilchen scheint diese Unterteilung in Leptonen und Baryonen einigermaßen übertrieben; wenn wir aber bedenken, daß die Physiker in den letzten 40 Jahren einige hundert mehr oder weniger „elementare" Teilchen entdeckt haben, dann leuchtet ein, wie nützlich eine solche Klassifikation ist. Glücklicherweise konnte man, nachdem man jahrzehntelang im dunkeln getappt war, schließlich wieder Ordnung in dieses Durcheinander von Elementarteilchen bringen. Wie wir gleich sehen werden, sind das Prinzip der lokalen Phaseninvarianz und die Quarks die tragenden Säulen dieser Ordnung.

Im vorangegangenen Kapitel hatten wir die Feynman-Diagramme kennengelernt, mit denen man Wechselwirkungsprozesse zwischen Teilchen bildlich darstellen kann. Abbildung 10.6 symbolisiert beispielsweise einen Prozeß, der bei der Streuung eines Elektrons an einem Proton abläuft. Das Elektron und eines der drei Quarks, aus denen sich das Proton zusammensetzt, „tauschen" dabei ein virtuelles Photon aus. Dieses Konzept, in dem wir uns eine Kraft durch den Austausch virtueller Teilchen vermittelt denken, gibt uns einen Anhaltspunkt, über welche Distanz diese Kraft überhaupt wirken kann. Aus der Unschärferelation hatten wir nämlich geschlossen, daß man sich einen Energiebetrag ΔE für die Zeit $\Delta t \approx h/\Delta E$ vorübergehend borgen kann, ohne die Energieerhaltung zu verletzen. Multiplizieren wir diese Zeit Δt mit der Geschwindigkeit v des Teilchens, so erhalten wir eine grobe Schätzung für die typische Entfernung R, die ein derartiges Teilchen zurücklegen kann, also:

$$R = v \times (h/\Delta E)$$

Reichweite = Geschwindigkeit mal Zeit.

10.5 Hideki Yukawa sagte die Existenz eines Mesons voraus, das die starke Kernkraft vermitteln sollte. Yukawa bekam dafür 1949 als erster japanischer Wissenschaftler den Nobelpreis.

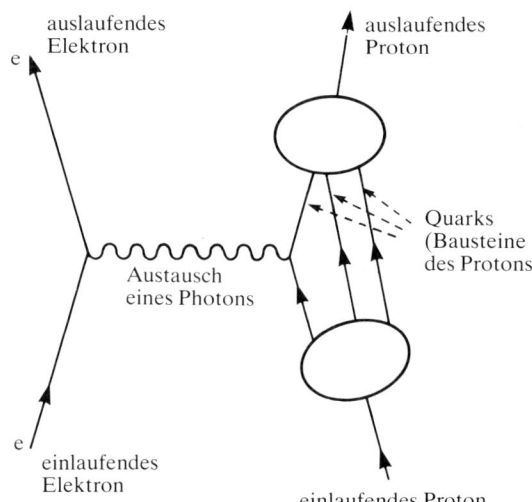

auslaufendes
Elektron

auslaufendes
Proton

e

Quarks
(Bausteine
des Protons)

Austausch
eines Photons

e

einlaufendes
Elektron

einlaufendes Proton

10.6 Feynman-Diagramm einer Elektron-Proton-Streuung. Der Streuprozeß ist als Austausch eines virtuellen Photons zwischen dem Elektron und einem der drei Quarks im Proton dargestellt.

Diese Überlegung — angewandt auf die starke Kernkraft, deren Reichweite ja bekannt war — führte den japanischen Physiker Hideki Yukawa dazu, ein Austauschteilchen der starken Kernkraft mit einer Masse zwischen der des Elektrons und der des Protons vorauszusagen.

Yukawas Berechnungen zufolge sollte das Teilchen etwa 200- bis 300mal so schwer wie ein Elektron sein; zum Vergleich erinnern wir uns, daß das Proton etwa 2000mal schwerer ist als das Elektron. Bis 1935, als Yukawa seine Vorhersage machte, war ein solches Teilchen nie beobachtet worden. Als dann zwei Jahre später tatsächlich Teilchen mit ungefähr der richtigen Masse in der kosmischen Strahlung gefunden wurden, galt dies wie selbstverständlich als sensationelle Bestätigung von Yukawas Theorie. Der Zweite Weltkrieg bremste im folgenden die Untersuchungen an den neuen Teilchen, doch kam die Forschung nicht ganz zum Erliegen. Drei junge italienische Physiker namens Marcello Conversi, Ettore Pancini und Oreste Piccioni arbeiteten in einem geheimen Kellerlabor in Rom weiter, wo sie sich vor den deutschen Militärs versteckten, um der Deportation ins Arbeitslager nach Deutschland zu entgehen. Sie fanden heraus, daß sich die neuen Teilchen äußerst merkwürdig verhielten, jedenfalls ganz anders, als man es von Trägerteilchen der starken Kernkraft erwarten würde. Anstatt besonders heftig mit Atomkernen zu reagieren, schienen sie sich eher wie ein „schweres Elektron" zu verhalten. Das Rätsel wurde erst 1947 gelöst, als man darauf kam, daß es zwei neue Teilchen ungefähr derselben Masse geben könnte — eines, das man beobachtet hatte und das sich wie ein schweres Elektron verhielt, und ein

10.7 Das Yukawa-Teilchen, das später „Pion" getauft wurde, konnte erstmals in der kosmischen Strahlung nachgewiesen werden. Die Pionen (π) zerfielen in ein Müon (μ) und ein im Detektor unsichtbares Neutrino. Das Müon verwandelte sich anschließend in ein Elektron (oder Positron, e^- oder e^+) und zwei weitere Neutrinos. Links sind die Spuren dieser Zerfallskette in einer Photoemulsion zu sehen. Das rechte Bild zeigt denselben Prozeß in einer Blasenkammer, die sich in einem Magnetfeld befand; hier handelte es sich um ein positiv geladenes Pion (π^+), das in ein Positron überging. Durch das Magnetfeld wurde die Spur des langsamen Positrons so stark gekrümmt, daß sie sich wie die Spiralfeder einer Taschenuhr aufwickelte.

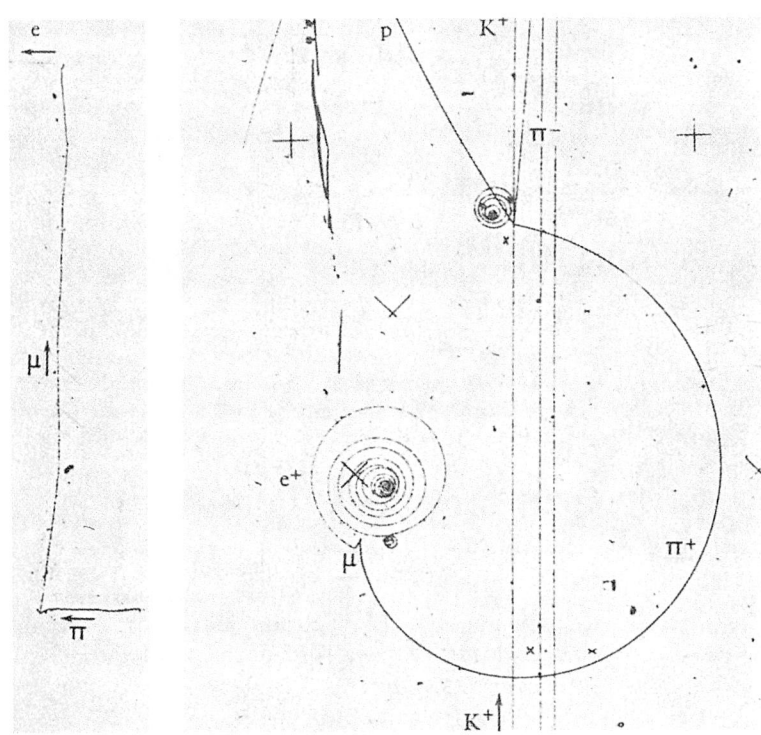

anderes Teilchen, Yukawas Austauschteilchen der starken Kraft, dessen Nachweis noch ausstand. Es zeigte sich bald, daß diese Vermutung richtig war. Cecil Powell und Giuseppe Occhialini im englischen Bristol fanden 1947 in ihren Photoplatten Spuren kosmischer Teilchen, die endgültig die Existenz von Yukawas flüchtigen Teilchen bewiesen (Abbildung 10.7). Eine Zeitlang war im Gespräch, die neuen Teilchen zu Ehren Yukawas „Yukonen" zu taufen, doch einigte man sich dann darauf, sie wegen ihrer mittleren Masse „Mesonen" zu nennen (von griechisch *mesos*, „in der Mitte"). Die „schweren Elektronen", die man zuerst entdeckt hatte, heißen heute „Müonen".

Mit der Entdeckung von Yukawas Meson begann die Ära der modernen Teilchenphysik. Ermöglicht wurde dies vor allem durch die Entwicklung neuer und besserer Nachweismethoden, um die Teilchenspuren aus den Hochenergiekollisionen aufzunehmen; die Suche nach neuen Detektortechniken geht bis heute weiter. Powell und Occhialini hatten in Zusammenarbeit mit den photographischen Labors der Firma Ilford die Empfindlichkeit von Photoemulsionen soweit steigern können, daß die meisten geladenen Teilchen darin deutliche Spuren hinterließen. Occhialini nahm einige der neuen Photoplatten mit auf ein Observatorium in die französischen

Pyrenäen und setzte sie dort der hochenergetischen kosmischen Strahlung aus. Was dann passierte, schildert uns Powell am besten in seinen eigenen Worten:

»Als sie nach Bristol zurückgebracht und entwickelt wurden, war sofort klar, daß sich da eine komplett neue Welt auftat. Die Spur eines langsamen Protons war so dicht gepackt mit entwickelten Körnern, daß sie fast wie ein durchgehender Silberstab aussah, und unter dem Mikroskop wimmelte es in der winzigen Emulsionsprobe von Zerfallsprozessen, die von schnellen kosmischen Strahlungspartikeln mit viel größeren Energien, als man damals je hätte künstlich erreichen können, ausgelöst worden waren. Es war, als hätte man plötzlich eine Tür in der Mauer eines Obstgartens aufgestoßen, in dem geschützte Bäume gediehen und alle Arten exotischer Früchte ungestört im Überfluß heranreiften.«

Trotz all der enormen theoretischen Fortschritte, die die Teilchenphysik in den letzten 15 Jahren gemacht hat — die Existenz des Müons ist noch immer ein Rätsel. »Wer hat das bestellt?«, soll der Nobelpreisträger Isidor Rabi gefragt haben, als er von der Entdeckung des Müons hörte. Die Antwort auf diese Frage steht bis heute aus. Später hat man allerdings einen weiteren Anhaltspunkt gefunden, der sich für die Auflösung des Leptonenrätsels als entscheidend erweisen könnte. Bei diesem Fund wiederholte sich in verblüffend ähnlicher Weise die anfängliche Verwirrung, die die Entdeckung des Yukawa-Mesons und des Müons begleitet hatte. Mitte der siebziger Jahre hielten die Physiker nach einem neuen Meson Ausschau, um ihre theoretischen Vermutungen über die Existenz eines neuen Quarktyps (siehe unten) zu bestätigen. Statt dessen fanden sie aber ein weiteres schweres Elektron, das gerade etwa die vorausberechnete Masse des Mesons hatte. Der unerwartete Fund geht hauptsächlich auf den amerikanischen Physiker Martin Perl zurück, der auch den Namen „Tau" (nach dem griechischen Buchstaben τ) für das neue Lepton prägte. Die gesuchten neuen Mesonen wurden kurze Zeit darauf entdeckt und machten die eigenartige, bis heute nicht recht verstandene Neuauflage dieses Verwirrspiels komplett.

Yukawas Meson bekam später den Namen „Pi-Meson" oder kurz „Pion". Wenig später fand man weitere seltsame Ereignisse in der kosmischen Strahlung. Das Charakteristische an ihnen war, daß im Idealfall zwei V-förmige Spuren zu sehen waren, die beide gemeinsam auf das Ende einer anderen Spur, den mutmaßlichen Wechselwirkungspunkt, zeigten. Da ausschließlich die elektrisch geladenen Teilchen Spuren in den Detektoren hinterließen, folgerte man, daß die beiden „Vaus" von geladenen Zerfallsprodukten zweier neutraler Teilchen stammen mußten, die am Ort der

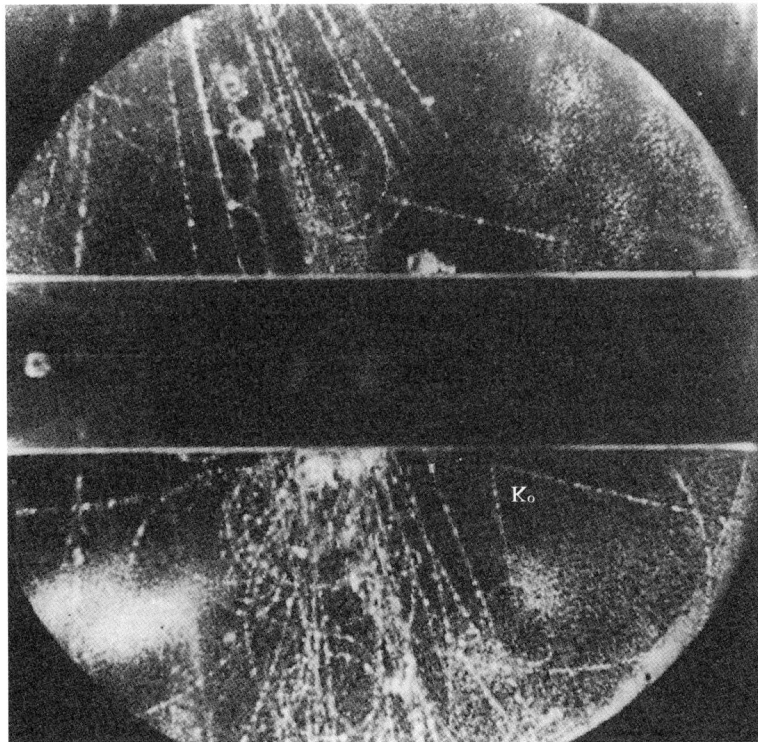

10.8 Diese Nebelkammeraufnahme dokumentiert die Entdeckung der „seltsamen Teilchen". In der Bleiplatte, die sich quer durch die Nebelkammer hindurchzog, hatte ein Teilchen der kosmischen Strahlung ein neutrales K-Meson erzeugt. Seine Zerfallsprodukte, geladene Pionen, hinterließen das „Vau" rechts unten im Bild.

ursprünglichen Teilchenkollision entstanden waren. Diese neutralen Teilchen, die alsbald unter dem Namen „seltsame Teilchen" firmierten, legen dann eine gewisse Strecke unsichtbar zurück, bevor sie zerfallen. Massen und Ladungen aller beteiligten Teilchen konnte man mit Hilfe des Impuls- und Energieerhaltungssatzes erschließen, indem man die Ereignisse in Gegenwart eines Magnetfelds aufnahm und die Krümmung der einzelnen Spuren sorgfältig ausmaß. Auf diese Weise gelang es, „seltsame" Baryonen und Mesonen zu identifizieren.

Was ist an diesen Teilchen so seltsam? Einmal abgesehen von den gepaarten „Vaus", durch die sie sich verrieten, gab es noch einen anderen Grund, die Teilchen „seltsam" zu nennen. Schauen wir uns ein typisches „Doppel-Vau-Ereignis" genauer an (Abbildung 10.9). Es entspricht dem Prozeß

$$\pi^- + p \rightarrow \Lambda^0 + K^0,$$

wobei das Lambda (Λ) ein seltsames Baryon und das Kaon (K) ein seltsames Meson ist (der Index „0" bedeutet, daß beide elektrisch neutral sind). Ausgesprochen rätselhaft daran war nun, daß man zwar *Paare* seltsamer Teilchen durch Kollisionen von Pionen mit Protonen leicht erzeugen konnte; sich selbst überlassen, zeigten die seltsamen Teilchen dann aber eine ausgeprägte Abneigung, wieder in Pionen und Protonen zu zerfallen. Anders ausgedrückt: Die Erzeugung seltsamer Teilchen erfolgt immer paarweise über die starke Kraft, aber der Zerfall einzelner seltsamer Teilchen ist nur über die schwache Wechselwirkung möglich, etwa in der Form

$$\Lambda^0 \to p + \pi^-,$$

$$K^0 \to \pi^+ + \pi^-.$$

Andere Zerfallswege, die man beobachtete und die ganz offensichtlich „schwacher" Natur sind, wie

$$\Lambda^0 \to p + e^- + \overline{\nu},$$

$$K^0 \to \pi^- + e^+ + \nu,$$

bestätigten diese Vermutung.

Heute weiß man, daß seltsame Teilchen eine eigene, neuartige Form von „Ladung" besitzen, die sie von „gewöhnlicher" Materie wie Protonen, Neutronen oder Pionen unterscheidet und die man „Seltsamkeit" nennt. In Prozessen der starken Kraft muß die Seltsamkeit vor und nach dem Prozeß immer gleich sein, weshalb die seltsamen Teilchen grundsätzlich paarweise auftreten. So hat das Kaon in unserem obigen Beispiel die Seltsamkeit +1, das Lambda

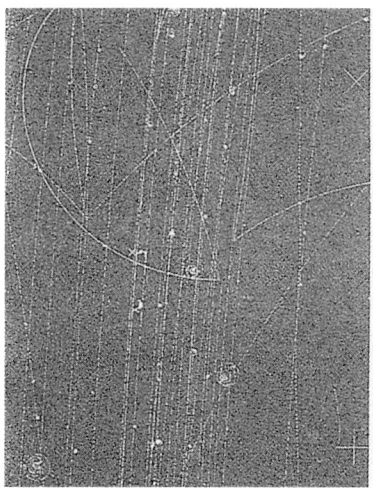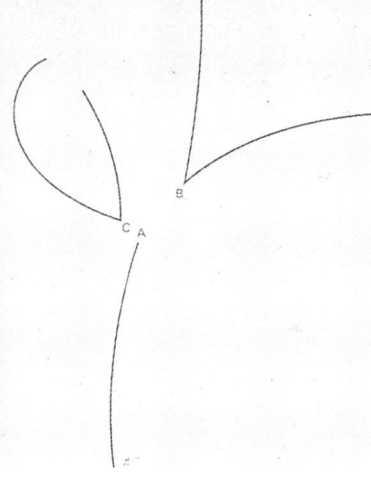

10.9 Doppelte „Vaus" sieht man häufig in Blasenkammeraufnahmen. Hier ist am Punkt A ein negativ geladenes Pion mit einem Proton des Wasserstoffs zusammengestoßen, mit dem die Kammer gefüllt war. Dabei wurden zwei seltsame Teilchen erzeugt, ein neutrales K-Meson und ein neutrales Λ-Baryon, die beide keine Spuren hinterlassen. Das Λ-Teilchen zerfiel in B in ein Proton und ein Pion (π^-), während das Kaon bei C in ein π^+ und ein π^- zerfiel.

die Seltsamkeit −1 und der Endzustand insgesamt die Seltsamkeit 0, genau wie der Anfangszustand von Proton und Pion. Beim Zerfall eines seltsamen Teilchens ist die Seltsamkeit auf beiden Seiten der Reaktionsgleichung jedoch nicht ausgeglichen. Solche Prozesse können nicht über die schnell wirkende starke Kraft ablaufen, sondern lediglich über die schwache Kraft der Beta-Radioaktivität; sie brauchen daher viel länger.

In den fünfziger und sechziger Jahren fanden die Experimentatoren überdies eine Vielzahl kurzlebiger „angeregter Zustände" sowohl von Proton, Neutron und Pion als auch von den seltsamen Teilchen. Wie konnten all diese Teilchen zugleich „elementar" sein? Gell-Mann und Zweig boten mit ihren Quarks eine Erklärung an. Baryonen sollten demnach aus drei Quarks aufgebaut sein, Mesonen aus einem Quark und einem Antiquark. Daß Gell-Mann auf der richtigen Spur war, hatte sich bereits ein gutes Jahr zuvor auf eindrucksvolle Weise gezeigt. Er konnte nämlich ein neues Teilchen, das Omega-minus (Ω^-), erfolgreich vorhersagen, das sich haargenau in seine Überlegungen einfügte.

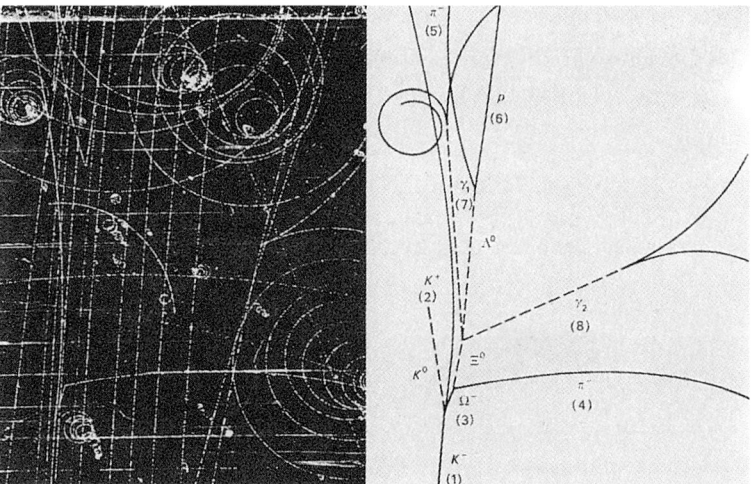

10.10 Das erste Ω^--Teilchen! Das Ω^- besteht aus drei seltsamen Quarks und zerfällt in drei Stufen nacheinander über ein Sigma-null (Ξ^0) und ein Lambda-null (Λ^0) in ein Proton, wobei es jeweils eine Einheit an Seltsamkeit verliert. Unter anderem entsteht dabei auch ein extrem kurzlebiges (und daher in der Skizze nicht auftauchendes) neutrales Pion, das in zwei gleichfalls ungeladene und somit unsichtbare Photonen zerfällt. Normalerweise wäre es sehr schwierig, ein solches Ereignis zu rekonstruieren; in dem gezeigten Prozeß wandelten sich jedoch beide Photonen aus dem Pionzerfall noch in der Blasenkammer in Elektron-Positron-Paare um. Diesem glücklichen Zufall verdanken es die Physiker am Brookhaven National Laboratory bei New York, daß sie das Wettrennen um die Entdeckung des Ω^--Teilchens gewannen. Das Glück blieb ihnen auch weiter treu, als sie viele Jahre später das erste Baryon mit einem charm-Quark fanden.

10.11 Die Detektoren für ein Neutrinoexperiment am CERN in Genf. Der Gesamtaufbau wiegt 1400 Tonnen und besteht aus dicken Eisenplatten, mit Detektoreinheiten aus Szintillationszählern und Driftkammern dazwischen, um die geladenen Teilchen aus den Neutrinoreaktionen nachzuweisen.

Das Omega-minus besteht — im Gegensatz zum Proton und zum Neutron, die aus zwei Typen „nichtseltsamer" Quarks aufgebaut sind — aus drei „seltsamen" Quarks. Die kurzlebigen angeregten Zustände ließen sich in diesem Bild einfach als angeregte Zustände eines Systems aus mehreren gebundenen Quarks verstehen, ganz ähnlich wie angeregte Zustände von Atomen und Kernen. Zu Beginn der sechziger Jahre ging der allgemeine Trend unter den Physikern allerdings dahin, alle Teilchen als gleichermaßen elementar anzusehen; die Parole hieß damals „nukleare Demokratie". Es brauchte einige Zeit, bis sie sich wieder mit der Idee fundamentaler Bausteine der Materie anfreunden konnten. Einige wenige aufgeschlossene Physiker wie beispielsweise Dick Dalitz in Oxford hielten zwar weiterhin daran fest, angeregte Zustände im Quarkmodell zu beschreiben, sahen sich dabei aber oft dem Spott und Unglauben einiger ihrer Kollegen ausgesetzt. Am Ende der sechziger Jahre wurde das Quarkmodell der Elementarteilchen jedoch durch die Elektron-Proton-Streuexperimente im kalifornischen Stanford (siehe Kapitel 3) sensationell bestätigt. Die Meßdaten ließen sich zwanglos erklären, wenn man die Experimente als Streuung von Elektronen an Quarks deutete, die sich innerhalb des Protons befinden; spätere Neutrinoexperimente am CERN bekräftigten diese Vorstellung. Heute wird allgemein angenommen, daß Baryonen wie Mesonen aus Quarks bestehen — ungeachtet der Tatsache, daß noch nie ein freies, einzelnes Quark gesichtet werden konnte.

Zum Schluß dieses Abschnitts möchten wir noch einen weiteren Begriff einführen. Baryonen und Mesonen spüren beide die starke Kernkraft, Leptonen dagegen nur die schwache und die elektromagnetische Kraft. Die beiden ersten Teilchenfamilien, die über die starke Kraft wechselwirken, faßt man deshalb unter dem Begriff „Hadronen" zusammen. Das Wort wurde von einem russischen Physiker namens Okun geprägt und leitet sich von dem griechischen Wort *hadros* ab, was soviel wie „massig" bedeutet und auf den ersten Blick nicht sonderlich passend scheint. *Leptos*, von dem sich Lepton ableitet, bedeutet jedoch neben „leicht" auch „feinkörnig". Wenn wir uns an diese Bedeutung halten, ist *hadros* durchaus der passende – gegenteilige – Ausdruck, um Teilchen, die die starke Kernkraft spüren, von anderen zu unterscheiden.

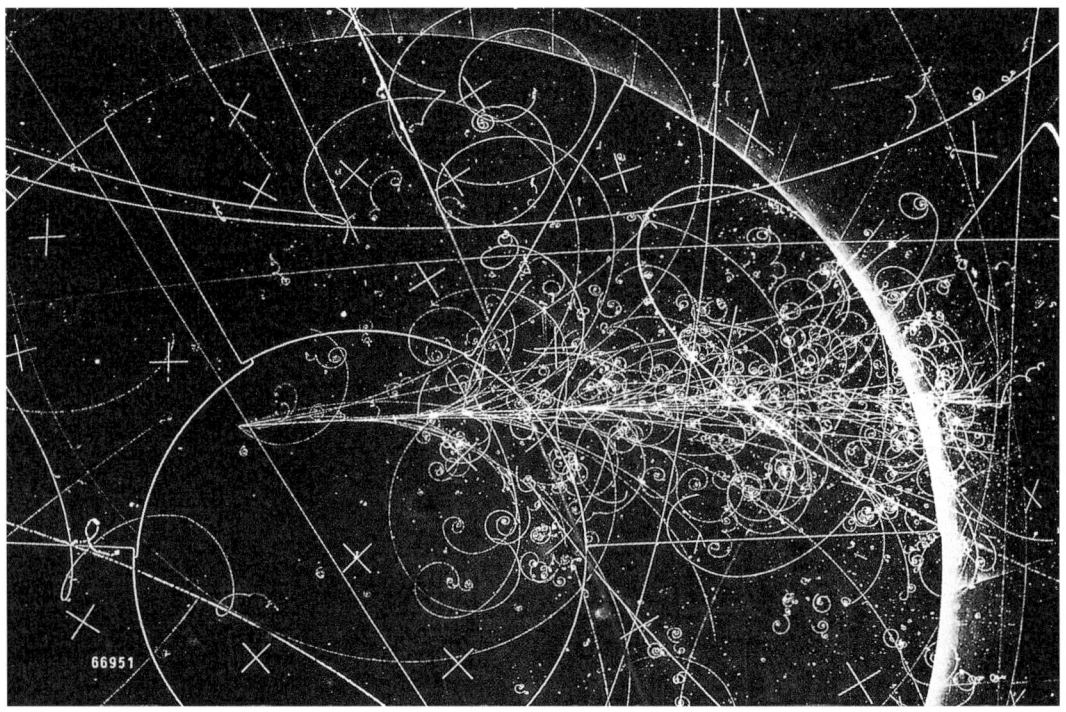

10.12 Die Photographie einer Neutrinoreaktion in der großen Blasenkammer des CERN, der BEBC (*Big European Bubble Chamber*). Der unsichtbare Neutrinostrahl kam von links ins Bild und kollidierte mit dem Quark eines Protons, wobei er einen schier unentwirrbaren Teilchenschauer auslöste.

10.13 Die „große europäische Blasenkammer" (BEBC) am CERN. Die Kammer kann mit flüssigem Wasserstoff oder einer Mischung aus Neon und Wasserstoff gefüllt werden. Sie steckt in einer riesigen Spule aus supraleitendem Niob-Ti-tan-Draht, die in der Kammer ein sehr starkes Magnetfeld erzeugt.

10.14 Sheldon Glashow (links) und Steven Weinberg auf einer Pressekonferenz in Harvard, an dem Tag, als sie von der Verleihung des Nobelpreises erfuhren. Zusammen mit Abdus Salam wurden sie für ihren Beitrag zu einer „elektroschwachen" Theorie ausgezeichnet, die die schwache Kraft mit der elektromagnetischen Kraft vereinigt.

Schwache Photonen und das Higgs-Vakuum

1979 ging der Nobelpreis für Physik an die drei Theoretiker Sheldon Glashow, Abdus Salam und Steven Weinberg, und zwar für ihre »Beiträge zur Theorie der vereinigten schwachen und elektromagnetischen Wechselwirkung zwischen Elementarteilchen, einschließlich der damit verbundenen Voraussage des schwachen neutralen Stroms«. Das war ein kühner Schritt des Nobelpreis-Komitees, denn die vereinigte Theorie von Glashow, Salam und Weinberg sagte die Existenz neuer Teilchen mit Namen W und Z voraus, die 80- bis 90mal schwerer sein sollten als das Proton und bis dahin von niemandem gesichtet worden waren. Aber diese Vorhersagen wurden 1983 glänzend bestätigt. Am großen Proton-Antiproton-„Collider" des CERN in Genf, in dem Protonen und Antiprotonen frontal aufeinandergeschossen werden, war man in den Trümmern der Teilchenkollisionen fündig geworden. Carlo Rubbia und Simon van der Meer, die maßgeblich am Zustandekommen dieser Experimente beteiligt waren, erhielten 1984 dafür den Nobelpreis. Was hat es mit dieser „vereinigten" Theorie auf sich, und wie kommt das Eichprinzip dabei ins Spiel? Um diese Fragen beantworten zu können, müssen wir uns das Argument von Yukawa noch einmal genauer ansehen, das die Reichweite einer Kraft mit der Masse ihres Austauschteilchens verknüpft.

Yukawa hatte die Masse seines Pions aus der beobachteten Reichweite der Kernkraft ableiten können. Je schwerer ein Teilchen ist, desto mehr Energie muß man sich „borgen", um es zu erzeugen, und um so kürzer ist die Strecke, die es während seiner „Lebenszeit auf Pump" zurücklegen kann (siehe Seite 204). Energie E, Impuls p und Masse m eines Teilchens, das sich mit einer sehr hohen, „relativistischen" Geschwindigkeit bewegt, hängen über die Gleichung

$$E^2 = p^2c^2 + m^2c^4$$

miteinander zusammen, wobei c die Lichtgeschwindigkeit ist. Wie wir im vorangegangenen Kapitel gesehen haben, geht diese Gleichung bei niedrigen, nichtrelativistischen Geschwindigkeiten in die vertrautere Form

$$E = (p^2/2m) + mc^2$$

über. Diese Gleichung besagt, daß sich die Gesamtenergie eines nichtrelativistischen Teilchens aus der gewöhnlichen kinetischen Energie *und* der Einsteinschen Ruheenergie zusammensetzt. Photonen müssen wir allerdings mit der streng relativistischen Formel beschreiben, weil sie sich grundsätzlich mit Lichtgeschwindigkeit fortbewegen. Da sie außerdem keinen echten Massenanteil an Energie besitzen, sind Energie und Impuls eines Photons nach der oberen Formel mit $m=0$ verknüpft. Übertragen wir Yukawas Argumentation hierauf, so bedeutet dies, daß virtuelle Photonen mit beliebig kleinem Impuls und fast verschwindender Gesamtenergie entstehen können. Derartige Photonen können dann beliebig weit unterwegs sein, ohne mit der Unschärferelation von Zeit und Energie in Konflikt zu kommen. Wir erwarten also, daß die elektromagnetische Wechselwirkung über sehr große Entfernungen wirksam ist, was sich im Experiment voll und ganz bestätigt.

Auf den ersten Blick scheint es, als verhindere die Forderung nach lokaler Phaseninvarianz, daß Austauschteilchen eine Masse haben können. Die verschwindende Masse des Photons ist nämlich letzten Endes eine Folge der lokalen Phaseninvarianz der QED. Anschaulich gesprochen liegt das daran, daß sich eine lokale Änderung der Phase in unserem Doppelspaltexperiment auf dem gesamten Detektorschirm bemerkbar machte, und dementsprechend muß das gegensteuernde Photonen-Eichfeld über weite Entfernungen wirken können. Tatsächlich wäre dieser Schluß etwas voreilig, denn es gibt durchaus massive Eichteilchen, wenn auch nur unter ganz besonderen Umständen. Wie das vor sich geht, läßt sich am Beispiel von Magnetfeldern in Supraleitern illustrieren.

In Kapitel 8 hatten wir gesehen, daß Magnetfelder in einen Supraleiter normalerweise nicht eindringen können — beim Eintritt in den Supraleiter fällt das Magnetfeld bereits nach einer äußerst kurzen Distanz auf Null ab. Verantwortlich für diesen Effekt sind „Induktionsströme" im Inneren des Supraleiters, die entstehen, wenn der Supraleiter in das Magnetfeld eingebracht wird. Diese Ströme erzeugen wiederum magnetische Gegenfelder, die das angelegte Magnetfeld im Inneren des Metalls kompensieren, den Supraleiter also gewissermaßen „abschirmen". Dieser sogenannte „diamagnetische Effekt" spielt sich in jedem Metall ab; in einem normalen Metall kommen die Induktionsströme durch den elektrischen Widerstand jedoch schnell zum Erliegen, während sie in einem Supraleiter gerade so bemessen sind, daß sie — abgesehen von einer sehr dünnen Oberflächenschicht — das äußere Magnetfeld exakt und dauerhaft aufheben. Wir können diesen Sachverhalt auch anders ausdrücken, nämlich über die Reichweite des Magnetfelds im Supraleiter: Da das Feld nur ein kurzes Stück in den Supraleiter eindringen kann, verhält es sich so, als ob seine Feldquanten, die Photonen, im Supraleiter eine sehr große Masse erhielten.

In diesem Fall wissen wir natürlich, daß diese „effektive" Photonenmasse einfach eine Folge der supraleitenden Abschirmströme ist, die das angelegte Magnetfeld induziert, und daß außerhalb des

10.15 Abdus Salam wurde im heutigen Pakistan geboren und studierte Mathematik an der Universität von Lahore. Eigentlich wollte er Beamter werden, kam dann aber mit einem Stipendium nach England, um in Cambridge Physik zu studieren. Salam ist heute einer der prominentesten Wissenschaftler islamischen Glaubens. Er stiftete seinen Anteil am Nobelpreis seinem Institut im Triest (Italien), das insbesondere Wissenschaftler aus Entwicklungsländern fördert.

Metalls die Photonen weiterhin masselos sind. Versuchen wir uns aber einmal vorzustellen, wie die Welt vom Standpunkt eines Betrachters aussähe, der dauernd im Inneren des Supraleiters lebt. Vielleicht würde ein solcher Beobachter nicht bemerken, daß er in seinem „leeren Raum" von lauter abschirmenden Strömen umgeben ist. Statt dessen würde er folgern, daß Photonen eine Masse besitzen, die mit der Entfernung zusammenhängt, die die Magnetfelder in seiner metallenen Umwelt durchdringen können. In diesem Sinne und ausschließlich unter solchen Umständen können Eichteilchen eine Masse haben, ohne das Prinzip der Eichinvarianz zu verletzen.

Wir kommen zurück zur schwachen Wechselwirkung. Im vorangegangenen Kapitel haben wir Feynman-Diagramme für Elektron-Quark-Streuungen diskutiert, in denen die elektromagnetische Wechselwirkung durch den Austausch eines virtuellen Photons vermittelt wurde. Ähnliche Diagramme kann man auch für schwache Wechselwirkungsprozesse zeichnen. Beim Betazerfall des Neutrons zum Beispiel wandelt sich ein sogenanntes „down"-Quark in ein „up"-Quark um, wobei es ein virtuelles W-Teilchen aussendet, das gleich darauf in ein Elektron und ein Antineutrino zerfällt. Anders als bei einem elektromagnetischen Prozeß ist die Reichweite der schwachen Kraft jedoch sehr gering, und infolgedessen muß die Masse des W-Teilchens ziemlich groß sein. Außerdem muß das W-Teilchen im Gegensatz zum neutralen Photon elektrisch geladen sein, da elektrische Ladung bei einem solchen Prozeß nicht einfach entstehen oder verschwinden kann. So scheint die Theorie der schwachen Kraft, die massive, geladene W-Teilchen beschreiben muß, auf den ersten Blick wenig mit der lokal phaseninvarianten QED und ihren masselosen, neutralen Photonen gemein zu haben.

An dieser Stelle kommt nun unser Argument vom Supraleiter zum Tragen. Angenommen, der leere Raum, in dem wir leben, stelle eine Art Supraleiter für schwache Felder und Ströme dar; dann könnten Abschirmströme in unserem „Vakuum" dafür sorgen, daß das W-Teilchen eine effektive Masse bekommt. Die Physiker nennen das Ganze dann „Higgs-Vakuum", nach dem in Edinburgh lebenden Theoretiker Peter Higgs. Tatsächlich hat die Idee, Eichteilchen auf diesem Umweg eine Masse zuzuschreiben, ihren Ursprung in der Theorie der Supraleitung; sie stammt von Philip Anderson, jenem berühmten Theoretiker der Festkörperphysik, dem wir bereits in Kapitel 8 kurz begegnet waren. Higgs war einer der ersten, die Andersons Idee auf relativistische Theorien übertrugen. Während in einem Supraleiter Cooper-Paare aus Elektronen zirkulieren, glaubt man im Falle der relativistischen Eichtheorie der schwachen Kraft, daß die Abschirmströme aus neuartigen, extrem schweren Teilchen gebildet werden, den sogenannten „Higgs-Bosonen".

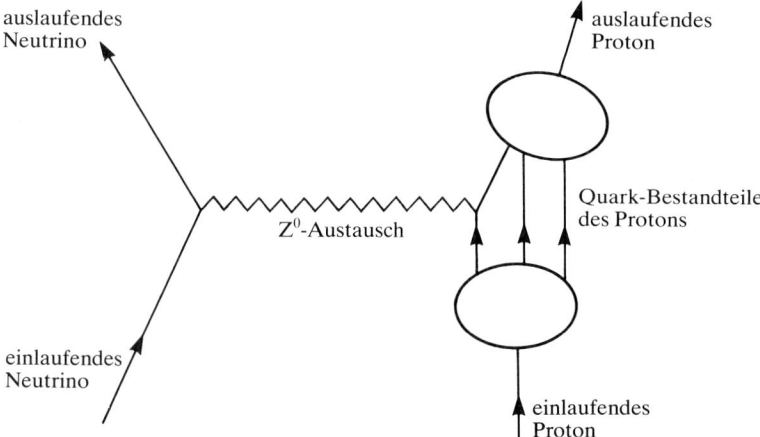

auslaufendes
Neutrino

auslaufendes
Proton

Quark-Bestandteile
des Protons

Z^0-Austausch

einlaufendes
Neutrino

einlaufendes
Proton

10.16 Das Feynman-Diagramm für die Streuung eines Neutrinos an einem Proton. Das Neutrino und eines der Quarks im Proton tauschen dabei ein virtuelles Z-Boson — einen „neutralen Strom" — aus.

Woher nahm das Nobelpreis-Komitee die Zuversicht, Glashow, Salam und Weinberg auszeichnen zu können, noch bevor das W-Teilchen entdeckt war? Einer der Gründe war der endgültige Nachweis eines neuen Quarktyps — des sogenannten „charm"-Quarks —, dessen Existenz die Physiker seit langem vermutet hatten. Der Zusammenhang mit dem Modell der drei Theoretiker ist dabei der folgende: Ihre Theorie der „elektroschwachen" Wechselwirkung, heute meist als „Standardmodell" bezeichnet, sagt voraus, daß es neben den geladenen W-Teilchen auch ein wie das Photon *neutrales* „Z-Teilchen" geben sollte. Falls ein solches Teilchen existiert, müssen vermehrt Neutrinostreuungen, wie sie das Feynman-Diagramm in Abbildung 10.16 symbolisiert, auftreten. Anders als beim W-Austausch wandelt sich bei einem solchen Z-Austausch das beteiligte Quark nicht um, das heißt, seine Ladung bleibt unverändert. Diese Wechselwirkungen sind die berühmten „neutralen Ströme", auf die sich das Nobelpreis-Komitee in seiner Begründung ausdrücklich bezog. Nach manchem falschem Alarm und vielen Gerüchten war man nämlich alsbald fündig geworden: Auf einer internationalen Konferenz 1974 in London wurde die Entdeckung der neutralen Ströme offiziell bekanntgegeben. John Iliopoulos, ein griechischer Physiker, forderte während eines Vortrags, den er bei der Konferenz über den neuesten Stand der Physik der schwachen Wechselwirkung hielt, seine Zuhörer zu einer berühmten Wette heraus: Er setzte eine Kiste Wein darauf, daß die Entdeckung des charm-Quarks die Sensation der nächsten Konferenz sein werde. Iliopoulos sollte seine Wette gewinnen.

Wie nun im einzelnen aus der Existenz neutraler Ströme die Existenz eines neuen Typs von Quark folgt, ist eine recht komplizierte Angelegenheit. Wenn man sich aber einmal für eine Eichtheorie der schwachen Wechselwirkung entschieden hat, dann bleibt keine

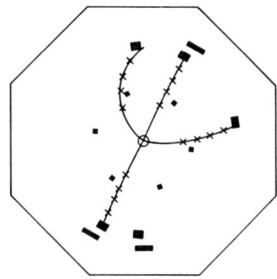

10.17 Das J/Ψ-Teilchen (sprich „Psi"), das erste Teilchen mit „Charme", wurde mehr oder weniger gleichzeitig in Brookhaven bei New York und am SLAC in Kalifornien entdeckt. Das Bild zeigt die Rekonstruktion eines Ereignisses, das im Elektron-Positron-Beschleuniger am SLAC beobachtet wurde und dem Teilchen den Namen „Ψ" gab. Dabei war eine angeregte, schwerere Version des Ψ-Teilchens in das gewöhnliche J/Ψ übergegangen und hatte zwei Pionen abgegeben (die gekrümmten Spuren). Das J/Ψ selbst gab sich durch seine Zerfallsprodukte, ein hochenergetisches Elektron-Positron-Paar (die geraden Spuren), zu erkennen.

andere Wahl, als ein viertes Quark zu postulieren, um nicht mit gesicherten experimentellen Fakten in Konflikt zu kommen. Dieses Quark muß eine neuartige Quantenzahl besitzen, die Glashow „charm" nannte. Genauso wie die elektromagnetische Kraft von der elektrischen Ladung abhängt, hängt die Stärke der schwachen Kraft von Seltsamkeit und Charme ab.

So stellte sich die Lage im Sommer 1974 dar, und man darf wohl mit Recht behaupten, daß nicht viele Physiker glaubten, Iliopoulos werde seine Wette gewinnen. Als dann im Herbst desselben Jahres ein neuartiges Meson entdeckt wurde, erregte dies unter den Physikern gewaltiges Aufsehen. Mittlerweile zweifelt niemand mehr ernsthaft daran, daß dieses Meson aus einem charm-Quark und einem daran gebundenen charm-Antiquark besteht. Man kennt heute auch andere Mesonen, in denen ein charm-Quark an ein anderes, weniger „charmantes" Quark gebunden ist.

Dabei sah es anfangs nicht danach aus, als würde den Eichtheorien ein großer Erfolg beschieden sein. Zu der Zeit, als Glashow, Weinberg und Salam ihre Beiträge zum Standardmodell der elektroschwachen Wechselwirkung formulierten, gab es nämlich ein ernstes Problem. Obwohl die Theorie ein vielversprechender Kandidat schien, um die experimentellen Fakten zu reproduzieren, wußte niemand, wie man damit Prozesse ausrechnen konnte, abge-

10.18 Samuel Ting zusammen mit anderen Mitgliedern seiner Arbeitsgruppe, die das J/Ψ in Brookhaven entdeckte. Heute nimmt man an, daß es sich bei diesem Teilchen um ein gebundenes System aus einem charm-Quark und seinem Antiquark handelt. Ting teilte sich 1976 den Nobelpreis mit Burton Richter, der mit seinem Team am SLAC dasselbe Teilchen beobachtet hatte.

10.19 Von links nach rechts Gerson Goldhaber, Martin Perl und Burton Richter. Sie waren die führenden Köpfe der Arbeitsgruppe am SLAC, die das J/Ψ-Teilchen im November 1974 am dortigen Elektron-Positron-Ring entdeckte.

sehen von den einfachen „Baumdiagrammen" — Feynman-Diagrammen, die keine geschlossenen Schleifen enthalten. Nun hängen alle diese Berechnungen von der sogenannten „Kopplungskonstante" e ab, die festlegt, wie stark die W- und Z-Teilchen an die Quarks und Leptonen koppeln; die „Schleifendiagramme" bringen dabei die höheren Potenzen von e ins Spiel. Da sich e^2 im Experiment als sehr klein erwies, sollten diese Diagramme „höherer Ordnung" eine eher untergeordnete Rolle spielen. Dennoch möchte man den Beitrag dieser Schleifendiagramme abschätzen können, und da alle Versuche dazu gescheitert waren, wußte man nicht so recht, was man von den Eichtheorien halten sollte. Erst der junge Holländer Gerard t'Hooft löste mit einem Schlag all diese Probleme. Wie es der Physiker Sidney Coleman ausdrückte, »verzauberte t'Hoofts Arbeit den Weinberg-Salamschen Frosch in einen Prinzen«. Noch wenige Jahre zuvor hatte Coleman dem Doktorvater von t'Hooft, Tini Veltman, vorgeworfen, mit seinen Forschungen »unbeirrt in einer vergessenen Ecke der theoretischen Physik zu kehren«. Zum Glück ließ sich Veltman von der damals vorherrschenden Mode nicht mitreißen und war einer der ersten, die die Bedeutung der Eichtheorien erkannten.

Trotz dieser Kette experimenteller Triumphe für das Standardmodell bleiben noch immer viele Fragen offen. So können die schwereren Leptonen, das Müon und das Tau, zwar in das Modell eingebaut werden, doch gibt die Theorie keine Antwort darauf, warum es diese Teilchen überhaupt gibt, noch kann sie deren Massen vorhersagen. Die verschiedenen Massen der einzelnen Quarks lassen sich nach wie vor nicht erklären, und es bleibt rätselhaft, warum es nach heutigem Wissen gerade sechs Arten von Quarks gibt.

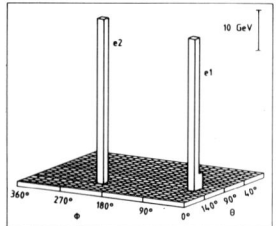

10.20 Zwei scharfe Energie-„Peaks" in der Computerauswertung signalisieren ein Z-Teilchen. Die Höhe der Säulen zeigt die gemessenen Energien des Elektrons und des Positrons an, die beim Zerfall des Z entstanden (vergleiche Farbtafel 24).

Mit dem erst kürzlich (1989) in Betrieb genommenen großen Elektron-Positron-Beschleuniger LEP beim CERN in Genf, dessen Ringtunnel einen Umfang von 27 Kilometern hat, wird man das Z-Teilchen in allen Einzelheiten untersuchen können und vielleicht Antworten auf einige dieser Fragen finden, aber auch auf neue Fragen stoßen. Ein entscheidendes Teil dieses Puzzles wird sich mit LEP allerdings nicht überprüfen lassen − die Frage nach der Existenz der mysteriösen Higgs-Teilchen. Jede experimentelle Suche nach diesen Teilchen wird dadurch erschwert, daß das Standardmodell die Masse des Higgs-Teilchens nicht voraussagt. Wie wir gesehen haben, ist das Analogon zum Higgs-Teilchen in einem Supraleiter, das Cooper-Paar, aus zwei Elektronen zusammengesetzt, und es wäre durchaus möglich, daß das Higgs-Teilchen ebenfalls kein wirklich „elementares" Teilchen ist.

Quarks und Gluonen

In der Frühzeit der Kernphysik hofften die Physiker, die Theorie der starken Kernkraft werde einfach und elegant sein. Nach der Entdeckung des Pions und anderer Hadronen samt all ihren angeregten Zuständen wurde aber bald klar, daß die Kraft zwischen den Neutronen und Protonen äußerst kompliziert ist. Noch während die Physiker immer mehr neue Teilchen entdeckten, setzte sich die Erkenntnis durch, daß Hadronen aus Quarks aufgebaut sind. Wenn es also eine einfache Theorie „hadronischer" Kräfte gibt, dann sollte sie auf der Ebene der Quarks zu suchen sein. Vielleicht würde sich die starke Wechselwirkung ja als schwacher Abglanz einer ungeheuer mächtigen Kraft zwischen den Quarks entpuppen, die einem einfachen und eleganten Gesetz gehorchte.

Wir haben gesehen, daß es verschiedene Typen von Quarks gibt: seltsame und nichtseltsame, solche mit und ohne „Charme" und so weiter. Die elektroschwache Kraft unterscheidet zwischen diesen verschiedenen *flavours* (übersetzt etwa „Aromen") der Quarks, die starke Kraft ist dagegen dieselbe, egal ob es sich um ein seltsames Quark oder ein charm-Quark handelt. An dieser Stelle sollten wir vielleicht kurz auf die kuriosen Wortschöpfungen der Teilchenphysiker eingehen. Eine Quantenzahl wie die Seltsamkeit ist selbstverständlich eine wohldefinierte physikalische Größe. Statt mit der Seltsamkeit könnte man die Quarks genausogut mit der Quantenzahl „Hyperladung" beschreiben, die zweifellos einen etwas seriöseren Eindruck macht. Anfänglich benutzten auch einige Physiker diese Quantenzahl, doch ziehen es die meisten von ihnen heute vor, von „Seltsamkeit" zu reden. Ähnlich verhält es sich mit den nichtseltsamen Quarks, die verschiedene elektrische Ladungen tragen. Anstatt diese Quarks durch den „Eigenwert der dritten

Komponente des Isospins" zu charakterisieren, schreiben die Physiker lieber kurz „up" und „down". So verwundert es nicht, daß sie nach „up", „down" und „strange" („seltsam") auf die Bezeichnungen „charm", „bottom" und „top" verfielen. Auch Physiker leben eben nicht nur in einer Welt von Zahlen und Formeln.

Die starke Kraft nimmt von den verschiedenen *flavours* der Quarks überhaupt keine Notiz. Dafür hängt sie von einer anderen Art „Ladung" ab, die alle Quarks besitzen. Die Teilchenphysiker haben sich für diese neue Quantenzahl den Namen „Farbe" oder „Farbladung" ausgedacht, meinen damit aber wiederum nur eine bestimmte mathematische Eigenschaft. Genaugenommen müßten wir sagen, daß sich „Quarks gemäß der fundamentalen Darstellung der speziellen unitären Gruppe SU(3) transformieren". Da ziehen wir es dann doch vor, kurz von einer „Farbladung" der Quarks zu reden! Daß es eine solche Quantenzahl geben muß, läßt sich physikalisch leicht einsehen. Wir schauen uns dazu das von Gell-Mann vorausgesagte Ω^--Teilchen genauer an. Das Ω^- ist ein Baryon, besteht also aus drei Quarks, und zeichnet sich zudem dadurch aus, daß alle drei vom selben Typ sind: Um seine elektrische Ladung -1 und seine Seltsamkeit -3 zusammenzubekommen, muß es nämlich drei seltsame Quarks enthalten. Da das Teilchen zu den energetisch niedrigsten, „nicht angeregten" Baryonen gehört, sitzen alle Quarks im niedrigsten Bindungszustand mit Bahndrehimpuls 0; der Gesamtdrehimpuls 3/2 des Ω^- resultiert demnach vollständig aus den Quarkspins. Grob gesprochen besitzt jedes der drei Quarks einen Spin 1/2, und alle drei Quarkspins müssen dann in dieselbe Richtung weisen, um sich zum Gesamtspin 3/2 zu addieren. So weit, so gut — wäre da nicht das Pauli-Prinzip (Kapitel 6), das an dieser Stelle Einspruch erhebt: Nach Lage der Dinge haben

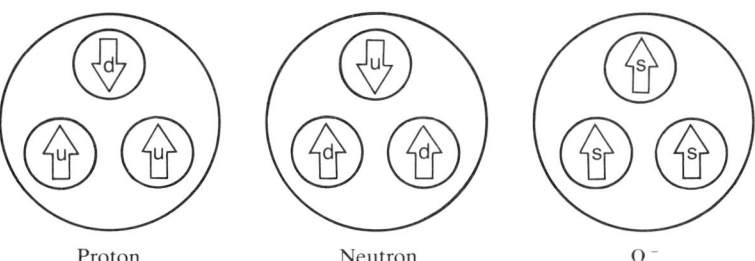

10.21 Die Quarkbestandteile von Proton, Neutron und Ω^--Teilchen. Die Pfeile deuten an, wie sich im Proton und Neutron die Quarkspins der up- und down-Quarks (u beziehungsweise d) zum Gesamtspin 1/2 aufaddieren können („up" und „down" beziehen sich nicht auf den Spin, sondern auf eine andere Quantenzahl, den „Isospin", durch den sich die beiden Quarktypen voneinander unterscheiden). Im Ω^- müssen alle drei Quarkspins gleich ausgerichtet sein, da der Gesamtspin 3/2 beträgt. Das Pauli-Prinzip erlaubt dies aber nur, wenn die Quarks noch eine andere verborgene Quantenzahl besitzen.

nämlich alle drei Quark-Fermionen des Ω^- dieselben Quantenzahlen. Dieser Widerspruch läßt sich nur durch die Einführung einer weiteren Quantenzahl auflösen. Um genauer zu verstehen, was „Farbladung" bedeutet, müßte man spezielle mathematische Gebilde – sogenannte „Gruppen" – heranziehen, in diesem Falle die Gruppe „SU(3)". Hier genügt es jedoch zu wissen, daß die „Dreiheit" dieser Gruppe drei verschiedene mögliche Zustände für ein Quark erlaubt. In Anlehnung an die drei Grundfarben des Farbkreises spricht man dann etwas salopp von den drei Farben der Quarks. Natürlich ist das nur wieder eine Bezeichnungsweise und hat mit wirklichen Farben nichts zu tun. Angewandt auf unser Ω^- heißt das, daß jedes der drei Quarks eine andere Farbe haben muß – sagen wir „rot", „grün" und „blau" –, um dem Pauli-Prinzip Rechnung zu tragen.

Wir können jetzt die wesentlichen Bestandteile der langgesuchten Theorie der starken Kraft skizzieren, der „Quantenchromodynamik" (von griechisch *chromos* für „Farbe"). Es handelt sich um eine Eichtheorie, die auf der lokalen „Phaseninvarianz" der Farbquantenamplituden von Quarks beruht. Das hört sich furchtbar kompliziert an, einfacher wird man eine Theorie der starken Kraft jedoch nicht haben können. Genau wie die elektromagnetische Kraft durch masselose „Eichteilchen", die wohlbekannten Photonen, vermittelt wird, erwarten wir, daß die Quark-Quark-Wechselwirkung durch den Austausch ähnlicher „starker Photonen" vonstatten geht. Die Physiker haben diese Austauschteilchen sinnigerweise „Gluonen" getauft – nach dem englischen Wort *glue* für „Klebstoff"; schließlich sind die Gluonen wirklich so etwas wie der Leim, der alles zusammenhält. Photonen koppeln „eichinvariant" an die gewöhnliche elektrische Ladung der Quarks, die Gluonen in analoger Weise an die Farbladung der Quarks. Dennoch gibt es einen wesentlichen Unterschied zwischen der Quantenchromodynamik und der Quantenelektrodynamik: Während Photonen keine elektrische Ladung tragen, fordert das Eichprinzip für die Gluonen, daß diese selbst Träger einer Farbladung sind und untereinander in Wechselwirkung treten. Das hat weitreichende Konsequenzen: Vermutlich ist dies nämlich der Grund dafür, daß man zwar ohne weiteres freie Elektronen im Labor beobachten kann, freie Quarks sich bislang jedoch noch nirgendwo gezeigt haben. Wir „sehen" die Quarks immer nur zusammen mit anderen Quarks oder Antiquarks als Bestandteile von Hadronen. Viele Physiker glauben, daß dies kein Zufall ist, sondern daß Quarks und Gluonen derart miteinander wechselwirken, daß es prinzipiell unmöglich ist, ein einzelnes Quark von seinen Bindungspartnern loszulösen. Damit kommen wir auch zum letzten Gegenstand dieses Buchs, dem Problem des „Quark-Einschlusses" – vielleicht dem wichtigsten ungelösten Problem der modernen Teilchenphysik.

10.22 Gerard t'Hooft wurde 1947 geboren und ist heute Professor für Physik an der Universität Utrecht in den Niederlanden. Während seiner Doktorarbeit in Utrecht entdeckte er ein bahnbrechendes Verfahren, mit dem sich die Feynman-Diagramme von Eichtheorien konsistent berechnen lassen.

Supraleiter, magnetische Monopole und Quark-Einschluß

Auch wenn gelegentliche Meldungen, ein einzelnes Quark sei gesichtet worden, die Physikergemeinde immer wieder in Aufregung
versetzten, wurden derartige Objekte, die sich durch ihre drittelzahligen elektrischen Ladungen verraten sollten, bislang nicht
zweifelsfrei nachgewiesen. In Experimenten, bei denen hochenergetische Teilchen aufeinandergeschossen werden, beobachtet man
nach den Kollisionen immer nur gewöhnliche Hadronen, niemals
aber einzelne Quarks. Bei der Kollision zweier extrem energiereicher Protonen beispielsweise sehen wir nicht einfach die beiden
Protonen in ihre Quark-Bestandteile auseinanderbrechen. Statt
dessen entstehen aus der Kollisionsenergie zusätzliche Quarks, die
zusammen mit den ursprünglich vorhandenen sogleich ein ganzes
Heer von Mesonen, Baryonen und entsprechenden Antiteilchen bilden. Selbst bei der Vernichtungsreaktion eines Elektrons und eines
Positrons, bei der wir annehmen müssen, daß ein Quark und ein
Antiquark entstehen und in entgegengesetzte Richtungen auseinanderfliegen, sehen wir die Quarks nicht. Das einzige, was auf die
anfängliche Quark- und Antiquarkbewegung zurückschließen läßt,
ist das gebündelte Auftreten der davonfliegenden Hadronen in zwei
entgegengesetzt gerichteten „Jets" (Farbtafeln 20 und 21). Manchmal werden auch „Drei-Jet-Ereignisse" beobachtet, bei denen eines der beiden Quarks ein hochenergetisches Gluon abgegeben hat
und ein drittes Hadronenbündel hervorruft. Die Quarks oder Gluonen selbst sehen wir in diesen Jets jedoch nicht.

Wir verfügen heute über eine Fülle experimenteller Daten, die na-
helegen, daß Hadronen Quarks und Gluonen enthalten, aber offenbar sind ihre Wechselwirkungen untereinander so angelegt, daß es
wohl nie gelingen wird, ein einzelnes Quark oder Gluon zu isolieren. Wenn wir etwa versuchen, ein Quark aus einem Baryon loszureißen, müssen wir soviel Energie hineinstecken, daß dadurch
ein Quark-Antiquark-Paar entsteht. Statt mit den Bestandteilen des
Baryons haben wir es dann plötzlich mit einem Baryon und einem
Meson zu tun. Solche Prozesse werden von Yukawas Modell der
starken Kraft, das auf dem Mesonenaustausch zwischen Nukleonen
gründet, nicht beschrieben; es ist daher alles andere als eine „fundamentale" Theorie. Die Bindungsverhältnisse in einem Atomkern
lassen sich mit diesem Modell recht gut erfassen; untersucht man
im Experiment, wie der Pionenaustausch zu den Bindungskräften
im Kern beiträgt, kann man aber nur indirekt auf die elementarere
Quark-Gluon-Kraft zurückschließen. Auf welche Weise der Quark-
Einschluß zustande kommt, weiß niemand genau. Eine besonders
interessante Spekulation beruht auf einer Analogie zum Supraleiter, ähnlich wie bei der schwachen Kraft, aber natürlich bekommt
das Argument hier einen ganz neuen Dreh.

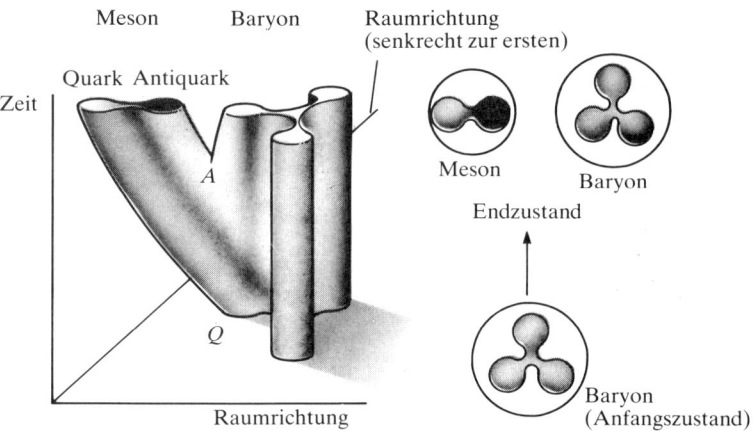

10.23 Eine schematische Darstellung, mit der man sich den Mechanismus des Quark-Einschlusses in Baryonen und Mesonen klarmachen kann. Eine Raumrichtung fehlt im Bild, um den Vorgang über einer Zeitachse auftragen zu können. Quarks sind durch helle Kreise dargestelllt, Antiquarks durch dunkle Kreise. Die Gluonenkräfte sind durch ein gummiartiges Band symbolisiert, das die Quarks in den Hadronen zusammenhält. Versucht man Quark Q von den anderen Quarks loszureißen, führt man dem System schließlich so viel Energie zu, daß es in A ein Quark-Antiquark-Paar erzeugt, und man erhält am Ende zwei gewöhnliche Hadronen.

Zwei neue physikalische Gedankengänge müssen wir dazu zusammenführen. Der erste beginnt bei der klassischen Theorie des Elektromagnetismus. Den meisten Menschen ist geläufig, daß elektrische Ladungen getrennt voneinander existieren können, magnetische „Ladungen" jedoch immer nur zusammen als Nord- und Südpol, wie in einem Stabmagneten. Schneidet man einen Magneten entzwei, erhält man nicht etwa zwei isolierte magnetische Monopole, sondern zwei kleine Magnete mit jeweils wieder einem Nord- und einem Südpol. Diesen Teilungsvorgang zieht man gelegentlich heran, um eine andere Art von Zusammenschluß – nämlich den von Monopolen – zu illustrieren; der Mechanismus, den wir hier für den Quarkeinschluß vorstellen möchten, ist jedoch wesentlich verwickelter.

Die klassische Elektrodynamik beschreibt die elektrischen und magnetischen Felder, die eine Ansammlung von Ladungen und Strömen erzeugt, durch die sogenannten „Maxwellschen Gleichungen". Da man in der Natur keine magnetischen Monopole vorfindet, können diese Gleichungen bezüglich der elektrischen und magnetischen Felder nicht symmetrisch sein – die beiden Feldtypen müssen auf verschiedene Weise in das Gleichungssystem eingehen. Gäbe es aber isolierte magnetische Ladungen und Ströme, würden die entsprechenden Gleichungen auf eigentümliche Weise symmetrisch: Sie wären bei einer Vertauschung elektrischer und magnetischer Felder invariant! Dirac, immer für originelle Einfälle gut, war der erste, der ernsthaft über die quantenmechanischen Folgerungen aus der Existenz magnetischer Monopole nachdachte. Er zeigte, daß – wenn auch nur ein einziger Monopol existierte – elektrische Ladungen notwendigerweise nur exakte Vielfache der Elementarladung sein können, eine Tatsache, für die es ansonsten keine physikalische Erklärung gibt.

Diese Diskussion hypothetischer magnetischer Monopole mag Ihnen ziemlich realitätsfern vorkommen, unsere zweite Überlegung ist jedoch fest im Experiment verankert. Wir hatten weiter oben bereits erklärt, wie in einem Supraleiter Abschirmströme äußere Magnetfelder aufheben. Dabei müssen wir aber zwischen den verschiedenen Arten von Supraleitern unterscheiden. Ein Typ-I-Supraleiter schirmt das Magnetfeld tatsächlich genau so ab, wie wir es beschrieben haben. Typ-II-Supraleiter dagegen drängen das Magnetfeld nicht völlig aus dem Metall, sondern erlauben dem Feld, in dünnen „Feldschläuchen" hindurchzugehen (siehe Abbildung 8.19). In jedem dieser Schläuche ist das Feld zudem quantisiert, kann also nur ganz bestimmte Werte annehmen. Dieser unerwartete Quanteneffekt hängt im übrigen eng mit dem Bohm-Aharanow-Effekt zusammen, den wir bereits zu Beginn des Kapitels angesprochen haben.

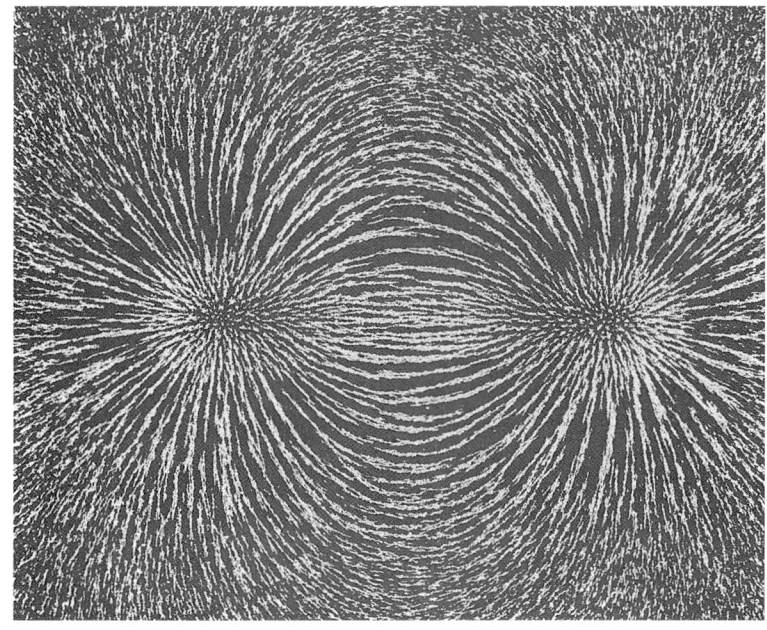

10.24 Eisenfeilspäne, die über einem Stabmagneten auf ein Stück Pappe gestreut werden, richten sich entlang der Kraftfeldlinien aus und zeigen den Feldverlauf in der Umgebung des Magneten.

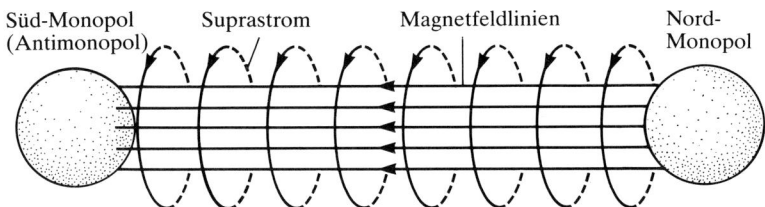

Süd-Monopol (Antimonopol)   Suprastrom   Magnetfeldlinien   Nord-Monopol

10.25 Die magnetischen Feldlinien zwischen einem magnetischen Monopol und einem Antimonopol in einem Typ-II-Supraleiter. Das Magnetfeld wird durch die kreisenden Supraströme von Cooper-Paaren in eine Schlauchform gezwängt. Man glaubt, daß ein ähnlicher Mechanismus auch hinter dem Quark-Einschluß steckt. Das gewöhnliche Vakuum entspräche dann in dieser Vorstellung einem „vertauschten" Supraleiter, in dem zirkulierende magnetische (Farb-)Monopol-ströme das elektrische (Farb-)Feld zwischen einem Quark und einem Antiquark schlauchförmig zusammenpreßten.

Nun können wir eine Erklärung für den Quarkeinschluß versuchen. Da die QCD ganz ähnlich aufgebaut ist wie die QED, umfaßt sie „elektrische" *und* „magnetische" Farbfelder. Angenommen, der „Vakuumzustand" der QCD verhalte sich wie ein Typ-II-Supraleiter. In diesem Vakuum wird es dann magnetische Farbfelder nur in Form quantisierter Feldschläuche wie in Abbildung 10.25 geben. Das Magnetfeld in einem einzelnen Schlauch wird dabei so quantisiert, daß dieser Schlauch genau den Feldfluß aufnimmt, der von einem magnetischen Farbmonopol ausgeht und in einen Antimonopol mündet. Vergleichen wir diese Feldverteilung nun mit dem gewöhnlichen Feldverlauf zwischen den Polen eines Magneten. In Abbildung 10.24 wurde das Feld eines Stabmagneten mit Hilfe von Eisenfeilspänen sichtbar gemacht. Die Feldlinien eines magnetischen Monopol-Antimonopol-Paares in einem Typ-II-Supraleiter erscheinen demgegenüber durch die elektrischen Abschirmströme eng zusammengepreßt. Wenn ein Kraftfeld zwischen zwei Monopolen eine solche Schlauchform besitzt, dann wächst die Energie, die man aufwenden muß, um das Paar auseinanderzuziehen, proportional mit dem Abstand an. Sind die Feldlinien zwischen einem Quark und einem Antiquark also in ähnlicher Weise zusammengepreßt, so erfordert es eine unendliche Energie, Quark und Antiquark voneinander zu isolieren − das heißt, auf unendlichen Abstand zu bringen. Dieses Verhalten läuft letztlich auf einen Quark-Einschluß hinaus.

Wie angekündigt, müssen wir dieses Argument noch ein wenig modifizieren. Zum einen werden nämlich Quarks und Antiquarks durch ein elektrisches − und nicht durch ein magnetisches − Farbfeld aneinander gebunden; Quarks tragen außerdem keine magnetischen Ladungen, sind also keine magnetischen Monopole. Wenn wir uns aber an die sonderbare Symmetrie der Maxwellschen Glei-

chungen bezüglich elektrischer und magnetischer Phänomene erinnern, so ist klar, wie der Mechanismus für Quarks aussehen muß:
In einem „vertauschten Typ-II-Vakuum" würden nämlich magnetische Farbströme genauso elektrische Farbfelder in dünne Schläuche zusammenzwängen und für den Einschluß der Quarks sorgen.
Das physikalische Vakuum der QCD würde also statt der zirkulie-
renden Cooper-Paare, die die Magnetfelder einschließen, magnetische Monopolströme enthalten, die Schläuche aus elektrischen
Farbfeldern umfaßten.

Wir sollten zum Schluß nochmals betonen, daß dieser Mechanismus für den Quark-Einschluß alles andere als gesichert ist. Dennoch scheint uns diese Überlegung ein angemessener Schluß
für dieses Buch zu sein. In den vorangegangenen Kapiteln hatten
wir bereits gesehen, daß die grundlegenden quantenphysikalischen
Ideen de Broglies, Schrödingers, Heisenbergs und all der anderen Väter der Quantenphysik auf so unterschiedliche Gebilde wie
Sterne oder Supraleiter Anwendung finden. In diesem letzten Kapitel nun konnten wir sehen, wie auch in einer so esoterischen Disziplin wie der Quantenchromodynamik dieselben Ideen sich immer
noch als fruchtbar erweisen.

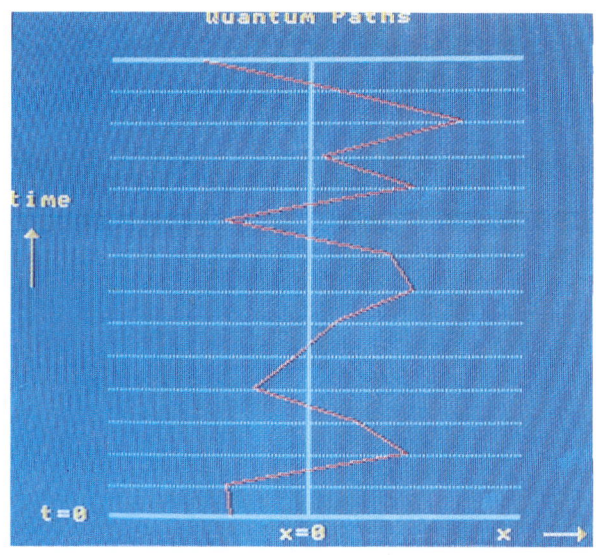

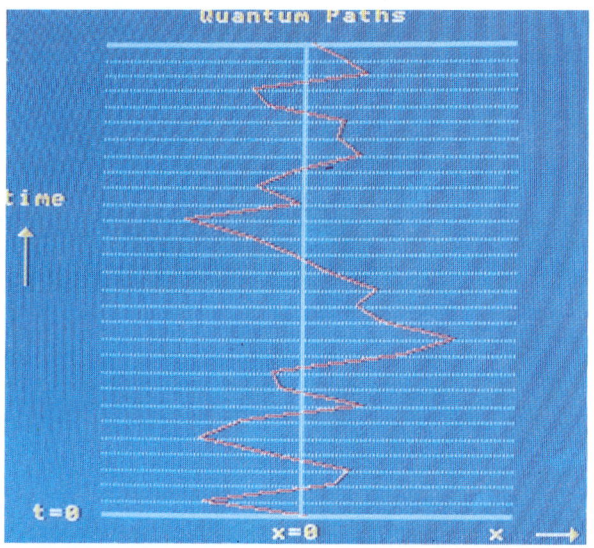

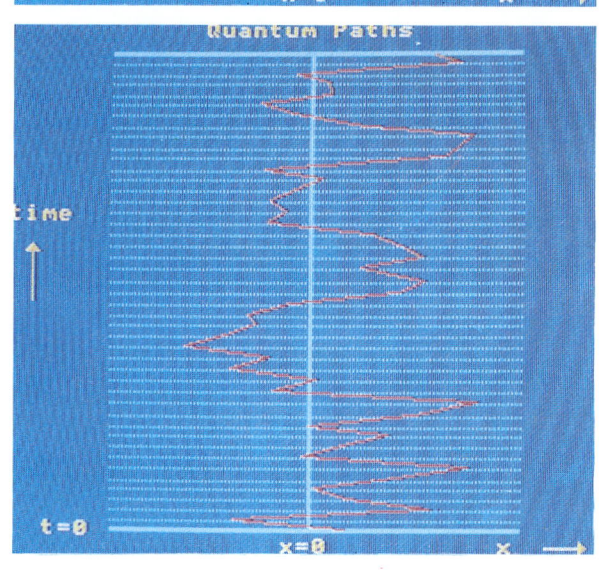

Farbtafel 1: So etwa würde die Bewegung eines Quantenwägelchens auf einer „Achterbahn" (analog zu der in Abbildung 2.10 gezeigten Bahn) aussehen. Nach jeweils gleichen Zeitabständen wird die Position des Wägelchens bestimmt, und die einzelnen Orte werden dann geradlinig miteinander verbunden. (Diese Verbindungslinien stellen *nicht* die wirkliche Bahn des Wägelchens dar; solange es unbeobachtet ist, kann man nichts darüber aussagen, wie es von einem Punkt zum nächsten gelangt!) In der Bildfolge von oben nach unten wurde die Quantenbewegung immer häufiger beobachtet. Wie fein wir die Zeiteinteilung auch machen, die Bewegung also immer detaillierter vermessen, es kommen doch immer nur neue, ähnlich gezackte Strukturen zum Vorschein. Dies ist eine typische Eigenschaft von Fraktalen.

Farbtafel 2:   Die Bewegung des Quantenwägelchens und viele in der Natur vorkommende Strukturen können näherungsweise als Fraktale aufgefaßt werden. Künstliche Landschaften, die mit Hilfe von Computern aus Fraktalen erzeugt werden, wirken daher verblüffend echt; Bilder wie diese finden zunehmend in Science-fiction-Filmen Verwendung.

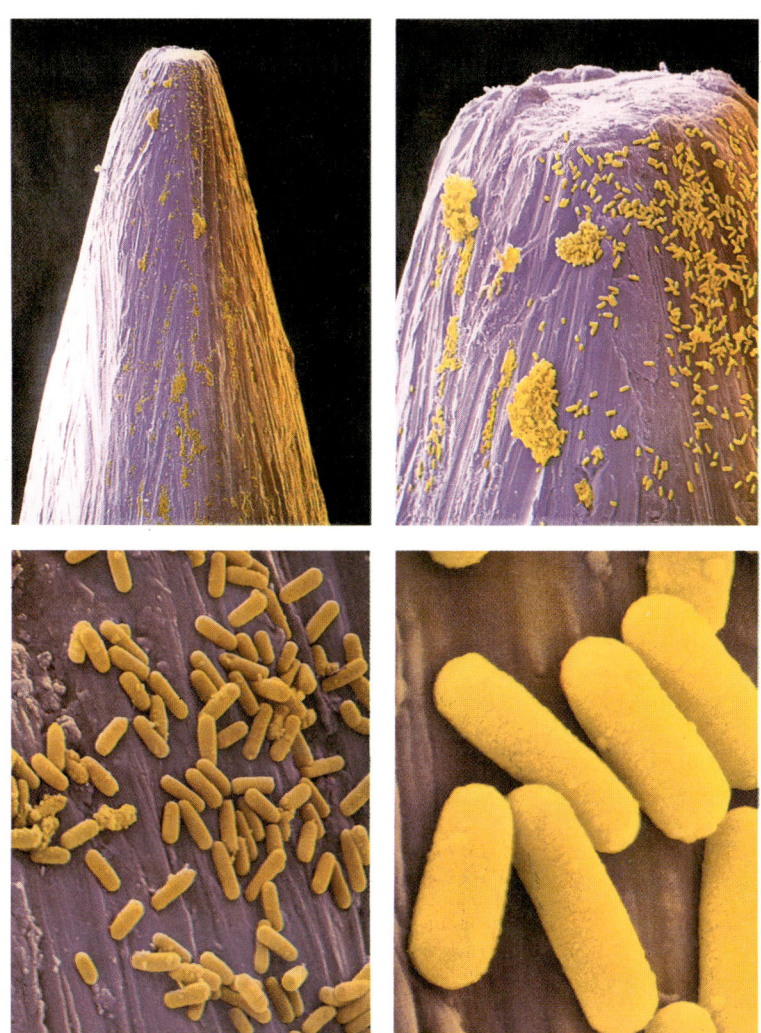

Farbtafel 4: Eine beunruhigende Aufnahmenserie aus dem Elektronenmikroskop; sie zeigt Bakterien auf einer Nadelspitze in vier verschiedenen Vergrößerungen (20fach, 100fach, 500fach und 2500fach).

◄ **Farbtafel 3:** Das Endstück des drei Kilometer langen SLAC-Beschleunigers in Stanford, Kalifornien. Der Beschleunigertunnel unterquert die Autobahn von San Jose nach San Francisco und endet in den Experimentierhallen. Am Fuß der Sankt-Andreas-Berge, wo sich der Anfang des Beschleunigers befindet, verläuft die berühmte Sankt-Andreas-Störung, die immer wieder für Erdbeben in der Region sorgt; im Fall eines stärkeren Bebens schaltet ein umfangreiches Sicherheitssystem den Beschleuniger sofort ab. Auf der drei Kilometer langen Wegstrecke werden die Elektronen und Positronen soweit beschleunigt, daß sie am Ende den Tunnel praktisch mit Lichtgeschwindigkeit verlassen, um dann den verschiedenen Kollisionsexperimenten zugeführt zu werden.

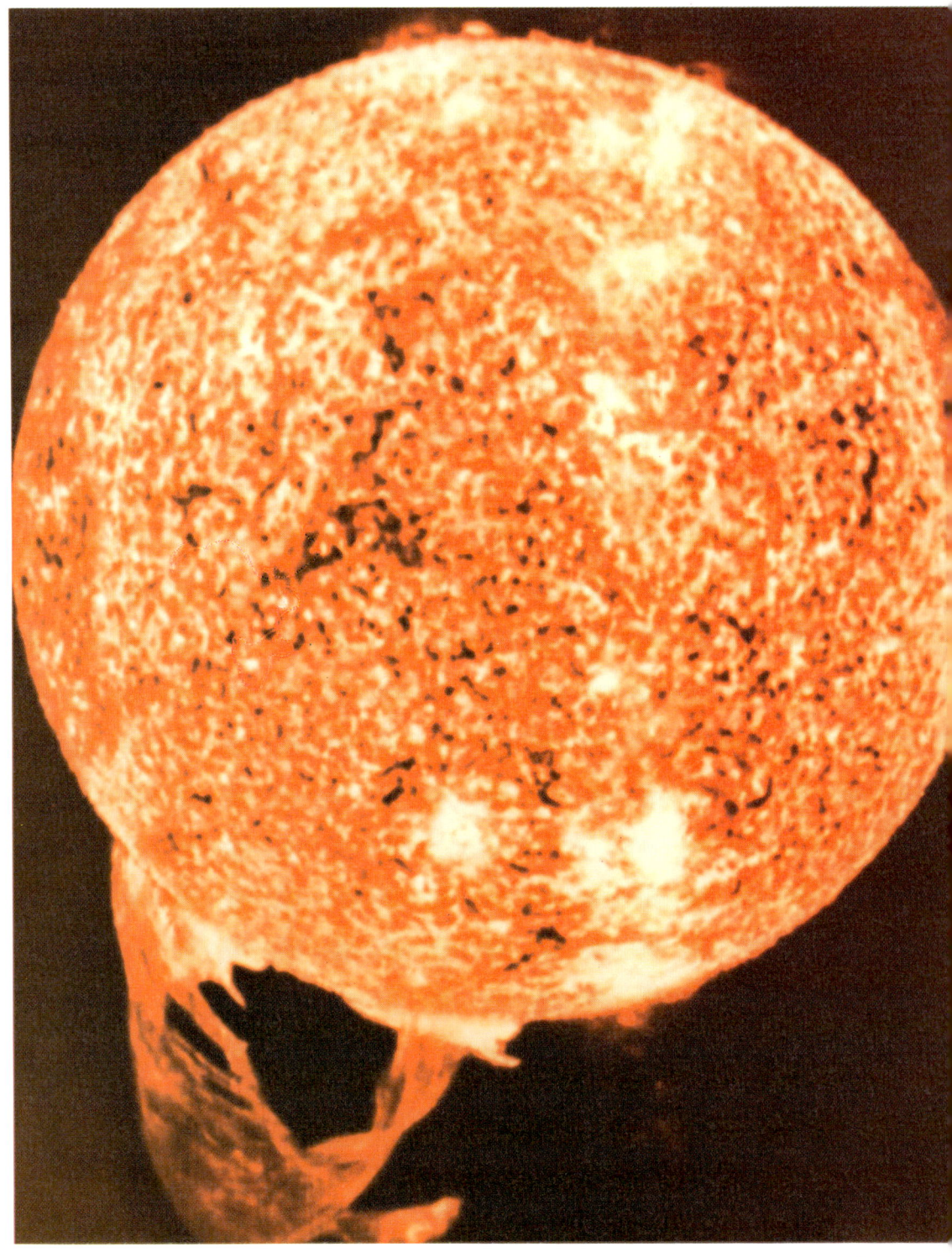

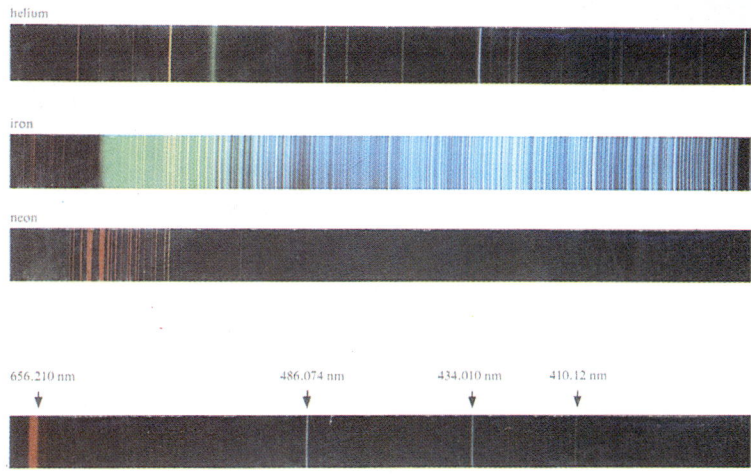

helium

iron

neon

656.210 nm   486.074 nm   434.010 nm   410.12 nm

Farbtafel 6: Jedes gasförmige Element strahlt ein charakteristisches Lichtspektrum ab, wenn man in dem Gas eine elektrische Entladung induziert. Das dabei emittierte Licht kann man durch das Prisma eines Spektrometers in farbige Linien auffächern, denen die verschiedenen Wellenlängen entsprechen. Jedes Element weist ganz spezifische Serien solcher Spektrallinien auf, die also als eine Art „Fingerabdruck" zur Identifizierung dieses Elements dienen können. Am unteren Rand ist das Wasserstoffspektrum abgebildet, das viel einfacher ist als beispielsweise das Spektrum von Eisen.

◀**Farbtafel 5:** Die Sonnenstrahlung umfaßt das gesamte elektromagnetische Spektrum, wobei sie sich in den verschiedenen Bereichen in jeweils anderem „Licht" zeigt. Die verschiedenen Frequenzbereiche des Spektrums erlauben Rückschlüsse auf verschiedene Aspekte der physikalischen Prozesse, die in der Sonne ablaufen. Besonders aufschlußreich ist es, einen Filter zu benutzen, der nur Licht mit einer solchen Wellenlänge durchläßt, die gerade einer bekannten Spektrallinie eines bestimmten chemischen Elements entspricht. Für diese Aufnahme wurde eine Ultraviolett-Linie des Heliums ausgewählt, um herauszufinden, wie die Sonne in Heliumlicht aussieht. Das Bild wurde mit dem Weltraumlabor Skylab aufgenommen und per Computer farbig umgesetzt, wobei Gelb die Bereiche mit der intensivsten Strahlenemission kennzeichnet. Es zeigt eine Region in der unteren Sonnenatmosphäre, wo Temperaturen zwischen 10 000 und 20 000 Grad Celsius herrschen. Spektakulär ist neben der körnigen Struktur die große Protuberanz: ein Bogen aus Materie, die durch magnetische Kräfte ausgeschleudert wird und wieder zur Sonne zurückfällt.

Farbtafel 7: Eine Aufnahme des Orionnebels, einer großen leuchtenden Wolke aus Wasserstoff, in der sich viele junge und gerade entstehende Sterne befinden.

Farbtafel 8: Aufenthaltswahrscheinlichkeiten für das Elektron im Wasserstoffatom. Die Computerbilder zeigen Querschnitte durch das Atom für die niedrigsten Energieniveaus. Die Bilder sind so codiert, daß die helleren Regionen einer vergleichsweise hohen Wahrscheinlichkeit entsprechen, das Elektron dort zu finden. Läßt man diese Bilder in Gedanken um die z-Achse rotieren, so erhält man die jeweiligen räumlichen Verteilungen.

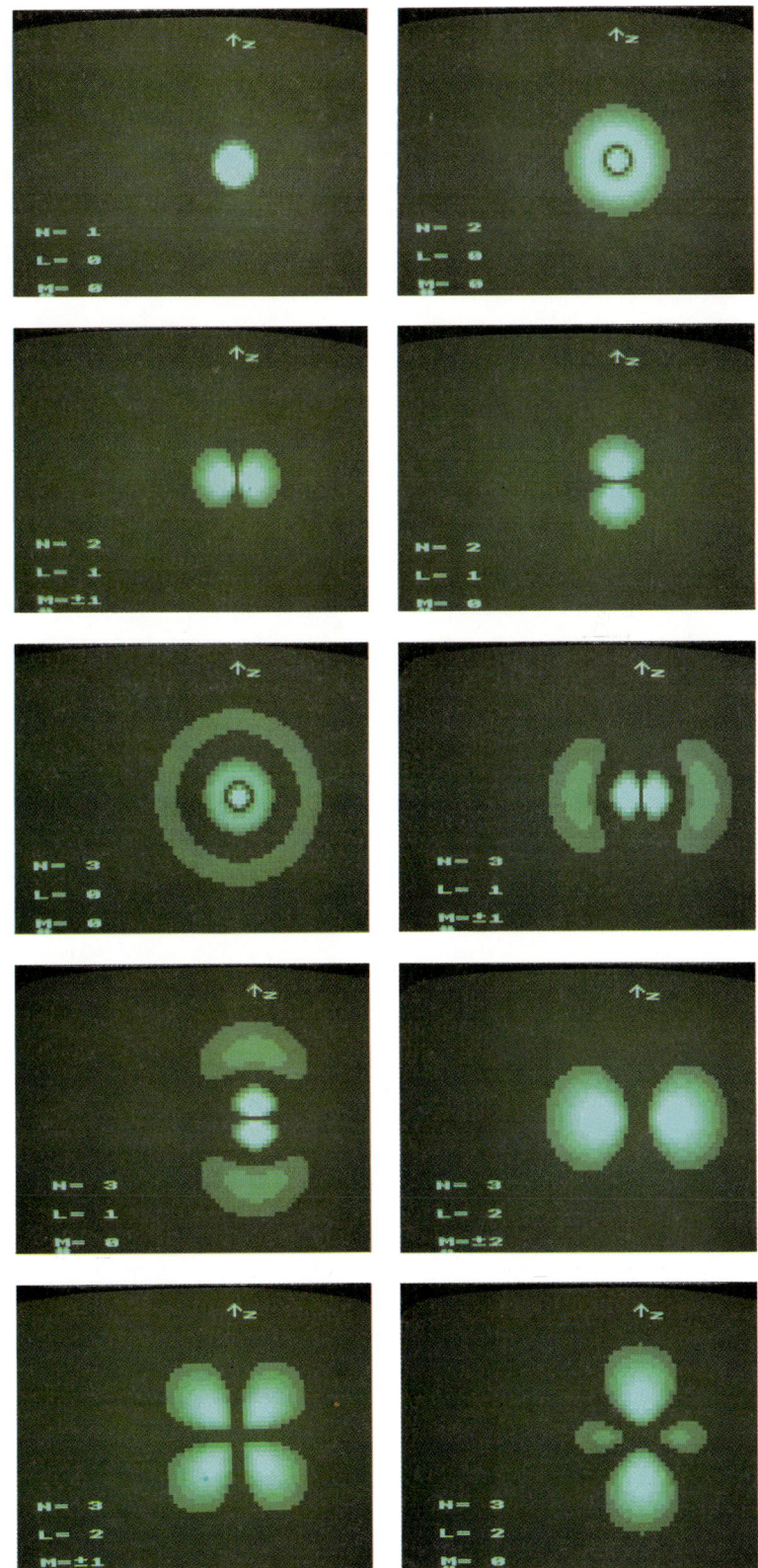

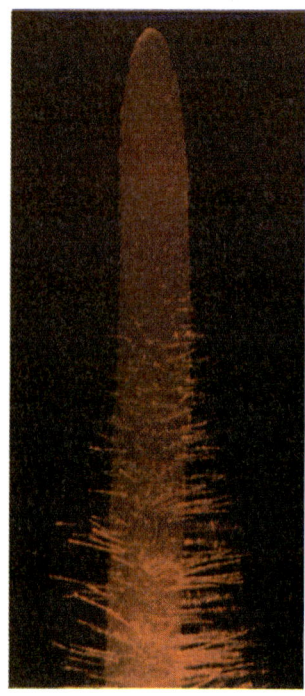 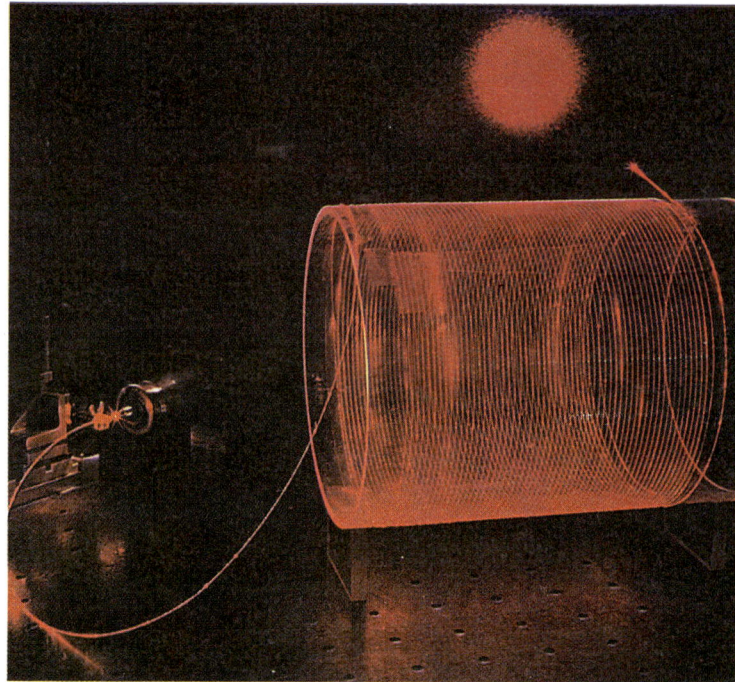

Farbtafel 9: Lichtleiter. Auf dem rechten Photo ist eine um einen Zylinder gewickelte Glasfaser abgebildet, die rotes Licht aus einem Helium-Neon-Laser leitet. Die Länge der Faser beträgt etwa 100 Meter. Bei ihrer Herstellung wurde absichtlich nicht auf Qualität geachtet, so daß seitwärts etwas Licht verlorengeht und wir die einzelnen Faserwindungen sehen können — bei einem hochwertigen Lichtleiter würde fast alles Licht am Faserende austreten. Das hindurchgeleitete Licht fällt auf einen Schirm und erzeugt den roten Lichtfleck rechts oben. Auf dem linken Photo wurde Laserlicht durch das Gewebe eines Getreidekeimlings geschickt, dessen Wurzelhärchen es bis in die Spitzen weiterleiten.

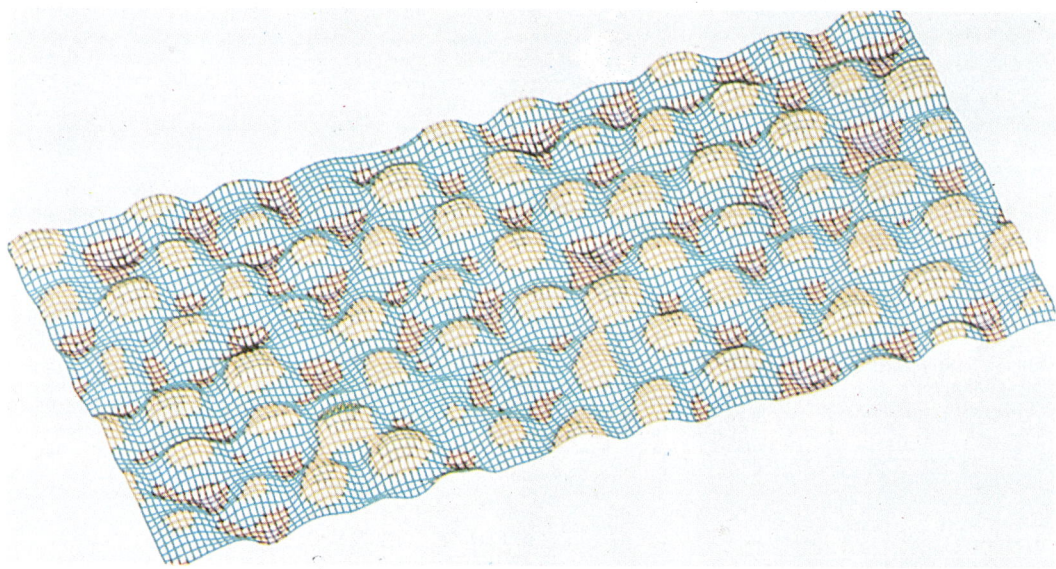

Farbtafel 11: Der Atompilz einer nuklearen Testexplosion.

◀ **Farbtafel 10:** Mit einem Raster-Tunnelmikroskop kann man die Oberfläche einer Probe extrem genau vermessen. Liegt zwischen der Oberfläche und der Abtastnadel eine Spannung von einigen zehn Millivolt an, so können Elektronen aus der Nadelspitze zur Oberfläche tunneln; dieser Tunnelstrom variiert sehr stark mit dem Abstand der Sonde von der Oberfläche. Im Raster-Tunnelmikroskop wird nun, während die Wolframnadel die Oberfläche abtastet, der Tunnelstrom und damit der Abstand der Sonde von der Oberfläche konstant gehalten. Die Auf- und Abbewegungen der Sonde zeichnen dann auch feinste Konturen der Oberfläche exakt nach. Das Bild zeigt die Oberfläche von Silicium, wobei die gelben „Hügel" jeweils einem Siliciumatom entsprechen. Man kann eine regelmäßige rautenförmige Anordnung erkennen, die aus jeweils zwölf Siliciumatomen besteht.

Farbtafel 12: Die ersten Transistoren. Bei dem von J. Bardeen und W. Brattain erfundenen Spitzentransistor — hier ein Nachbau (a) — ist das keilförmige gleichseitige Halbleiterstück die „Basis" des Transistors; seine Seitenlänge beträgt etwa drei Zentimeter. W. Shockleys pnp-Flächentransistor (b) sieht zwar nicht sehr spektakulär aus, war aber viel leichter und gleichzeitig zuverlässiger herzustellen als sein Vorgänger.

Farbtafel 13: Der erste „integrierte Schaltkreis" oder „Chip". Statt jede Komponente eines Schaltkreises einzeln herzustellen, brachte sein Erfinder Jack Kilby einen Transistor, einen Kondensator und einige Widerstände im selben Stück Germanium unter.

Farbtafel 14: Der „Transputer" ist ein VLSI-Chip, ein Chip mit sehr hohem Integrationsgrad, der auf etwa einem Quadratzentimeter Silicium über 250 000 Einzelkomponenten enthält. Er wurde als Baustein für Computer entwickelt, die aus vielen einzelnen Mikrocomputern zusammengesetzt werden sollen, ist aber für sich genommen bereits ein überaus leistungsfähiger 32-Bit-Mikroprozessor.

Farbtafel 15: Am Ende ihres Rote-Riesen-Stadiums stoßen sonnenähnliche Sterne ihre äußeren Schichten ab, die dann einen planetarischen Nebel bilden. Der verbleibende zentrale Materiekern kühlt ab und wird zu einem „Weißen Zwerg". Diese Aufnahme zeigt den Ringnebel M27, der vor etwa 50 000 Jahren von seinem Stern abgestoßen wurde. Intensives Ultraviolettlicht vom Zentralgestirn bringt den Nebel zum Leuchten.

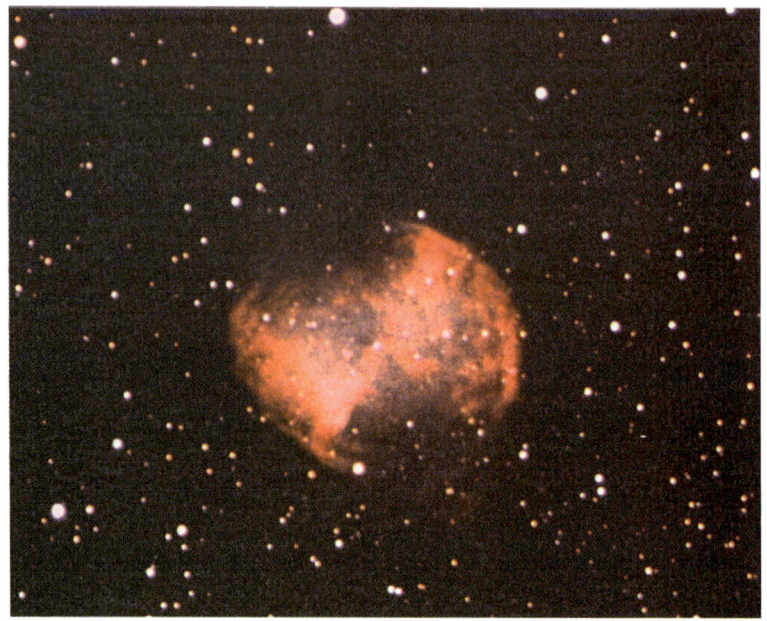

Farbtafel 16: „Levitation" durch Supraleitung. Der kleine Magnet kann über der Platte frei schweben, weil die supraleitenden Ströme in der Platte eine magnetische Abstoßungskraft erzeugen, die der Schwerkraft wie eine Art Auftrieb entgegenwirken.

Farbtafel 17: Dieser Reflektor auf dem Mond, der von der Apollo-14-Mission aufgestellt wurde, dient für Präzisionsmessungen der Mondentfernung mit Hilfe von Laserlicht. Mit dem kohärenten Licht eines Lasers läßt sich aus der Gesamtlaufzeit von etwa 2,5 Sekunden der Abstand zum Mond auf wenige Zentimeter genau bestimmen.

Farbtafel 18: Das Innere eines Rubinlasers. Der pinkfarbene Zylinder im oberen Teil ist der Rubinkristall, der Zylinder unten die Blitzröhre, die für die Besetzungsinversion und damit für die Energiezufuhr sorgt. Lampe und Kristall werden mit Wasser gekühlt, das durch die Metallröhren zugeführt wird.

Farbtafel 19: Das Bevatron in Berkeley, Kalifornien, war der erste Teilchenbeschleuniger, der die erforderliche Strahlenergie erreichte, um Antiprotonen zu erzeugen.

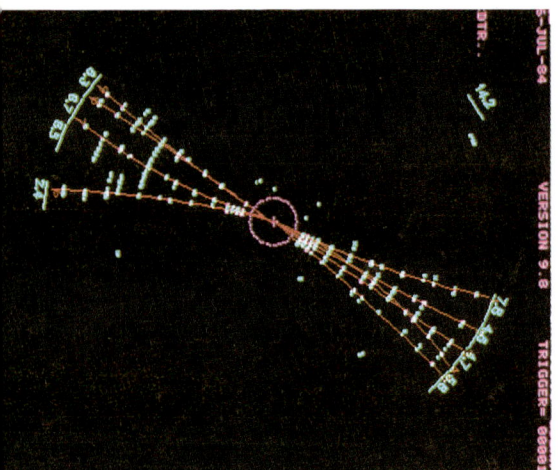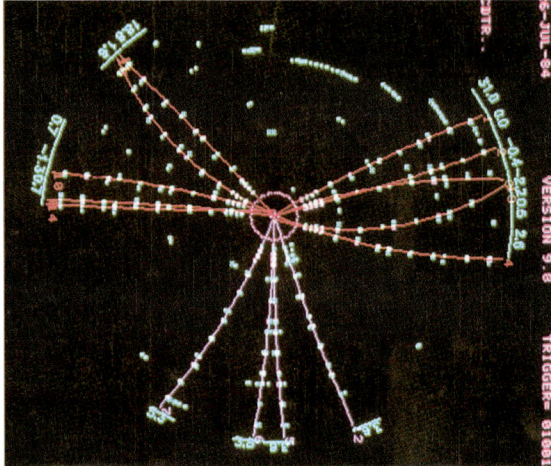

Farbtafel 20: Zwei Hadronen-„Jets", die Rücken an Rücken nach einer Elektron-Positron-Kollision auseinanderfliegen. Zunächst waren bei der Vernichtungsreaktion ein Quark und ein Antiquark entstanden, die den Hadronen ihre ursprüngliche Flugrichtung aufprägten. Die meisten Spuren stammten von Pionen. Dieses Ereignis wurde im TASSO-Detektor am DESY in Hamburg beobachtet.

Farbtafel 21: Ein „Drei-Jet-Ereignis" nach einer Elektron-Positron-Vernichtung, ebenfalls aufgenommen mit dem TASSO-Detektor am PETRA-Beschleunigerring. Solche Ereignisse führt man auf ein Quark, ein Antiquark und ein Gluon zurück, die jeweils eine Vielzahl von Hadronen hinterlassen.

Farbtafel 22: Der UA2-Detektor im unterirdischen Tunnel des Super-
Proton-Synchrotron (SPS) am CERN. Im Zentrum des Detektors werden
Protonen und Antiprotonen, die im SPS-Ring in gegenläufiger Richtung
kreisen, zur Kollision gebracht.

Farbtafel 23: Das CERN in der Nähe von Genf in einer Luftaufnahme,
bei der der Verlauf des großen unterirdischen Beschleunigers LEP und
des kleineren SPS-Rings gekennzeichnet ist. Die gepunktete Linie stellt
die Grenze zwischen Frankreich und der Schweiz dar.

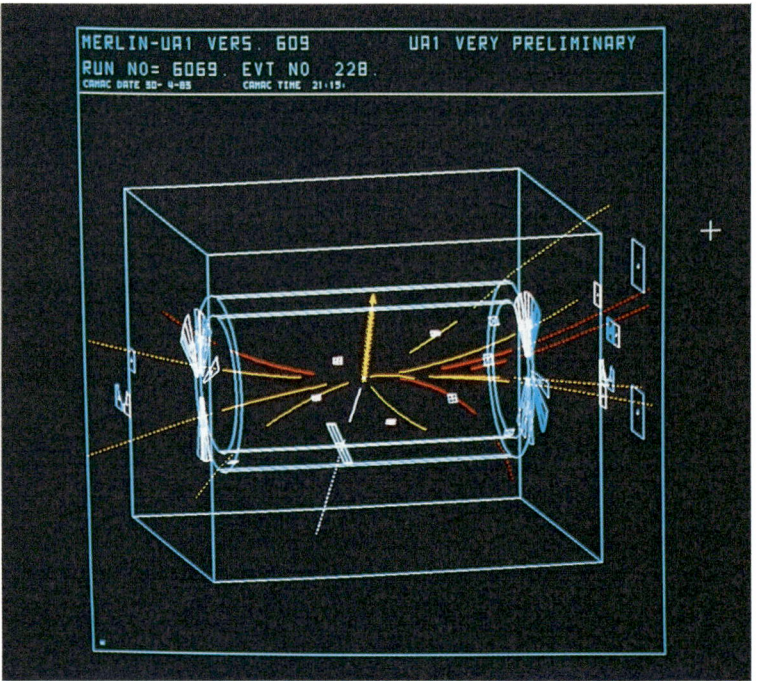

Farbtafel 24: Die farbenprächtige Computerrekonstruktion einer Proton-Antiproton-Kollision, bei der ein Z-Boson entstanden war. Die blaue und die weiße Spur, die an den Seiten des zylindrischen Detektors austreten, stammen von einem Elektron und einem Positron, den Zerfallsprodukten des Z. Das Ereignis wurde im UA1-Experiment aufgenommen, das Carlo Rubbia leitete.

Anhang 1

Einheiten und Größenordnungen

Die Größenordnungen der Quantenwelt sind unvorstellbar klein, verglichen mit dem, was uns in unserer Alltagswelt begegnet, und ähnliches gilt für die Entfernungen, mit denen wir es in der Astronomie zu tun haben, die unvergleichlich viel größer sind als irgendeine irdische Distanz. Da die physikalischen Basiseinheiten wie Kilogramm, Meter und Sekunde, die man als einheitlichen Maßstab möglichst durchgängig verwenden möchte, aus der Physik unserer Alltagswelt stammen, erhält man bei atomaren und astronomischen Phänomenen entsprechend kleine beziehungsweise große Zahlenwerte. Eine sehr praktische Möglichkeit, solche extrem kleinen wie großen Zahlen aufzuschreiben, ist die Darstellung mit Hilfe von Zehnerpotenzen.

Dazu ein Beispiel: Die Lichtgeschwindigkeit (Symbol c) beträgt — ausgedrückt in den üblichen Basiseinheiten — rund 300 Millionen Meter pro Sekunde:

$$c = 300\,000\,000 \text{ m/s}$$
$$= 3 \times 10^8 \text{ m/s.}$$

Ein anderes Beispiel liefert der atomare Bereich: Ein guter Maßstab für die Größenordnung eines Atoms ist der Radius der kleinsten Bohrschen Elektronenbahn im Wasserstoffatom („Bohrscher Radius"). Er beträgt etwa 50 billionstel Meter, also

$$r = 5/100\,000\,000\,000 \text{ m}$$
$$= 5 \times 10^{-11} \text{ m.}$$

Diese Schreibweise mit Zehnerpotenzen werden wir im folgenden konsequent anwenden, um Ihnen einen Überblick über die Größenordnungen der verschiedenen Objekte zu geben, die in diesem Buch auftauchen.

Massen

Die Grundeinheit der Masse ist das „Kilogramm" (kg). Einen Eindruck von den Größenordnungen der Massen im astronomischen und atomaren Bereich vermittelt die Tabelle:

astronomische Massen		atomare Massen	
Masse der Erde	6×10^{24} kg	$1{,}7 \times 10^{-27}$ kg	Protonenmasse ($\approx$ Neutronenmasse)
Masse des Jupiter	2×10^{27} kg		
Masse der Sonne	2×10^{30} kg	$9{,}1 \times 10^{-31}$ kg	Elektronenmasse

Das Neutron ist geringfügig schwerer als das Proton; die Massendifferenz zwischen beiden entspricht in etwa der Masse eines Elektrons (also rund 1/1800 der Protonenmasse).

Entfernungen

Die Grundeinheit für Längen ist das „Meter" (m). In der Astronomie findet man auch die Einheit „Lichtjahr" (Lj): Ein Lichtjahr entspricht der Distanz, die das Licht in einem Jahr (rund 31 Millionen Sekunden) zurücklegt. Daraus ergibt sich

$$1 \, \text{Lj} \approx 10^{16} \, \text{m}.$$

astronomische Entfernungen				mikroskopische Entfernungen	
10^4	m = 10	km	Neutronenstern, Schwarzes Loch	10^{-4} m	mit bloßem Auge gerade noch sichtbar
10^7	m = 10^4	km	Weißer Zwerg, Erde		
10^8	m = 10^5	km	Jupiter	10^{-6} m	Auflösungsgrenze des Lichtmikroskops
10^9	m = 10^6	km	Sonne, normale Sterne	10^{-8} m	große Moleküle
10^{11}	m = 10^8	km	Roter Riese, Distanz Erde−Sonne	10^{-10} m	Atome (Bohrscher Radius)
10^{16}	m = 1	Lj	Entfernung zu den nächsten Fixsternen	10^{-14} m	Atomkern
10^{21}	m = 10^5	Lj	Größe unserer Galaxie	10^{-15} m	Proton, Neutron
10^{23}	m = 10^7	Lj	Galaxienhaufen		
10^{26}	m = 10^{10}	Lj	entfernteste Galaxien, Quasare		

Zeitintervalle

Die Grundeinheit ist die „Sekunde" (s).

große Zeiten		kurze Zeiten	
10^3 s	Laufzeit des Lichts von der Erde zur Sonne, Lebenszeit eines Neutrons	10^{-6} s	Lebenszeit eines Müons
		10^{-9} s	typische Lebensdauer eines angeregten Atomzustands
$3,1 \times 10^7$ s	ein Jahr	10^{-10} s	Laufzeit von Licht für eine Strecke von 30 Zentimetern
10^9 s	eine Menschengeneration		
10^{11} s	frühe Hochkulturen (Zweistrom-land) vor etwa 4000 Jahren, Halb-wertszeit von Kohlenstoff-14 (^{14}C)	10^{-15} s	Schwingungsdauer sichtbaren Lichts (eine Periode)
		10^{-18} s	Lichtdurchgang durch ein Atom
10^{14} s	erste Hominiden	10^{-24} s	Lichtdurchgang durch einen Atomkern
10^{17} s	Lebensdauer von ^{238}U Alter des Sonnensystems		
10^{18} s	Alter des Universums		

Geschwindigkeiten

In der Physik gibt man die Geschwindigkeit − abgeleitet aus den Grundeinheiten von Weg und Zeit − üblicherweise in „Meter pro Sekunde" (m/s) an. Nach Einstein ist die Lichtgeschwindigkeit die höchste überhaupt erreichbare Geschwindigkeit.

3 m/s	Laufschritt
200 m/s	Düsenflugzeug
300 m/s	Schallgeschwindigkeit in Luft
10000 m/s	Fluchtgeschwindigkeit einer Rakete
30000 m/s	Umlaufgeschwindigkeit der Erde um die Sonne
2×10^7 m/s	typische Geschwindigkeit eines Elektrons in einer Fernsehröhre
3×10^8 m/s	Lichtgeschwindigkeit im Vakuum

Energie

Die Grundeinheit der Energie, das „Joule" (J), ist aus elektrischen Größen abgeleitet. Sie entspricht in etwa einer viertel Kalorie (die heute nicht mehr gebräuchliche Einheit „Kalorie" entspricht der Energiemenge, die man benötigt, um ein Gramm Wasser um ein

Grad zu erwärmen). Für atomare Vorgänge geschickter ist allerdings die Einheit „Elektronenvolt" (eV): 1 eV ist die Energie, die ein Elektron aufnimmt, wenn es eine elektrische Spannung von 1 Volt (V) durchläuft. Es gilt

$$1\,\mathrm{eV} \approx 1,6 \times 10^{-19}\,\mathrm{J}.$$

Die elektrische Einheit „Volt", die ungefähr der Spannung einer einfachen Batteriezelle entspricht, kann exakt über die auf eine elektrische Ladung wirkende Kraft definiert werden.

Besonders wichtig ist das „Plancksche Wirkungsquantum" h, eine universelle Naturkonstante, die den Maßstab für alle Quantengrößen gibt. Sie hat die Dimension „Energie mal Zeit" und wird in den Einheiten „Elektronenvolt mal Sekunde" oder „Joule mal Sekunde" angegeben:

$$\begin{aligned} h &= 4,2 \times 10^{-15}\,\mathrm{eV\,s} \\ &= 6,6 \times 10^{-34}\,\mathrm{J\,s}. \end{aligned}$$

Das sind 4,2 billiardstel Elektronenvoltsekunden − in Joulesekunden ist das gar nicht mehr in Worte faßbar.

Das elektromagnetische Spektrum

Licht ist, genau wie Radiowellen oder Röntgenstrahlen, eine Form elektromagnetischer Strahlung: Wellenbewegungen magnetischer und elektrischer Wechselfelder, die sich lediglich durch ihre Wellenlänge unterscheiden. Mit unserem Auge nehmen wir nur einen winzigen Ausschnitt aus dem ganzen elektromagnetischen Spektrum als Licht wahr. Wegen der Quantennatur der Strahlung entspricht jeder Wellenlänge eine bestimmte Photonenenergie.

Strahlungsart	Wellenlängenbereich	typische Photonenenergie
Gamma	$10^{-11} - 10^{-14}$ m	10^6 eV = 1 MeV
Röntgen	$10^{-8} - 10^{-11}$ m	10^3 eV = 1 keV
Ultraviolett	$4 \times 10^{-7} - 10^{-8}$ m	10 eV
Licht	$8 \times 10^{-7} - 4 \times 10^{-7}$ m (rot .... violett)	1 eV
Infrarot	$10^{-4} - 4 \times 10^{-7}$ m	10^{-1} eV
Mikrowellen	1 m $- 10^{-4}$ m	10^{-4} eV
Kurzwellen	$10 - 10^2$ m	10^{-8} eV
Langwellen	10^3 m und mehr	110^{-10} eV

Anhang 2

Eine Lösung der Schrödingergleichung:
Das „Teilchen im Kasten"

Dieser Anhang ist für Leser und Leserinnen gedacht, die ein wenig mit Differential- und Integralrechnung, hauptsächlich von Sinus- und Kosinusfunktionen, vertraut sind. Wir führen im Detail vor, wie man die quantenmechanische Wellenfunktion für ein „Teilchen in einem Kasten" berechnet. Dazu muß die Schrödingergleichung für ein Teilchen gelöst werden, das durch ein Potential V im Kasten gehalten wird und die Energie E besitzt:

$$E\psi(x) = -\frac{\hbar^2}{2m}\frac{d^2\psi(x)}{dx^2} + V(x)\,\psi(x).$$

Wir beschränken uns vorerst darauf, die Bewegung des Elektrons nur in einer Raumrichtung zu betrachten, anstatt alle drei Raumdimensionen zu berücksichtigen, die dem Teilchen zur Verfügung stehen. Unser Beispiel mag Ihnen künstlich erscheinen, dennoch zeigt es bereits viele Charakteristika realistischerer Situationen. Die Lösung läßt sich ohne weiteres auf drei Dimensionen verallgemeinern und beschreibt in erster Näherung eine ganz Reihe quantenphysikalischer Phänomene, etwa von Elektronen in Metallen, aber auch von Neutronen und Protonen in einem Atomkern.

Abbildung 4.9 zeigt das zugehörige eindimensionale „Kastenpotential". Außerhalb des Kastens wird das Potential als unendlich groß vorausgesetzt, so daß dort die Wahrscheinlichkeit, das Elektron anzutreffen, verschwindet. Das Teilchen wird durch das Potential im Kasten gefangengehalten, das heißt, die Wellenfunktion hat nur zwischen den beiden „Wänden" des Kastens bei $x=0$ und $x=L$ einen nichtverschwindenden Wert. In diesem Bereich bewegt sich das Teilchen frei – dort ist das Potential Null. Wir erhalten somit für den Bereich innerhalb des Kastens die Schrödingergleichung

$$E\psi(x) = -\frac{\hbar^2}{2m}\frac{d^2\psi(x)}{dx^2} \quad \text{für } 0 \leq x \leq L.$$

Um diese Gleichung etwas übersichtlicher schreiben zu können, führen wir eine neue Variable k ein mit

$$k^2 = 2mE/\hbar^2$$

und erhalten durch Einsetzen von k

$$\frac{d^2\psi}{dx^2} = -k^2\psi.$$

Die Gleichung besagt, daß ihre Lösungsfunktion zweimal abgeleitet wieder dieselbe Funktion ergeben muß, allerdings mit dem Faktor $-k^2$ versehen. Diese Gleichung ist aus der Klassischen Physik wohlbekannt – es ist die Schwingungsgleichung für den „harmonischen Oszillator". Der Schwingungsgleichung genügen die Sinus- und Kosinusfunktionen, und die allgemeine Form der Lösung lautet

$$\psi(x) = A\sin(kx) + B\cos(kx)$$

mit den vorerst willkürlichen Konstanten A und B. Um die spezielle Wellenfunktion für unser Problem zu finden, müssen wir die beiden Konstanten aus den spezifischen „Randbedingungen" bestimmen. In unserem Fall sind diese dadurch vorgegeben, daß die Wellenfunktion für alle Werte kleiner als Null und größer als L verschwindet. Für $x=0$ schreibt sich diese Forderung

$$\psi(x=0) = A\sin(0) + B\cos(0) = 0,$$

woraus folgt, daß B gleich Null ist, da der Sinus von Null verschwindet und der Kosinus von Null gleich Eins ist. Für die Stelle $x=L$ erhalten wir demnach

$$\psi(x=L) = A\sin(kL) = 0.$$

Die Wellenfunktion darf nicht überall verschwinden, das heißt, A kann nicht Null sein; es bleibt also nur die Möglichkeit, den Faktor $\sin(kL)$ gleich Null zu setzen, um das Problem lösen zu können. Diese Forderung wird immer dann erfüllt, wenn kL ein ganzzahliges Vielfaches von π (dem Bogenmaß eines Winkels von 180 Grad) ist. Die Lösungen unseres Problems sind also alle Wellenfunktionen, die der Bedingung

$$k = n\pi/L \quad \text{für } n = 1,2,3\ldots$$

genügen. Aus der Definition von k erhalten wir für die Energie

$$E = \hbar^2 k^2 / 2m$$

und damit die „quantisierten" Energiewerte

$$E_n = n^2 \frac{\pi^2 \hbar^2}{2mL^2} \quad \text{mit } n = 1,2,3\ldots$$

Dies sind die erlaubten Energieniveaus für das Kastenpotential, die wir samt den zugehörigen Sinus-Wellenfunktionen in Abbildung 4.9 aufgezeichnet haben. Die Quantisierung ergab sich hier einfach dadurch, daß wir nur diejenigen Wellenlängen zuließen, die gerade in einen Kasten der Länge L „hineinpassen".

Bleibt uns noch die Konstante A zu bestimmen. Nach Max Born ist die Wahrscheinlichkeit, das Teilchen an einer bestimmten Stelle im Kasten anzutreffen, durch das Quadrat der Wellenfunktion an dieser Stelle gegeben. Da die Summe aus den Aufenthaltswahrscheinlichkeiten für alle möglichen Orte des Teilchens insgesamt Eins ergeben muß — es ist ja gewiß, daß das Teilchen irgendwo anzutreffen sein muß —, bekommt man eine zusätzliche „Normierungsbedingung" der Form

$$\int_0^L [\psi(x)]^2 \, dx = 1.$$

Für die Wellenfunktion

$$\psi(x) = A \sin(kx)$$

und mit der Formel

$$\cos(2kx) = 1 - 2\sin^2(kx), \quad k = n\pi/L$$

läßt sich das Integral problemlos ausrechnen, und man erhält den Wert

$$A^2 L/2 = 1.$$

Die Normierungskonstante A ergibt sich daraus zu

$$A = \sqrt{(2/L)}.$$

Die vollständige Wellenfunktion eines Teilchens in einem Kasten der Länge L lautet also

$$\psi_n(x) = \sqrt{(2/L)} \sin(n\pi x/L) \text{ mit } n = 1,2,3\ldots$$

Für das entsprechende dreidimensionale Problem braucht man lediglich analoge Sinusfaktoren für die y- und die z-Richtung anzuhängen. Hat man realistischere Potentiale, die nicht diese einfache Rechteckform besitzen, benötigt man im allgemeinen allerdings erheblich kompliziertere mathematische Hilfsmittel, um die zugehörige Schrödingergleichung zu lösen. Dennoch lassen sich an diesem Beispiel bereits viele wesentliche Aspekte der Quantenmechanik aufzeigen.

Epilog

Ein Dichter meinte einmal, in einem Glas Wein stecke das ganze Universum. Wir werden wohl nie wissen, in welchem Sinne er das meinte, schließlich schreiben Dichter nicht, um verstanden zu werden. Aber es stimmt, wenn wir uns ein Glas genau genug anschauen, dann entdecken wir darin das ganze Universum. Da sind zum einen die physikalischen Dinge: die umherwirbelnde Flüssigkeit, die je nach Wind und Wetter verdampft, die Lichtreflexe im Glas, und in unserer Vorstellung denken wir uns noch die Atome hinzu. Das Glas ist ein Destillat des Erdgesteins, und in seiner Zusammensetzung erkennen wir das Geheimnis des Alters des Universums und der Entwicklung der Sterne. Was für eine seltsame Zusammenstellung von Chemikalien haben wir im Wein vor uns? Wie kommen sie zustande? Da sind die Gärungsorganismen und ihre Fermente, die Nährstoffe und die Stoffwechselprodukte. Hier im Wein entdecken wir das große Gesetz: Alles Leben ist Fermentierung. Niemand kann die Chemie des Weins aufdecken, ohne – wie Louis Pasteur – der Ursache vieler Krankheiten auf die Spur zu kommen. Wie kraftvoll ist doch das Weinrot, das sich dem Betrachter ins Bewußtsein einprägt! Wenn unser kleiner Verstand der Bequemlichkeit halber dieses Glas Wein, dieses komplette Universum, auseinanderdividiert – in Physik, Biologie, Geologie, Astronomie, Psychologie und so weiter –, dann sollten wir uns daran erinnern, daß die Natur solche Scheidungen nicht kennt. Führen wir also alles wieder zusammen, ohne dabei zu vergessen, wofür es letztlich gut ist. Freuen wir uns ein letztes Mal an diesem Glas Wein, indem wir es austrinken und das Ganze vergessen!

Richard Feynman

Literatur

Quantenmechanik

Feynman, R. P. *Vom Wesen physikalischer Gesetze.* München (Piper) 1990. — Dieses Buch umfaßt sieben Vorlesungen, die Feynman 1964 an der Cornell-Universität gehalten hat und die nicht zuletzt wegen des anregenden Stils und dem Feynmanschen Humor immer noch lesenswert sind.

Feynman, R. P.; Leighton, R. B.; Sands, M. *Feynman Vorlesungen über Physik.* München (Oldenbourg) 1987 (Teile 1 und 2), 1988 (Teil 3). — Dieses legendäre mehrbändige Lehrbuch richtet sich an Studenten der Physik und erfordert besonders beim dritten Band — Feynmans unkonventioneller Darstellung der Quantentheorie — einige physikalische Grundkenntnisse.

Feynman, R. P. *QED — Die seltsame Theorie des Lichts und der Materie.* München (Piper) 1988. — Ein ebenso unterhaltsames wie kompetentes Sachbuch zur Quantenelektrodynamik (QED), das ein Maximum an Klarheit ohne verfälschende Vereinfachungen erreicht.

French, A. P.; Taylor, E. F. *An Introduction to Quantum Physics.* Walton-on-Thames (Nelson) und New York/London (Norton) 1978. — Ein klassisches Quantenmechanik-Lehrbuch, sehr umfangreich und für Studenten in den meisten Kapiteln relativ leicht verständlich.

Polkinghorne, J. C. *The Quantum World.* Harlow/London/New York (Longman) 1984. — Eine klare und kompetente Einführung in die Begriffsprobleme der Quantenmechanik und ihre berühmten Paradoxa — Schrödingers Katze, Wigners Freund und das Einstein/Rosen/Podolsky-Paradoxon.

Close, F. E. *The Cosmic Onion.* Oxford (Heinemann) 1983. — Ein leicht lesbarer Bericht über die moderne Vorstellung der vereinheitlichten Grundkräfte der Natur und der fundamentalen Teilchen.

Gamov, G. *Mr. Tompkins seltsame Reise durch Kosmos und Mikrokosmos. Mit Anmerkungen „Was der Professor noch nicht wußte".* Braunschweig/Wiesbaden (Vieweg) 1980. — Mit dem Reisebericht seines fiktiven Helden führt Gamov dem Leser unterhaltsam die bizarre Welt der relativistischen und der quantenmechanischen Welt vor.

Geschichte der Quantenmechanik

Frisch, O. *Woran ich mich erinnere. Physik und Physiker meiner Zeit.* Stuttgart (Wissenschaftliche Verlagsgesellschaft) 1981. — Ein faszinierender autobiographischer Bericht über die Anfänge der Quantenmechanik.

Segré, E. *Die großen Physiker und ihre Entdeckungen.* München (Piper) 1990. — Ein Buch, das im historischen Rückblick die moderne Teilchenphysik erschließt.

Feynman, R. P. *Sie belieben wohl zu scherzen, Mr. Feynman! Abenteuer eines neugierigen Physikers.* München (Piper) 1988. — Das wohl populärste Feynman-Buch, eine einzigartige Sammlung von Anekdoten mit physikalischem Hintersinn.

Pais, A. *Raffiniert ist der Herrgott. Albert Einstein. Eine wissenschaftliche Biographie.* Braunschweig/Wiesbaden (Vieweg) 1986. — Eines der wichtigsten Bücher über Einsteins Beitrag zur Quantenmechanik und die Entstehungsgeschichte der allgemeinen Relativitätstheorie.

Goodchild, P. *J. Oppenheimer — Shatterer of Worlds.* London (BBC Publications) 1980. — Ein faszinierendes Stück Zeitgeschichte ist in diesem Buch über einen der Väter der Atombombe festgehalten.

Augarten, S. *Bit by Bit — An Illustrated History of Computers.* (Ticknor and Fields) 1984. — Eine fesselnde Darstellung der Geschichte des Computers, ohne den moderne Teilchendetektoren undenkbar wären.

Bildnachweise

5.6: Maurice M. Shapiro, Colorado Associated Press.
5.8: Ullstein Bilderdienst.
5.9: Proceedings of The Royal Society.
5.10: Cavendish Laboratory, University of Cambridge.
5.11: Lawrence Berkeley Laboratory, University of California.
5.16: Ullstein Bilderdienst.
5.17: Hiroshima-Nagasaki Publishing Committee (Eiichi Matsumoto).
5.18: Physicians for Social Responsibility.
5.19: Argonne National Laboratory.
6.1: Ann Ronan Picture Library.
6.4: Associated Press.
6.12: E. Leitz.
6.14: Schoken Books (aus Scharf, D. *Magnifications*, 1977).
6.19: Associated Press.
6.20: Mullards, Southampton (Roger Pearce).
6.22: Intel.
6.23: Institute for Advanced Study, Princeton, New Jersey.
7.2: National Portrait Gallery.
7.3: Cornell University, Department of Physics.
7.4: Brookhaven National Laboratory.
7.6: Mount Wilson and Las Campanas Observatories, Carnegie Institution of Washington.
7.7: Sir Fred Hoyle.
7.8: American Institute of Physics, Niels Bohr Library.
7.9: Lick Observatory.
7.10: Royal Observatory, Edinburgh.
8.1: Fiat Auto.
8.5: Charles H. Townes.
8.6: Associated Press.
8.9: John Wiley & Sons (aus Smith, *Principles of Holography*, 1969).
8.10: National Portrait Gallery.
8.11: Rajat Mitra.
8.13: British Broadcasting Corporation (BBC Hulton Picture Library).
8.15: Cyril Band (aus Mendelssohn, K. *Cryophysics*. Interscience).
8.16: Boerhaave-Museum, Leiden.
8.18: J. Bardeen.
8.20: Cavendish Laboratory, University of Cambridge.

8.21: T. H. Geballe.
9.1: Niels Bohr Archiv, Kopenhagen.
9.4: C. D. Anderson.
9.5: Emilio Segre.
9.6: CERN.
9.12: Mount Wilson and Las Campanas Observatories, Carnegie Institution of Washington.
9.13: Deutsches Museum, München.
9.17: S. Hawking.
10.1: Cavendish Laboratory, University of Cambridge.
10.3: Springer-Verlag (aus Reid, C. *Hilbert*, 1970).
10.4: C. N. Yang.
10.5: Associated Press.
10.7: The Institute of Physics (aus *Rep. Prog. Phys.* 13 (1950) S. 350).
10.8: G. D. Rochester und Sir Clifford Butler.
10.9: CERN.
10.10: Brookhaven National Laboratory.
10.11: CERN.
10.12: CERN.
10.13: CERN.
10.14: Harvard University.
10.15: Abdus Salam.
10.18: Brookhaven National Laboratory.
10.19: SLAC.
10.20: CERN.
10.22: Gerard t'Hooft.
10.24: Karl Kuhn und J. S. Faughn (aus *Physics in Your World*).

Farbtafel 2: Richard F. Voss.
Farbtafel 3: SLAC.
Farbtafel 4: Science Photo Library (aus Brain, T.)
Farbtafel 5: NASA/Naval Research Laboratory, Washington.
Farbtafel 6: The Open University Press.
Farbtafel 7: Royal Observatory, Edinburgh, 1982.
Farbtafel 10: G. Binnig und H. Rohrer (auch in *Spektrum der Wissenschaft* 10 (1985) S. 66).
Farbtafel 11: The Slide Centre.
Farbtafel 12: AT&T Bell Laboratories.
Farbtafel 13: Texas Instruments.
Farbtafel 14: INMOS.
Farbtafel 15: Mount Wilson and Las Campanas Observatories, Carnegie Institution of Washington.

Farbtafel 16: J. F. Allen.
Farbtafel 17: NASA.
Farbtafel 19: Lawrence Berkeley Laboratory, University of California.
Farbtafel 20: Roger Cashmore und TASSO-Team.
Farbtafel 21: Roger Cashmore und TASSO-Team.
Farbtafel 22: CERN.
Farbtafel 23: CERN.
Farbtafel 24: CERN.

Für die Abbildungen 4.3 (links), 5.2, 5.20, 6.2, 6.3, 6.5, 6.21, 9.11, 9.14 und die Farbtafeln 1, 8, 9 und 18 konnten wir die Originalquellen nicht recherchieren. Sie wurden aus dem englischen Original übernommen.

Feynman-Zitate

Die Feynman-Zitate wurden nach den Originalquellen unabhängig von den vorhandenen deutschen Übersetzungen ins Deutsche übertragen.

Prolog: *Feynman Lectures in Physics 1*, Kap. 3, S. 6.
S. 15: Feynman, R. *Character of Physical Law* Kap. 6. Cambridge, USA (MIT Press) 1976.
S. 33: Feynman, R. *Character of Physical Law* Kap. 6. Cambridge, USA (MIT Press) 1976.
S. 51: *Feynman Lectures in Physics 3*, Kap. 16, S. 12.
S. 63: *Feynman Lectures in Physics 3*, Kap. 2, S. 6.
S. 85: *Feynman Lectures in Physics 3*, Kap. 8, S. 12.
S. 111: *Feynman Lectures in Physics 3*, Kap. 2, S. 6
S. 139: *Feynman Lectures in Physics 1*, Kap. 3, S. 7.
S. 157: *Feynman Lectures in Physics 3*, Kap. 21, S. 1.
S. 173: Feynman, R. *Phys. Rev.* 76/749 (1949).
S. 193: Aus der BBC2-Produktion *Horizon* von C. Sykes, nachgedruckt in Listener (1981) S. 639.
Epilog: *Feynman Lectures in Physics 1*, Kap. 3, S. 10.

Index

Originaltitel: The quantum universe

Aus dem Englischen übersetzt von
Jürgen Brau und Walter Hauser

CIP-Titelaufnahme der
Deutschen Bibliothek:

Hey, Tony:
Quantenuniversum : die Welt der
Wellen und Teilchen / Tony Hey
und Patrick Walters.
[Aus d. Engl. übers. von Jürgen Brau
und Walter Hauser.] – Heidelberg :
Spektrum-der-Wissenschaft-
Verlagsgesellschaft, 1990.
  Einheitssacht.: The quantum
  universe ⟨dt.⟩
  ISBN 3-89330-709-5
NE: Walters, Patrick:

Englische Erstausgabe bei
The Press Syndicate of the
University of Cambridge 1987
© Cambridge University Press 1987

© der deutschen Ausgabe 1990
Spektrum der Wissenschaft
Verlagsgesellschaft mbH
6900 Heidelberg

Lektorat:
Katharina Neuser-von Oettingen
Produktion: Karin Kern

Umschlaggestaltung:
Design Studio Henri Wirthner,
Gengenbach

Typographie und Buchgestaltung:
Claus Rieger, Heidelberg

Gesamtherstellung:
Klambt-Druck GmbH, Speyer

Gedruckt auf säurefreiem und
chlorarmem Papier